普通高等教育"三海一核"系列规划教材

U0685751

# 核动力装置中的泵与阀

高璞珍　编著

中国教育出版传媒集团

高等教育出版社·北京

内容提要

　　随着核电行业的发展,对核电技术人员的要求也越来越高,核电技术人员不仅要掌握核动力系统的基本知识,还应对核动力系统一些通用机械设备有较为深入的认识。本书基于核工程与核技术的专业要求和核能行业需求,对泵和阀两种核电通用机械设备展开重点介绍。

　　本书共分两大部分。第一部分在详细介绍离心泵基本理论的基础上,介绍核动力装置中使用的一回路主冷却剂泵,二回路给水泵、凝结水泵和循环水泵,上充泵,还简要介绍了离心泵之外的其他类型泵的结构和工作原理。第二部分在对核动力系统常用的截断阀、节流阀、减压阀、止回阀和断流阀、疏水阀等进行较为详细介绍的基础上,重点介绍核电系统中重要的安全阀及其应用,此外还介绍了阀门驱动装置以及核阀分级等内容。

　　本书基于核能行业特色进行编写,对象明确,内容针对性强,具有鲜明的行业和专业特点。

　　本书可作为高等院校核工程类专业本科生的教材,也可供从事核动力工作的技术人员参考。

## 图书在版编目（ＣＩＰ）数据

　　核动力装置中的泵与阀 / 高璞珍编著. -- 北京：
高等教育出版社，2023.3
　　ISBN 978-7-04-058487-5

　　Ⅰ.①核… Ⅱ.①高… Ⅲ.①核动力装置-高等学校
-教材 Ⅳ.①TL99

　　中国版本图书馆 CIP 数据核字(2022)第 059229 号

Hedongli ZhuangZhi Zhong de Beng yu Fa

| 策划编辑 沈志强 | 责任编辑 沈志强 | 封面设计 张 楠 | 版式设计 杜微言 |
| 责任绘图 邓 超 | 责任校对 刘娟娟 | 责任印制 存 怡 | |

| 出版发行 | 高等教育出版社 | 网　　址 | http://www.hep.edu.cn |
| 社　　址 | 北京市西城区德外大街 4 号 | | http://www.hep.com.cn |
| 邮政编码 | 100120 | 网上订购 | http://www.hepmall.com.cn |
| 印　　刷 | 三河市潮河印业有限公司 | | http://www.hepmall.com |
| 开　　本 | 787 mm×1092 mm　1/16 | | http://www.hepmall.cn |
| 印　　张 | 13.75 | | |
| 字　　数 | 340 千字 | 版　　次 | 2023 年 3 月第 1 版 |
| 购书热线 | 010-58581118 | 印　　次 | 2023 年 3 月第 1 次印刷 |
| 咨询电话 | 400-810-0598 | 定　　价 | 27.60 元 |

# 前言

　　流体机械是核动力工程的重要组成部分,流体机械中的泵与阀在核动力装置中起重要的作用。

　　随着核电行业的发展,对核电技术人员的要求也越来越高。核电技术人员不仅要掌握核动力系统的基本知识,还应对核动力系统中的一些通用机械设备有较为深入的认识。目前,关于核动力装置中泵与阀的书还非常少见。针对这种现状,编者在调研搜集流体机械、泵与风机、核动力装置的有关文献的基础上,根据核动力装置中使用的泵与阀的特点和种类,有选择、有侧重地编写了本书。本书基于核工程与核技术专业要求和核能行业需求,针对泵和阀两种核电通用机械设备展开重点介绍。

　　本书基于核能行业特色编写,对象明确,内容针对性强,具有鲜明的行业和专业特点。本书共分两大部分。第一部分包括第1章、第2章和第3章,在详细介绍离心泵基本理论的基础上,介绍核动力装置中使用的一回路主冷却剂泵,二回路给水泵、凝结水泵和循环水泵,上充泵,并简要介绍离心泵之外的其他类型泵的结构和工作原理。第二部分包括第4章和第5章,在对核动力系统常用的截断阀、节流阀、减压阀、止回阀和断流阀、疏水阀等进行较为详细介绍的基础上,重点介绍了核电系统中重要的安全阀及其应用,此外,还介绍了阀门驱动装置以及核阀分级等内容。

　　本书获得了普通高等教育"三海一核"系列规划教材项目的支持和资助,"三海一核"是哈尔滨工程大学的办学特色,是指"船舶工业、海军装备、海洋开发、核能应用"这四个领域,哈尔滨工程大学是国家"三海一核"领域的人才培养和科学研究基地。

　　在本书编写过程中,哈尔滨工程大学田瑞峰、栾秀春两位老师提供了帮助。本书完成之后,哈尔滨工程大学王兆祥教授认真审阅了全书,并提出了许多宝贵的意见,在此表示衷心的感谢。

本书在编写过程中,参阅了国内一些同类教材,在此向有关作者表示谢意。此外,还向关心本书出版和提出宝贵意见的所有人员表示深切的谢意。

本书可作为高等院校核工程类专业本科生的教材,也可供从事核动力工作的技术人员参考。

由于编者水平和经验有限,书中错误在所难免,欢迎广大读者批评指正。

编者
2021 年 12 月

# 目 录

# 第1章 离心泵基本理论

## 1.1 泵的地位、作用和分类

### 1.1.1 泵在国民经济和核动力装置中的地位与作用

汽轮机、水轮机、泵与风机均属于流体机械,前两者是把流体的势能和动能转化为机械能的动力设备,而泵与风机则是把原动机的能量转化为流体的势能和动能的一种动力设备,泵抽送液体,风机抽送气体。泵可以定义为:泵是把原动机的机械能转化为它所输送的流体的能量的机械。泵一般将流体从位置较低的地方抽吸上来,沿管路输送到位置较高的地方去;也可以将液体从压强较低的容器中抽吸上来,并克服沿途阻力输送到压强较高的容器中,使流体增加压力势能。

巨型泵流量可达每小时几十万立方米,而微型泵流量则可在每小时几十毫升以下。压强可从常压到 1 000 MPa,输送的液体的温度范围为 $-200\ ℃ \sim 800\ ℃$。

泵与风机广泛地应用在国民经济的各个方面。例如,农业方面的灌溉和排涝、采矿工业中坑道的通风及排水、风动工具和水力采煤的动力、冶金工业中各种冶炼炉的鼓风以及气体和液体的输送、石油工业中的输油和注水等,都离不了泵和风机。泵是通用机械,是化工、石油部门的关键设备之一,有人把泵比作化工生产工艺流程的"心脏"。在矿业生产中,泵的耗电量最大,占整个矿业耗电量的 $20\% \sim 40\%$。电力部门离不开泵,例如,热力发电厂需要锅炉给水泵、凝结水泵、循环水泵和灰渣泵等,给水泵是电厂中耗电量最多的设备之一。国防建设离不开泵,一些国防尖端技术,不但需要泵,而且对泵有很多特殊要求,如能输送高温、高压和有放射性的液体,有的还要求泵没有泄漏等。在船舶工业中,每艘远洋轮上所用的泵一般有上百台,其形式也多种多样。在压水堆核动力装置中,泵起着极为重要的作用,一回路中驱动主冷却剂循环的主泵,二回路中的给水泵、凝结水泵、滑油泵、循环水泵都是必不可少的设备。大亚湾核电站仅离心泵就有 63 种不同形式和大小的泵共 350 台。

### 1.1.2 泵的分类

泵的种类繁多,一般按其工作原理分类,大致可分类如下:

```
                          ┌ 离心泵
              ┌ 叶片式泵 ┤ 混流泵
              │          │ 轴流泵
              │          └ 旋涡泵
              │
              │          ┌ 往复泵 ┌ 活塞(或柱塞)泵
              │          │        └ 隔膜泵
    泵 ┤ 容积式泵 ┤        ┌ 齿轮泵
              │          │ 回转泵 ┤ 螺杆泵
              │          └        └ 滑片泵
              │
              │          ┌ 真空泵
              └ 其他类型泵 ┤ 喷射泵
                          └ 水击泵等
```

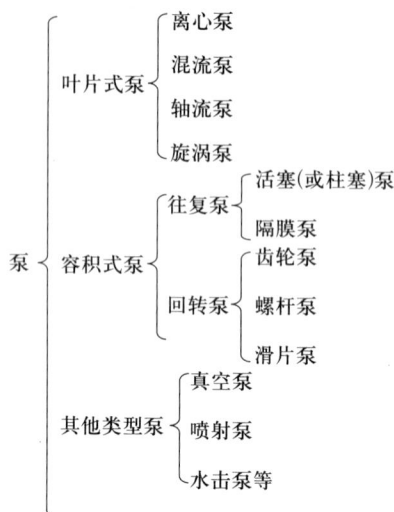

　　叶片式泵又称叶轮式泵、透平式泵。这类泵的工作机构是带有叶片的叶轮,叶轮被紧固在转轴上,转轴带动叶轮旋转来输送流体,对流体做功,使流经叶轮的流体能量增大。

　　容积式泵又称定排量式泵。这类泵通过工作室容积的周期性变化来输送流体,对流体做功,使流体的能量增大。每个工作周期内排出的流体体积是不变的。

　　凡是无法归入以上两大类的泵都属其他类型泵。例如,喷射泵是利用能量较高的流体来输送能量较低的流体。

　　叶片式泵按其结构形式,分类如下。

　　(1) 按主轴放置方向分

　　卧式:主轴水平放置;

　　立式:主轴竖直放置;

　　斜式:主轴倾斜放置。

　　(2) 按液体流出叶轮的方向分

　　离心式:装径流式叶轮;

　　混流式:装混流式叶轮;

　　轴流式:装轴流式叶轮。

　　(3) 按吸入方式分

　　单吸:装单吸叶轮;

　　双吸:装双吸叶轮。

　　(4) 按级数分

　　单级:装一个叶轮;

　　多级:同一根轴上装两个或两个以上的叶轮。

　　(5) 按壳体剖分方式分

　　分段式:壳体按与主轴垂直的平面剖分;

　　分开式(中开式):壳体在通过轴心线的平面上分开,有三种情况,分别为水平中开式(剖分

面是水平的)、垂直中开式(剖分面是垂直的)和斜中开式(剖分面是倾斜的);

节段式:在分段式多级泵中,每一级壳体都是分开式的。

(6)按泵体形式分

蜗壳泵:叶轮排出侧具有带蜗室的壳体;

双蜗壳泵:叶轮排出侧具有双蜗室的壳体;

透平泵:带导叶的离心泵,也称为导叶式泵;

筒式泵:内壳体外装有圆筒状的耐压壳体;

双壳泵:筒式泵以外的双层壳体泵。

某一具体型号的泵往往是几个分类名称的组合,如 BA 型泵是单级单吸蜗壳式离心式水泵,通常简称为单悬臂式离心水泵。

# 1.2　离心泵的主要部件和性能参数

## 1.2.1　离心泵的主要部件

1. 叶轮

叶轮又称为工作轮,是泵的核心,也是过流部件的核心。泵通过叶轮对流体做功,使其能量增加。流体由叶轮中心进入叶轮,自轮缘排出。

叶轮的形式有封闭式、半开式、开式三种,如图 1.1 所示。封闭式叶轮由前盖板、后盖板、叶片和轮毂等构成,一般用来输送清水,如核动力装置中的给水泵等。半开式叶轮没有前盖板,开式叶轮则前、后盖板都没有。这两种叶轮一般用来输送含杂质的液体,如电厂中的灰渣泵、泥浆泵等。

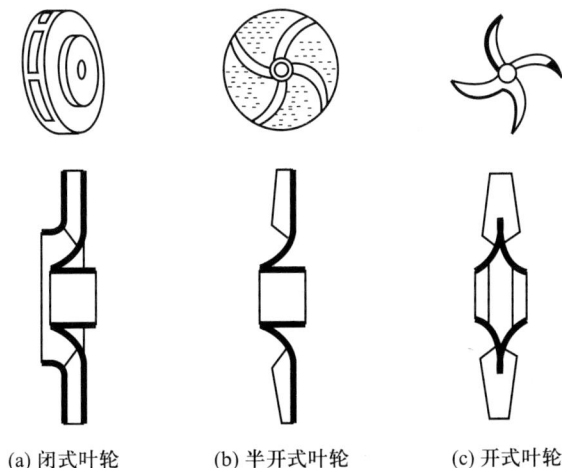

(a) 闭式叶轮　　　　(b) 半开式叶轮　　　　(c) 开式叶轮

图 1.1　离心式泵的叶轮形式

叶轮按吸入方式分为单吸叶轮和双吸叶轮,如图 1.2 所示。单吸叶轮从一面吸入液体,双吸叶轮从两面吸入液体。

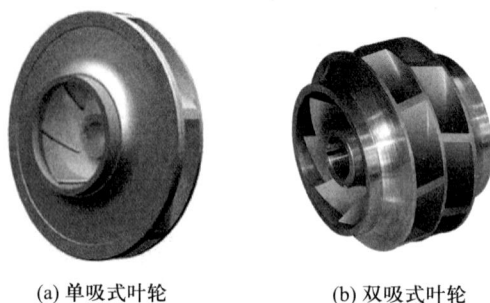

(a) 单吸式叶轮      (b) 双吸式叶轮

图 1.2　单吸、双吸叶轮

### 2. 吸入室

为了使水流均匀地并且在损失最小的情况下流入叶轮,在叶轮前装有吸入室。吸入室是主要的过流部件,有锥形吸入室、环形吸入室、螺旋形吸入室等,如图 1.3 所示。小型单吸单级悬臂式泵一般采用圆锥形吸入室,分段式多级离心泵采用断面为环形的吸入室,单级双吸泵或水平中开式多级泵一般均采用螺旋形吸入室。

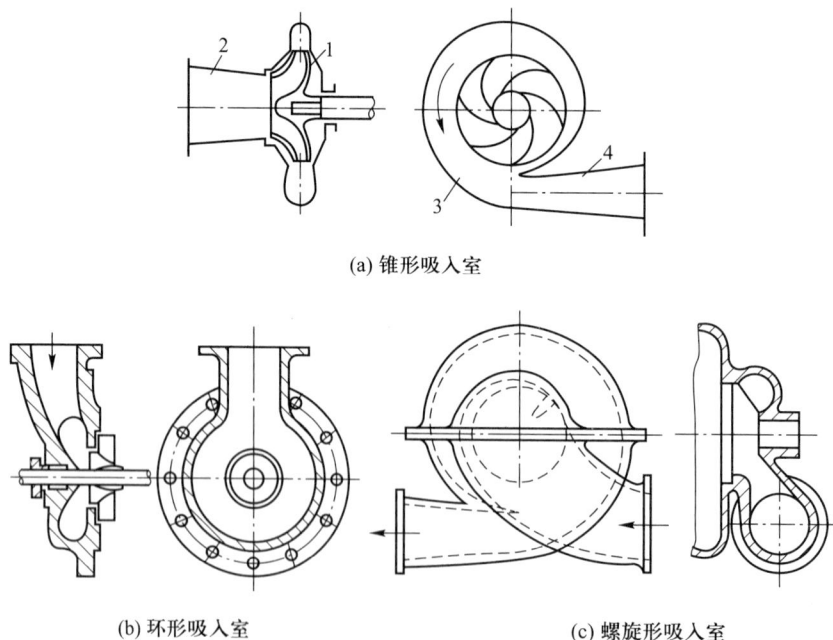

(a) 锥形吸入室

(b) 环形吸入室      (c) 螺旋形吸入室

图 1.3　吸入室

1—叶轮;2—吸入室;3—压水室;4—压水管

### 3. 压水室(蜗壳)

在末级叶轮的出口处装有压水室,其作用是收集从叶轮流出的液体,并将液体引入压水管。压水室是主要的过流部件,一般有环形压水室和螺旋形压水室两种,如图 1.4 所示。分段多级泵一般采用环形压水室。单级双吸泵或水平中开式泵一般采用螺旋形压水室。

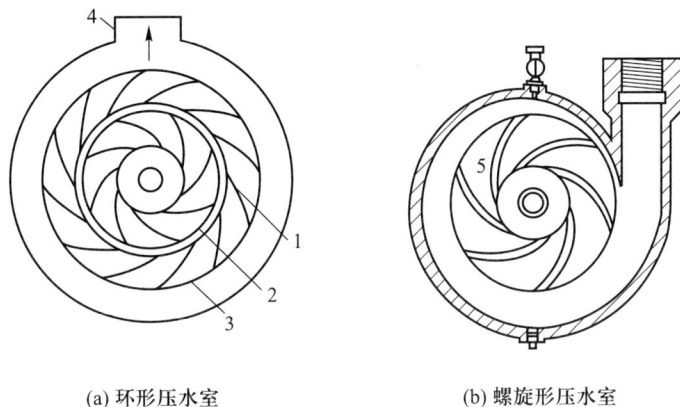

(a) 环形压水室 (b) 螺旋形压水室

**图 1.4 压水室**

1—导叶片;2—叶轮;3—导叶;4—压水管;5—叶轮

### 4. 密封环

密封环又称为口环。一般装在泵体上,与叶轮吸入口外圆构成很小的间隙,如图 1.5 所示。由于叶轮出口处的液体压强较大,而进口处的压强又很小,所以,泵体内的液体总有流向叶轮吸入口的趋势。密封环的主要作用就是防止叶轮入口与泵体之间的液体漏损。密封环易磨损,应定期更换。密封环与叶轮吸入口外圆的间隙一般为 0.1 ~ 0.5 mm。

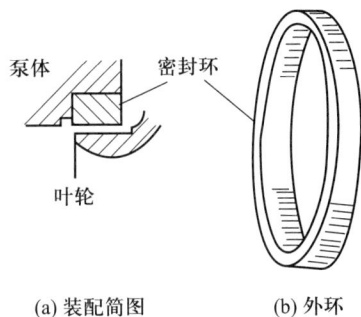

(a) 装配简图 (b) 外环

**图 1.5 密封环**

### 5. 轴、轴封装置

轴是传递扭矩的主要部件。中小型泵多采用平轴,叶轮滑配在轴上。大型泵多采用阶梯式轴,叶轮用热套法装在轴上。

在旋转轴与固定的泵壳间有间隙,为了防止液体流出泵外或空气漏入泵内,一般在轴与泵壳之间设有轴密封装置。通常把轴和泵体间的密封称为轴封装置。近年来高温高压泵不断发展,密封问题更加重要,已成为影响泵安全工作的重要因素之一。

轴封装置主要有以下几种。

(1)填料密封

填料密封主要由填料箱、填料、水封环、填料压盖等组成,主要靠泵轴外表面和填料接触达到密封目的,是使用最早、也是最常使用的一种轴封形式。图 1.6 所示的是一种带水封环的压盖填料密封,目前使用最多。填料又称为盘根,是一种用石墨或黄油浸透的棉织物及石棉,有的是金属箔包石棉芯子等。密封的严密性可用松紧压盖的方法来调节。一般要求调整至每 1 ~ 2 s 漏一

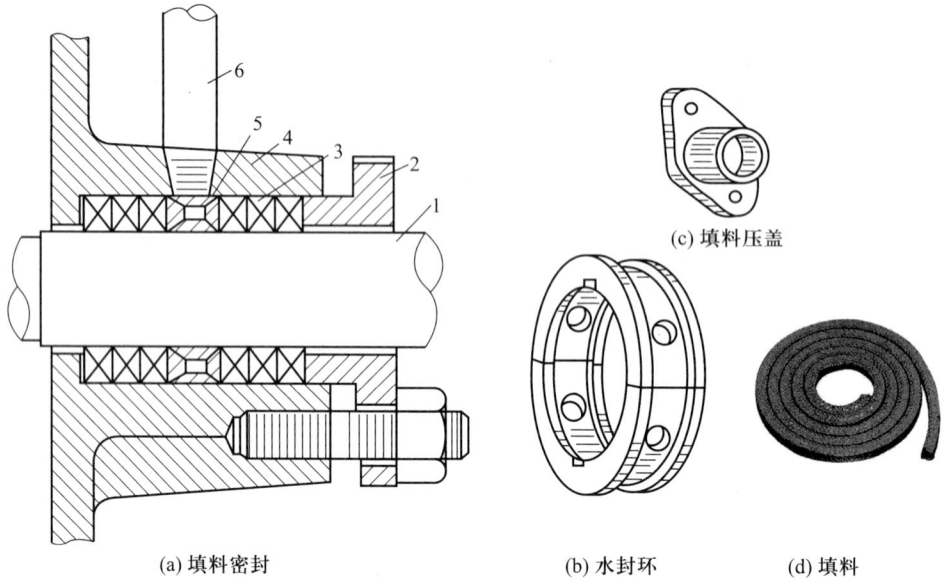

图 1.6　带水封环的填料密封

1—轴;2—压盖;3—填料;4—填料箱;5—水封环;6—引水管

滴,不宜过紧,过紧会造成摩擦过大而发热冒烟,甚至烧坏填料或轴套;也不能过松,过松会大量漏水,水容易流到轴承里使油乳化。

（2）机械密封

机械密封又称为端面密封,主要靠静环和动环经过精密加工的端面沿轴向紧密接触来达到密封目的,如图 1.7 所示。机械密封比填料密封的密封性好,泄漏少,寿命长,功率损失小。近年来在高温高压泵、高转速的泵上得到广泛应用,但其制造较复杂,价格贵,安装技术要求也较高。

另外,还有迷宫式密封、浮动环密封等。

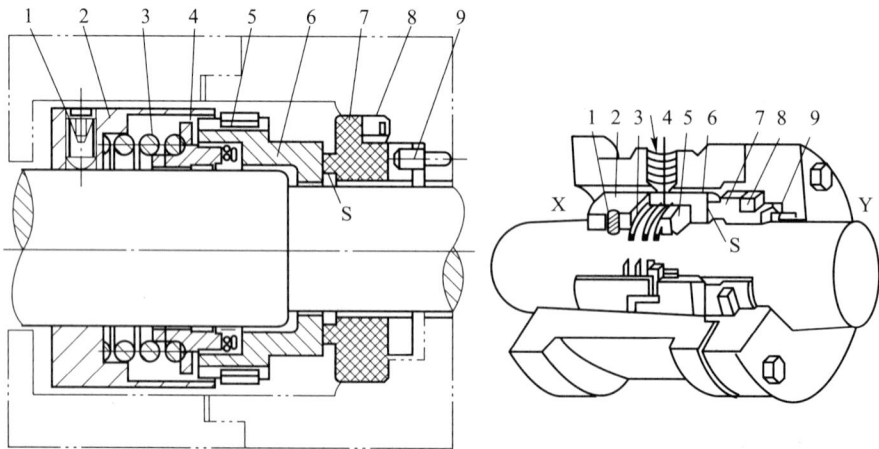

图 1.7　机械密封

1—传动螺钉;2—传动座;3—弹簧;4—推环;5—动环密封圈;6—动环;7—静环;
8—静环密封圈;9—防转销;S—密封端面;X—大气;Y—被密封介质

6. 管道附件

离心泵的管道附件(图 1.8)主要有以下几种。

（1）吸水管和排水管

（2）滤网

装在吸入口,过滤水中杂质。

（3）底阀

底阀装在吸水管底部,是单向阀,只允许液体向泵方向单向流动。在泵启动前,首先应灌水将叶轮淹没,由底阀控制,使泵体内和吸水管内保持充满液体的状态。大型装置上为了节省能量,常不用底阀,而用真空抽吸。若水源比水泵高,则不需要底阀。

（4）出口调节阀

用来调节流量。

（5）出水管上的止回阀

用以阻止出水管中的液体向泵倒流。当原动机停车时,若无此装置,则出水管中的水会倒流进水泵,易造成水泵的损坏。

（6）放气旋塞

位于泵壳顶部,用于在水泵充水时排气。

（7）放水旋塞

一般安放在水泵最低处,用于在严冬季节防止冻裂壳体或检修时放水。

（8）充水设备

在出水管道上加接具有阀门的供水管,或者直接与真空泵相接。

（9）真空表

装在吸水管接头处,以测量水泵进口处的真空度。

（10）压力表

装在出水管接头处,以测量水泵出水压强。

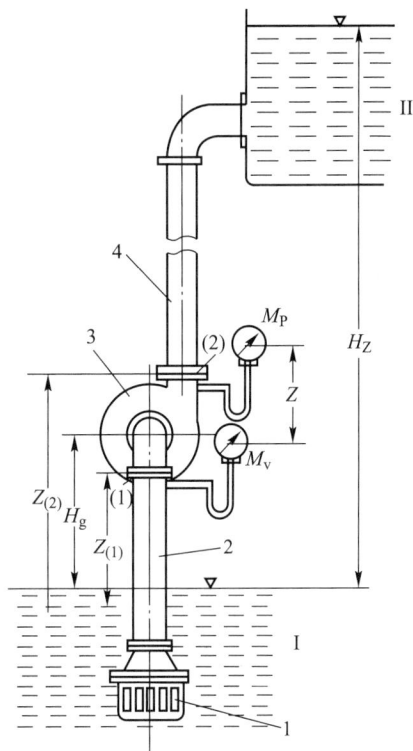

图 1.8　离心泵的附件

1—过滤网;2—吸水管路;3—泵;4—排出管路;$H_g$—泵的安装高度;$H_z$—吸水池和排水池液面高差;I、II—吸水池、排水池;$M_v$—真空表;$M_P$—压力表;$Z_{(1)}$、$Z_{(2)}$—泵进、出口至基面的高度

## 1.2.2 离心式泵的性能参数

离心式泵(与风机)的性能参数主要有扬程、流量、转速、功率、效率等。这些参数都可以在泵的样本的特性曲线中找到。此外,还有表示泵汽蚀性能的参数——汽蚀余量,会在后文专门叙述。

1. 流量

流量是指泵(与风机)在单位时间内所输送流体的数量,也称为排量。它可以用体积流量 $Q$

表示,也可以用质量流量 $Q_m$ 表示。常用单位为:容积流量用 $m^3/s$、$m^3/h$、$kg/s$、$t/h$ 等。

容积流量与质量流量的关系为

$$Q_m = \rho Q \qquad (1.1)$$

式中,$\rho$——流体密度,$kg/m^3$,常温清水 $\rho = 1\ 000\ kg/m^3$;

$\quad\quad Q$——容积流量,$m^3/s$;

$\quad\quad Q_m$——质量流量,$kg/s$。

水的密度在常温常压下随温度、压强变化不大。空气的密度则随温度、压强的变化而变化,所以在风机设计中一般不采用质量流量。

2. 扬程(压头)

扬程是指单位质量液体通过泵后所获得的能量增加值,用 $H$ 表示,单位 m,即排出液体的液柱高度。

风机的压头称为全压或全风压,是指单位体积的气体流过风机叶轮时所获得的能量增加值,用 $H$ 表示,单位为 m。

泵的扬程并不是实际扬水的高度,可按下式计算:

$$H = H_2 - H_1$$

式中,$H_1$、$H_2$——泵进、出口处的总压头,即

$$H_1 = Z_1 + \frac{p_s}{\rho g} + \frac{v_1^2}{2g}$$

$$H_2 = Z_2 + \frac{p_d}{\rho g} + \frac{v_2^2}{2g}$$

扬程

$$H = Z_2 - Z_1 + \frac{p_d - p_s}{\rho g} + \frac{v_2^2 - v_1^2}{2g} \qquad (1.2)$$

式中,$Z_1$、$Z_2$——泵进口 1、出口 2 处位置高度,m;

$\quad\quad p_s$、$p_d$——泵进口 1、出口 2 处表压强,Pa;

$\quad\quad v_1$、$v_2$——泵进口 1、出口 2 处液流平均速度,m/s;

$\quad\quad \rho$——抽送液体的密度,$kg/m^3$;

$\quad\quad g$——重力加速度,$m/s^2$。

测量泵的扬程时,通常在泵的入口和出口法兰处分别装一个真空表和一个压力表(如果入口压强高于大气压强,也装压力表)。由其读数和速度水头可以计算出水泵扬程。如果进、出口两表安装的高度相同,即 $Z_1 = Z_2$,同时又有进、出口的管径相等,则 $v_1 = v_2$,式(1.2)可表示为

$$H = \frac{p_d - p_s}{\rho g}$$

压力表、真空表的读数可以换算为水柱高度,例如,1 个工程大气压(98 100 Pa)换算为水柱高度则为 10 m。

当泵入口压强 $p_s$(绝对压强)小于大气压强 $p_a$ 时,称之为真空状态,真空度为 $p_a - p_s$,换算为液柱高度则为 $\frac{p_a - p_s}{\rho g}$。

当入口压强 $p_s = 0$ 时,则能产生 98.1 kPa(10 mH$_2$O)的真空度。但实际上,$p_s$ 不可能等于零,真空度总小于 98.1 kPa(10 mH$_2$O)。

**3. 转速**

离心泵的转速是指叶轮的旋转速度,用 $n$ 表示,单位为转/分(r/min)。一般泵的设计转速采用相应的直联电动机的额定转速。运行时,必须按照说明书或铭牌上的规定转速运转,否则将达不到设计要求,甚至导致部件超速损伤。

**4. 功率**

泵(与风机)的功率可分为有效功率、轴功率和原动机功率。

有效功率是指单位时间内通过泵(或风机)的流体所获得的能量,也就是泵(与风机)的输出功率,用 $P_h$ 表示,单位为 kW。对于泵,有

$$P_h = \frac{\rho g Q H}{1\ 000} \tag{1.3}$$

轴功率是泵运转时,由原动机传给泵(或风机)轴上的功率,用 $P_2$ 表示,单位为 kW。泵的功率大多是指泵的轴功率。

$$P_2 = M\omega \tag{1.4}$$

式中,$P_2$——轴功率,W;

　　　$M$——轴上扭矩,N·m;

　　　$\omega$——轴角速度,1/s。

原动机功率又称配套功率,即和泵配套的原动机功率,用 $P_{gr}$ 表示。

轴功率不可能完全传给流体,其中有一部分损失掉了,所以 $P_h < P_2$。考虑泵(与风机)运转时可能出现超负荷情况,所以原动机的配套功率通常比轴功率大些,即 $P_{gr} > P_2 > P_h$。

**5. 效率**

有效功率与轴功率之比称为总效率。用符号 $\eta$ 表示,即

$$\eta = \frac{P_h}{P_2} \times 100\% \tag{1.5}$$

离心泵的效率一般在 45%~90% 之间,离心风机的效率在 50%~91% 之间。

# 1.3　离心泵的叶轮理论

离心式泵工作时,由原动机带动叶轮旋转,叶轮上的叶片就对流体做功,从而使通过叶轮的流体能量升高,叶轮是实现机械能转换为流体能量的部件。本节着重讨论叶轮对流体做功的原理、做功大小的计算以及影响做功大小的因素。

## 1.3.1　离心式泵的工作原理

离心式泵(或风机)的工作原理就是在泵内充满流体的情况下,叶轮旋转产生离心力,叶轮黏性槽道中的流体在离心力的作用下甩向外围流进泵壳,于是叶轮中心压强降低,这个压强低于吸入管内压强,流体就在这个压强差的作用下由外界流入叶轮。这样泵就可以不断地吸入流体了。

除了叶轮的作用之外,螺旋形泵壳起的作用也是很重要的,从叶轮里获得了能量的流体流出叶轮时具有较大的动能。这些流体在螺旋形泵壳内被收集起来,并在后面的扩散管里把动能变成压力能。

## 1.3.2　速度三角形

流体在叶轮中的流动比较复杂,为了研究流体在叶轮内的运动规律,首先要做几点假设。

第一,假设叶轮是叶片无限多、叶片厚度无限薄的理论叶轮,即认为流体质点是严格地沿着叶片的形状流动,流体质点的运动轨迹与叶片型线相重合。

第二,假设流体为理想流体,即没有黏性的流体,因此可暂不考虑叶轮中的流动损失。

第三,假设流动是定常的,即流场不随时间变化。

第四,认为流体是不可压缩的。

下面分析流体在以上假设叶轮中的流动。

泵(与风机)工作时,流体一方面与叶轮一起做旋转运动,一方面又沿叶轮的流道由里向外流动,因此流体在叶轮里所做的是复合运动。

当叶轮带动流体做旋转运动时,流体质点则具有一个随叶轮旋转的圆周运动(牵连运动),其运动速度称为圆周速度,用 $u$ 表示,它的方向与圆周的切线方向一致,大小与所在半径 $r$ 及转速 $n$ 有关。而流体质点又相对旋转的叶轮在做相对运动,其运动速度称为相对速度,用 $\omega$ 表示,它的方向是流体质点所在处的叶片切线方向,大小与流量 $Q$ 及流道形状有关,因而与绝对速度的径向分速度 $c_m$ 及角度 $\beta$ 有关:即 $\omega = \dfrac{u}{\sin \beta}$。流体在叶轮内的任何瞬间都既做圆周运动,又做相对运动,我们把流体相对机壳的运动,称为绝对运动,其运动速度称为绝对速度,用 $c$ 表示,它是 $u$ 和 $\omega$ 的矢量和,即 $c = u + \omega$,如图 1.9 所示。

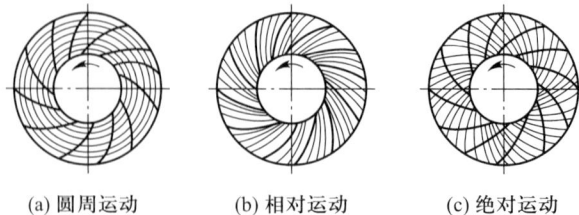

(a) 圆周运动　　　(b) 相对运动　　　(c) 绝对运动

图 1.9　流体在叶轮内的运动

由上述关系,可以作出流体在叶轮流道内任意一点的三个速度矢量 **c**、**u** 及 **ω**,由这三个速度组成的矢量图,称为速度三角形,如图 1.10 所示。速度三角形是研究流体在叶轮内的能量转换及性能的基础。在研究流动状态时,最重要的是了解叶轮入口和出口处的流体流动情况,因此一般只需作出叶轮入口及出口处的速度三角形就可以了。

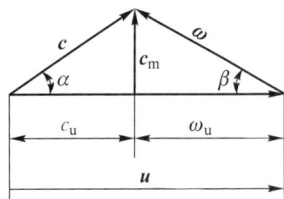

**图 1.10** 速度三角形

为了计算上的方便,我们把绝对速度 **c** 分解成两个分量,一个是径向分速 $c_m$(又称轴面速度),它沿叶轮径向,$c_m = c \cdot \sin \alpha$。另一个是圆周分速 $c_u$,沿圆周的切线方向,$c_u = c \cdot \cos \alpha$。在速度三角形中,绝对速度 **c** 与圆周速度 **u** 间夹角用 $\alpha$ 表示,相对速度 **ω** 和圆周速度 **u** 反方向之间的夹角用 $\beta$ 表示,称为流动角。

用符号 $\beta_r$ 表示叶片的切线和所在圆周切线间的夹角,称为叶片的安装角,它表明了叶片的弯曲方向。当流体沿叶片型线运动时,流动角即等于安装角,即 $\beta = \beta_y$。

在下面的内容中,用下标 0 表示进入叶轮前的位置;1 表示进入叶道后的位置;2 表示流道出口前的位置;3 表示流道出口后的位置;∞ 表示叶片无限多时的参数。

速度三角形,一般只需知道三个条件就可作出,较方便的是求 **u**、$c_m$ 和 $\beta$ 角。

(1)圆周速度 **u**

$$u = \frac{\pi D n}{60} \tag{1.6}$$

式中,$D$——叶轮直径(入口用 $D_1$,出口用 $D_2$),m;

$\qquad n$——叶轮转速,r/min。

(2)轴面速度 $c_m$

由连续方程得

$$c_m = \frac{Q_s}{A} = \frac{Q}{A \eta_v} \tag{1.7}$$

式中,$Q_s$——设计流量,$m^3/s$;

$\qquad Q$——流过叶轮的理论流量,$m^3/s$;

$\qquad \eta_v$——容积效率;

$\qquad A$——有效面积(与 $c_m$ 垂直的过流面积),$m^2$。

(3)相对速度 **ω** 的方向($\beta$ 角)

当叶片无限多时,相对速度 **ω** 的方向应与叶片安装角的方向一致,即相对速度与圆周切线之间的夹角等于叶片的安装角 $\beta_r$。$\beta_y$ 在设计时是按照经验数据选取的。

有 **u**、$c_m$ 和 $\beta$,就可以按一定比例画出速度三角形。

## 1.3.3 能量方程式(欧拉方程)

能量方程式是在前面所作假设基础上推导出来的,然后再按实际情况进行修正。

1. 无限多叶片理论扬程

叶轮传给流体的能量,可由流体力学中的动量矩定理推出。动量矩定理指出,在稳定流动中,质点系对某一轴线的动量矩的时间变化率等于作用在该质点系上的外力矩。

按能量守恒原则,叶轮对流体施加的机械功率应等于流体功率的增加量,因此应有

$$M\omega_n = \rho g Q H_{T\infty} \tag{1.8}$$

式中,$M$——叶轮对流体的作用力矩(转矩),N·m;

　　　$\omega_n$——叶轮旋转角速度,rad/s;

　　　$\rho Q$——流体质量流量,kg/s;

　　　$H_{T\infty}$——无限多叶片理想流体的扬程,m。

取相邻两叶片及其进口 1—1 面和出口 2—2 面组成控制面,经过时间 dt 后 1—1、2—2 处的流体移动到 1′—1′ 及 2′—2′ 位置,如图 1.11 所示。当泵(或风机)的流量、转速、转矩等不随时间变化时,流动为定常流动,流体在 1′—1′ 及 2—2 间的动量矩不变。dt 时间内 1—1、2—2 之间的流体质点的动量矩的变化等于 1′—1′、2′—2′ 之间的动量矩减去 1—1、2—2 之间的动量矩,也就等于 2′—2′、2—2 之间的动量矩减去 1′—1′、1—1 之间的动量矩。

叶轮进、出口处的半径分别为 $r_1$、$r_2$ 相应的速度三角形如图 1.11 所示。当通过进、出口控制面的质量流量为 $\rho Q$ 时,dt 时间内叶道进、出口处流体相对于轴线的动量矩分别为

$\rho Q \mathrm{d}t c_{1\infty} \cos \alpha_{1\infty}\, r_1$　和　$\rho Q \mathrm{d}t c_{2\infty} \cos \alpha_{2\infty}\, r_2$

因为 $c_{1\infty} \cos \alpha_{1\infty} = c_{1u\infty}$,$c_{2\infty} \cos \alpha_{2\infty} = c_{2u\infty}$,所以动量矩分别为

$$\rho Q c_{1u\infty}\, r_1 \mathrm{d}t$$
$$\rho Q c_{2u\infty}\, r_2 \mathrm{d}t$$

由此可得控制体内流体单位时间内动量矩的变化为

$$\rho Q\,(c_{2u\infty}\, r_2 - c_{1u\infty}\, r_1)$$

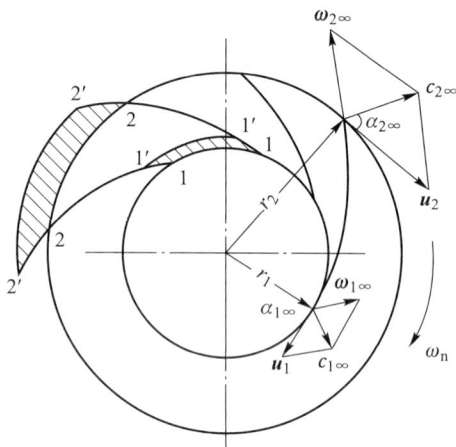

图 1.11　导出动量矩变化的引证图

根据动量矩定理,上式应等于作用于该流体质点系上的外力矩,即叶轮旋转时加给该流体的转矩 $M$ 为

$$M = \rho Q (c_{2u\infty}\, r_2 - c_{1u\infty}\, r_1)$$

因为作用在叶轮进、出口控制面上的压力的方向通过叶轮的中心,并不产生力矩,所以外力矩只是叶片对流体的作用力矩。

叶轮以等角速度旋转,该力矩对流体所做的功率为 $M\omega_n$,即

$$P_2 = M\omega_n = \rho Q (c_{2u\infty}\, r_2 - c_{1u\infty}\, r_1)\omega_n$$

因为　　　　　　　　$u_2 = r_2 \omega_n, \quad u_1 = r_1 \omega_n$

所以　　　　　　　　$M\omega_n = \rho g (u_2 c_{2u\infty} - u_1 c_{1u\infty}) \tag{1.9}$

由式 1.8、式 1.9 得单位重量流体从叶轮获得的能量,即叶片无限多时理论压头 $H_{T\infty}$ 为

$$H_{T\infty} = (u_2 c_{2u\infty} - u_1 c_{1u\infty})/g \tag{1.10}$$

此式就是叶片式泵(与风机)的能量方程式,它是离心式泵(与风机)叶轮的基本方程式。该

方程是欧拉(Euler)在 1756 年首先导出的,所以也叫欧拉方程。

对于风机,用风压表示所获得的能量,$p_{T\infty} = \rho g H_{T\infty}$,单位为 Pa。因此风机的基本方程式常写为

$$p_{T\infty} = \rho(u_2 c_{2u\infty} - u_1 c_{1u\infty}) \tag{1.11}$$

观察基本方程式,可以看出以下几点。

① 流体获得的理论压头只与入口、出口处流体的速度有关,而与中间的流动过程无关。

② 流体获得的理论压头数值与流体的种类无关,因式中没有重度关系。因此,如果泵与风机的叶轮尺寸相同、转速相同、流量相等,则流体所获得的理论压头数值是相等的,即泵所产生的水柱高度与风机所产生的气柱高度是一样的。但是压强则不同,因为压强与重度有关,在上述相同条件下泵与风机的出口压强是不同的。

③ 当 $\alpha_{1\infty} = 90°$ 时,$c_{1u\infty} = 0$,$H_{T\infty} = u_2 c_{2u\infty}/g$。这意味着可以通过使 $\alpha_{1\infty} = 90°$ 来提高叶轮的理论压头,所以设计时一般都把 $\alpha_1$ 取为 $90°$。同时,加大 $u_2$ 及 $c_{2u\infty}$ 也可以提高理论压头。$u_2 = \pi D_2 n/60$,所以增加转速 $n$ 或者加大叶轮外径 $D_2$,可以使 $H_{T\infty}$ 增加。但增加 $D_2$ 会使损失增大,从而使效率下降,$D_2$ 的增加也受到材料强度的限制。用提高转速的办法来增加 $H_{T\infty}$ 是目前普遍采用的一个重要方法。$c_{2u\infty}$ 与叶片的弯曲方向有关,即与叶片出口安装角 $\beta_{2y\infty}$ 的大小有关,下节将专门讨论其变化关系。

应该指出,用一维理论来讨论叶轮内的流动是有缺点的。首先,该理论只考虑流入和流出状态,未考虑水动力参数沿叶片流道中心线的变化,实际情况是叶轮进、出口边之间的叶片形状对叶轮的水动力特性起着决定性的影响。其次,实际叶轮中的流动是很复杂的,一维理论不能解释实际叶轮中流动的复杂机理。

2. 有限叶片的理论扬程欧拉方程的修正

实际上,叶片数是有限的,而且数量很少,往往不到 10 个。有限叶片数的影响使流体由于惯性作用,在流道出口处的绝对速度 $\boldsymbol{c}_2$ 方向要"落后于"假想的无限叶片数时的方向,如图 1.12 所示。这时绝对速度的圆周分速度也较"无限多叶片"时为小,图中以 $c_{2u}$ 表示。

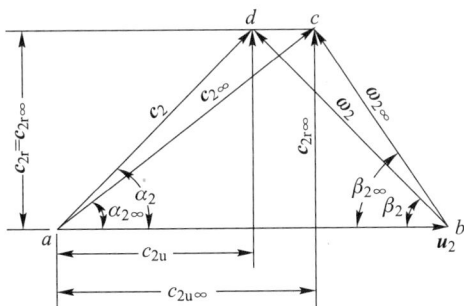

**图 1.12** 有限叶片叶轮出口速度三角形的变化

这样,有限叶片数时的理论扬程表达式应为

$$H_T = \frac{1}{g}(u_2 c_{2u} - u_1 c_{1u}) \tag{1.12}$$

$H_T$ 与 $H_{T\infty}$ 间的差别可以用一个修正系数 $K_z$ 加以修正,$K_z$ 称为环流系数或滑移系数,因此有

$$H_{T} = K_{z} \cdot H_{T\infty} \tag{1.13}$$

$K_z$ 可以取 $0.6 \sim 0.9$,其值与叶轮具体参数有关,它不是效率。在用速度三角形进行有关性能分析时,可不考虑 $K_z$ 的影响,不会改变定性分析的基本趋势。

## 1.3.4 压头中动压和静压的分配

利用速度三角形,可以把能量方程写成另一种形式。

由三角形余弦定理有

$$\omega_{2\infty}^2 = c_{2\infty}^2 + u_2^2 - 2u_2 c_{2\infty} \cos \alpha_2$$

$$\omega_{1\infty}^2 = c_{1\infty}^2 + u_1^2 - 2u_1 c_{1\infty} \cos \alpha_1$$

或

$$u_2 c_{2u\infty} = (u_2^2 + c_{2\infty}^2 - \omega_{2\infty}^2)/2$$

$$u_1 c_{1u\infty} = (u_1^2 + c_{1\infty}^2 - \omega_{1\infty}^2)/2$$

将上式代入式 1.10 得

$$H_{T\infty} = \frac{u_2^2 - u_1^2}{2g} + \frac{\omega_{1\infty}^2 - \omega_{2\infty}^2}{2g} + \frac{c_{2\infty}^2 - c_{1\infty}^2}{2g} \tag{1.14}$$

式 1.14 就是能量方程的另一种形式。由此式 1.14 可知,无限多叶片叶轮的理论压头由三部分组成,其中,第三部分 $\dfrac{c_{2\infty}^2 - c_{1\infty}^2}{2g}$ 表示流体通过叶轮后所增加的动能部分,称为动压头(或动能、动扬程),其余两项是总能量中压力势能的增量,称为静压头(或压能)。第一部分 $\dfrac{u_2^2 - u_1^2}{2g}$ 表示流体由于叶轮旋转做圆周运动产生的离心力的作用而获得的压力势能增加值;第二部分 $\dfrac{\omega_{1\infty}^2 - \omega_{2\infty}^2}{2g}$ 表示由于叶片间流道断面面积展宽,引起流体相对速度有所降低而获得的压力势能,由于相对速度变化不大,因此这部分所占比例较小。

动压头大时,叶轮出口处的绝对速度 $c_{2\infty}$ 也大,使后续的流动产生大的能量损失。因此,在总能相同的条件下,动压头过大是不利的。为了减少这种损失,叶轮后续的过流流道常常设计成扩压形流道,如用蜗壳或导叶,这样可以把动压头中的一部分转换为静压头,这种转换也会增加能量损失。

这里引进反作用度的概念,反作用度以 $\tau$ 表示,反作用度表示压能与总能量,即理论扬程之比。

$$\tau = \frac{H_{a\infty}}{H_{T\infty}} = 1 - \frac{H_{d\infty}}{H_{T\infty}}$$

式中,$\tau$——反作用度;

$\quad H_{a\infty}$——静压头,m;

$\quad H_{d\infty}$——动压头,m。

反作用度越大,泵的经济性越好。

# 1.4 叶片形状及其对性能的影响

## 1.4.1 叶片形式

由于无限多叶片叶轮所产生的理论压头 $H_{T\infty}$ 主要取决于叶轮进、出口的速度三角形,而速度三角形的形状是由角 $\beta_{1y\infty}$ 和 $\beta_{2y\infty}$ 所决定的。当 $\beta_{1y\infty}$ 确定后(一般取 $\alpha_{1\infty} = 90°$),进口速度三角形即为一定,因此 $H_{T\infty}$ 取决于 $\beta_{2y\infty}$。

叶片的形式按叶片出口安装角 $\beta_{2y\infty}$,可以分为以下三种,如图 1.13 所示。

后弯式叶片:$\beta_{2y\infty} < 90°$,叶片的弯曲方向与叶轮旋转方向相反。

径向式叶片:$\beta_{2y\infty} = 90°$,叶片的出口方向为径向。

前弯式叶片:$\beta_{2y\infty} > 90°$,叶片的弯曲方向与叶轮旋转方向相同。

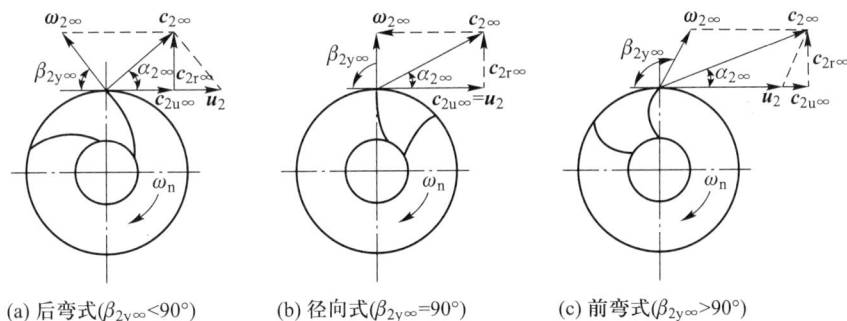

(a) 后弯式($\beta_{2y\infty} < 90°$)  (b) 径向式($\beta_{2y\infty} = 90°$)  (c) 前弯式($\beta_{2y\infty} > 90°$)

图 1.13  叶片形式

## 1.4.2 叶片形式对压头的影响

为了对这三种叶片形式进行比较,设它们的叶轮转速 $n$、叶轮外径 $D_2$ 和流量 $q_v$ 均相等,且叶片的进、出口状态也完全相同,则叶轮出口速度三角形的底边 $u_2$ 及高 $v_{2r\infty}$ 分别相等。

1. 叶片出口安装角 $\beta_{2y\infty}$ 对 $H_{T\infty}$ 的影响

当 $\alpha_{1\infty} = 90°$ 时,流体沿径向流入叶轮,即 $c_{1u\infty} = 0$,则式 1.10 简化为

$$H_{T\infty} = \frac{u_2 c_{2u\infty}}{g} \qquad (1.15)$$

由出口速度三角形得

$$c_{2u\infty} = u_2 - c_{2r\infty} \cot \beta_{2y\infty} \qquad (1.16)$$

代入式 1.15,得

$$H_{T\infty} = \frac{u_2(u_2 - c_{2r\infty}\cot\beta_{2y\infty})}{g} \tag{1.17}$$

由式 1.17 可知，$H_{T\infty}$ 仅与 $\beta_{2y\infty}$ 有关，如图 1.14 所示。

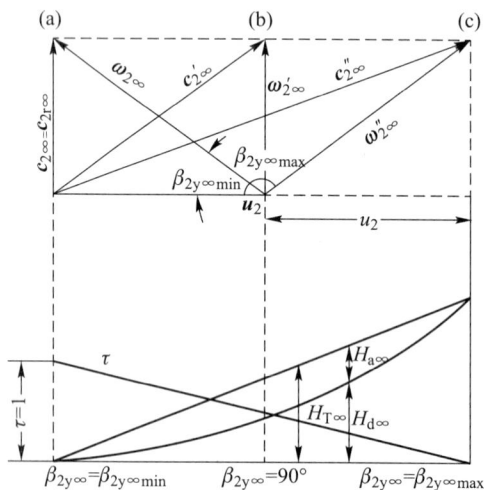

图 1.14 各种 $\beta_{2y\infty}$ 时的速度三角形及 $H_{d\infty}$、$H_{a\infty}$ 的曲线图

当 $\beta_{2y\infty} < 90°$ 时（后弯式叶片），$\cot\beta_{2y\infty} > 0$，$H_{T\infty} < \dfrac{u_2^2}{g}$，$\beta_{2y\infty}$ 越小，$H_{T\infty}$ 越小。当 $\beta_{2y\infty}$ 等于最小值 $\beta_{2y\infty\,min}$ 时，如图 1.14 中速度三角形 a 所示，则 $\cot\beta_{2y\infty\,min} = \dfrac{u_2}{c_{2r\infty}}$，$H_{T\infty} = 0$。

当 $\beta_{2y\infty} = 90°$ 时（径向式叶片），$\cot\beta_{2y\infty} = 0$，$H_{T\infty} = \dfrac{u_2^2}{g}$。

当 $\beta_{2y\infty} > 90°$ 时（前弯式叶片），$\cot\beta_{2y\infty} < 0$，$H_{T\infty} < \dfrac{u_2^2}{g}$，$\beta_{2y\infty}$ 越大，$H_{T\infty}$ 越大，当 $\beta_{2y\infty}$ 等于最大值 $\beta_{2y\infty\,max}$ 时，$\cot\beta_{2y\infty\,max} = \dfrac{-u_2}{c_{2r\infty}}$，$H_{T\infty} = \dfrac{2u_2^2}{g}$。

上述分析说明，当安装角从 $\beta_{2y\infty\,min}$ 增加到 $\beta_{2y\infty\,max}$ 时，$H_{T\infty}$ 则从零增加到最大值，即 $\beta_{2y\infty}$ 越大，流体从叶轮所获得的能量越多。

2. 叶片出口安装角 $\beta_{2y\infty}$ 对静压头 $H_{a\infty}$ 及动压头 $H_{d\infty}$ 的影响

用 $H_{a\infty}$ 表示静压头，用 $H_{d\infty}$ 表示动压头，用 $\tau$ 表示反作用度，则

$$H_{a\infty} = \frac{u_2^2 - u_1^2}{2g} + \frac{\omega_{1\infty}^2 - \omega_{2\infty}^2}{2g} \tag{1.18}$$

$$H_{d\infty} = \frac{c_{2\infty}^2 - c_{1\infty}^2}{2g} \tag{1.19}$$

$$\tau = \frac{H_{a\infty}}{H_{T\infty}} = \frac{H_{T\infty} - H_{d\infty}}{H_{T\infty}} = 1 - \frac{H_{d\infty}}{H_{T\infty}} \tag{1.20}$$

由速度三角形可知

$$c_{2\infty}^2 = c_{2r\infty}^2 + c_{2u\infty}^2$$
$$c_{1\infty}^2 = c_{1r\infty}^2 + c_{1u\infty}^2$$

式 1.19 成为

$$H_{d\infty} = \frac{c_{2r\infty}^2 - c_{1r\infty}^2}{2g} + \frac{c_{2u\infty}^2 - c_{1u\infty}^2}{2g} \qquad (1.21)$$

与 $c_{2u\infty}$、$c_{1u\infty}$ 相比，通常进口和出口的径向速度 $c_{1r}$ 和 $c_{2r}$ 小得多，且 $c_{2r\infty}$ 与 $c_{1r\infty}$ 相差不大。因此，它们的平方差可忽略不计。设流体以 $\alpha_1 = 90°$ 径向流入叶轮，此时 $c_{1u\infty} = 0$，则式 1.21 成为

$$H_{d\infty} = \frac{c_{2u\infty}^2}{2g} \qquad (1.22)$$

式 1.20 成为

$$\tau = 1 - \frac{\dfrac{c_{2u\infty}^2}{2g}}{\dfrac{u_2 c_{2u\infty}}{g}} = 1 - \frac{c_{2u\infty}}{2u_2} \qquad (1.23)$$

又

$$c_{2u\infty} = u_2 - c_{2r\infty} \cot \beta_{2y\infty}$$

所以当 $\beta_{2y\infty}$ 增大时，$c_{2u\infty}$ 增大，反作用度 $\tau$ 减小；当 $\beta_{2y\infty}$ 从 $\beta_{2y\infty\min}$ 增加到 $\beta_{2y\infty\max}$ 时，$\tau$ 将由 1 减小到 0，如图 1.14 所示。$\tau = 1$ 和 $\tau = 0$ 是两种极限情况，并无实际意义。

在 $\beta_{2y\infty\min} < \beta_{2y\infty} < 90°$ 时，$\dfrac{H_a}{H_{T\infty}} > \dfrac{H_{d\infty}}{H_{T\infty}}$

在 $90° < \beta_{2y\infty} < \beta_{2y\infty\max}$ 时，$\dfrac{H_a}{H_{T\infty}} < \dfrac{H_{d\infty}}{H_{T\infty}}$

对于离心泵，叶轮均采用后弯式，此型叶轮虽然扬程小于径向式和前弯式，但它的静压头占的比例较大，动压头占的比例较小，于是流动损失较小。对于风机，则采用径向式和前弯式叶轮，近年来也趋向于采用后弯式叶轮。

# 1.5 损失与效率

泵(或风机)的损失，按其形式可分为三种：机械损失、容积损失和流动损失。轴功率减去由于这三项损失所消耗的功率，才等于有效功率。可从图 1.15 所示的能量平衡图上看出轴功率、损失功率与有效功率之间的能量平衡关系。

由于泵(或风机)内过流部件中的流动情况十分复杂，因此，对这三种损失至今还不能用理论的方法进行准确的计算，其中特别对流动损失的计算就更加困难，所以只能依靠试验，用经验公式来进行计算，现在分别对上述三种损失和效率叙述如下。

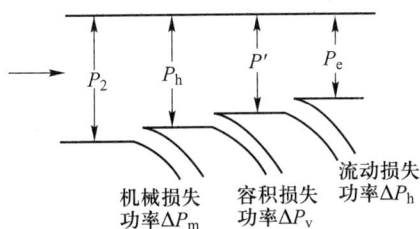

图 1.15 泵内能量平衡图

## 1.5.1 机械损失和机械效率

机械损失主要包括轴封及轴承的摩擦损失及叶轮前、后盖板外侧与流体摩擦而引起的圆盘摩擦损失两部分。

轴封和轴承的摩擦损失与轴封和轴承的结构形式以及输送流体的重度有关。这两项损失之和为轴功率的 1%~5%,相对其他各项损失来说很小。目前在大中型泵中多采用机械密封的结构,所以轴封的摩擦损失就更小,因此这部分损失不太重要。而圆盘摩擦损失在机械损失中是主要的。

所谓圆盘摩擦损失,是当叶轮在外壳中旋转时,由于离心力的作用,叶轮的前、后盖板将使其两侧的流体形成回流运动,如图 1.16 所示,同时流体和旋转的叶轮发生摩擦而产生能量损失。由于这一损失直接损失由原动机输入的功率,因此属于机械损失。这项损失的功率为轴功率的 2%~10%。

圆盘摩擦损失可用下式计算:

$$\Delta P_{df} = K D_2^5 n^3 \rho g \quad\quad (1.24)$$

或

$$\Delta P_{df} = K' \rho g D_2^2 u_2^3 \quad\quad (1.25)$$

式中,$K$、$K'$——圆盘摩擦系数,由圆盘试验求得,$K$ 与雷诺数 $Re$、相对侧壁间隙 $\dfrac{B}{D_2}$ ( 对一般结构来说,$\dfrac{B}{D_2}$ 在 2%~5% 的范围内时,圆盘损失最小)、圆盘外侧面及外壳内侧面的粗糙度等因素有关;

$D_2$——叶轮出口直径,m;

$n$——叶轮转速,r/min;

$u_2$——叶轮出口圆周速度,m/s;

$\rho$——流体密度,kg/m³。

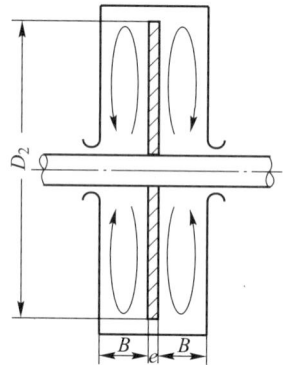

图 1.16    圆盘摩擦损失
试验及回流运动图

由式 1.24 可知,圆盘摩擦损失与转速的 3 次方成正比,与叶轮外径的 5 次方成正比。因此,转速越大,叶轮的外径越大,圆盘摩擦损失也就越大。所以用增加叶轮外径的办法来提高单级压头,会使圆盘摩擦损失急剧增加,从而使效率大为降低。如果增加转速,在产生相同的压头时,叶轮外径可以减小,因此,圆盘摩擦损失增加不大,甚至不增加,不会导致效率下降很多,甚至不下降。圆盘摩擦损失与比转数 $n_s$ 有关,其变化关系如图 1.17 所示(此图是用一个双吸叶轮所做的试验结果),相对来说比转数越小的泵(或风机)的圆盘摩擦损失越大。

机械损失功率的大小用机械效率 $\eta_m$ 来衡量,机械效率可表示为

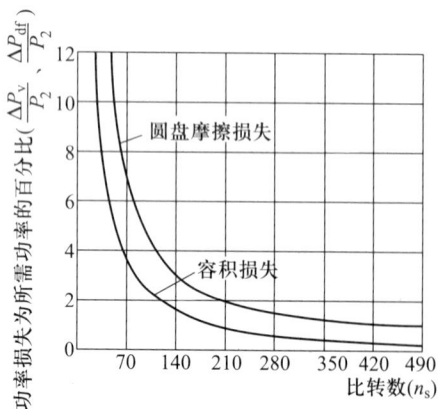

图 1.17    各种损失与比转数的关系

$$\eta_m = \frac{P_2 - \Delta P_m}{P} \qquad (1.26)$$

式中，$\Delta P_m$——机械损失功率(包括轴承、轴封和圆盘摩擦损失功率)，kW。

离心泵的 $\eta_m$ 一般在 0.9~0.97 的范围，离心风机的 $\eta_m$ 一般在 0.92~0.98 的范围。

## 1.5.2　容积损失和容积效率

在泵(或风机)中，由于转动部件与静止部件之间存在间隙，当叶轮转动时，在间隙两侧产生压强差，使部分由叶轮获得能量的流体从高压侧通过间隙向低压侧泄漏，结果使其获得的能量在间隙流动中损失掉。这种损失称为容积损失或泄漏损失。

容积损失主要发生在以下一些地方：叶轮入口与外壳之间的间隙，如图 1.18 中的 $A$ 线所示；多级泵后一级和前一级经过导叶隔板与轴套之间的间隙，如图 1.18 中 $B$ 线所示；平衡轴向力装置与外壳间的间隙；轴封处的间隙等。但主要是叶轮入口与外壳之间及平衡装置与外壳之间的容积损失。现对这两处的容积损失分别讨论如下。

1. 发生在叶轮入口处的容积损失

为了减少进口处的容积损失，一般在进口都装有密封环(承磨环或口环,)如图 1.19 所示，在间隙两侧压差相同的情况下，间隙宽度 $\Delta$ 越小，间隙长度 $l$ 越长，或弯曲次数越多，则密封效果越好，容积损失也就越小。因此，图 1.19 中 c 型较 a 型和 b 型密封效果好。

通过进口间隙的泄漏量 $q_1$，可按下式计算：

$$q_1 = C_1 A \sqrt{2g\Delta H} \qquad (1.27)$$

式中，$C_1$——泄漏系数；

　　$A$——间隙的环形面积，$m^2$；

　　$\Delta H$——间隙两侧的压头差，m。

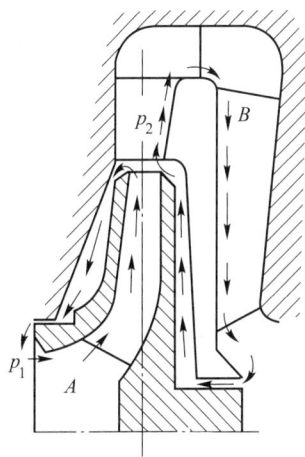

图 1.18　泵内流体的泄漏

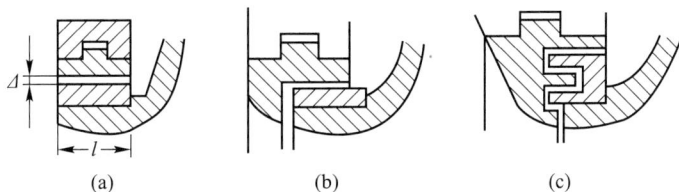

图 1.19　密封环类型

泄漏系数 $C_1$ 与间隙的宽度 $\Delta$、长度 $l$ 以及弯曲次数有关。$C_1$ 可以用经验公式来计算，为方便起见，推荐以下数据，在间隙宽度为 0.3 mm 左右时，如图 1.19 中 a 型结构，$C_1 = 0.4 \sim 0.5$；b 型结构，$C_1 = 0.35 \sim 0.45$；c 型结构，$C_1 = 0.15 \sim 0.20$。

间隙两侧的压头差可用下式计算:

$$\Delta H = \frac{p_2 - p_1}{\rho g} - \frac{1}{4} \times \frac{u_2^2 - u_1^2}{2g} \tag{1.28}$$

或者在设计工况下近似地为

$$\Delta H = \frac{3}{4} - \frac{u_2^2 - u_1^2}{2g} \tag{1.29}$$

2. 发生在平衡轴向力装置处的容积损失

通过平衡轴向力装置处的泄漏量,例如通过平衡孔或平衡盘间隙的泄漏量,可用下式计算:

$$q_2 = C_2 A \sqrt{2g \Delta H} \tag{1.30}$$

式 1.30 与式 1.27 相同,所不同的只是泄漏系数 $C_2$。

总的泄漏量 $q = q_1 + q_2$,一般为理论流量的 4% ~ 10%。

容积损失也与比转数 $n_s$ 有关,它随比转数的变化关系如图 1.17 所示。由图 1.17 可以看出,几乎在所有比转数的变化范围内,容积损失约等于圆盘摩擦损失的一半。

容积损失的大小用容积效率 $\eta_v$ 来衡量,容积效率可表示为

$$\eta_v = \frac{P_2 - \Delta P_m - \Delta P_v}{P_2 - \Delta P_m} = \frac{\rho g Q H_T}{\rho g (Q + q) H_T} = \frac{Q}{Q + q} \tag{1.31}$$

式中,$\Delta P_v$——容积损失功率,kW。

离心泵的容积效率 $\eta_v$ 一般在 0.90 ~ 0.95 的范围,离心风机的容积效率还要小一些。

## 1.5.3  流动损失和流动效率

流动损失也称水力损失和水力效率。流动损失发生在吸入室、叶轮流道、导叶和外壳中,可分为两种:一种是由于流体和各部分流道壁面摩擦以及流体内的摩擦而产生的摩擦损失及因流道断面扩散而引起的局部损失;另一种是由于工况改变,流量 $Q$ 偏离设计流量 $Q_s$,使相对速度的方向与叶轮中叶片及导叶的入口安装角的方向不一致,从而引起冲击损失。

现分别对上述两类损失讨论如下。

1. 摩擦损失和局部损失

摩擦损失一般按下式计算:

$$h_f = \lambda \frac{L}{4R} \cdot \frac{c^2}{2g}$$

式中,$\lambda$——摩擦损失系数;

$\qquad L$——流通长度;

$\qquad R$——流道断面的水力半径;

$\qquad c$——流速。

用 $K_1'$ 表示 $\lambda \dfrac{L}{4R}$,则 $h_f$ 可写成

$$h_f = K_1' \frac{c^2}{2g}$$

一般情况下,$h_f$ 与 $c^2$ 成正比,而流速 $c$ 又与流量 $Q$ 成正比,所以 $h_f$ 与 $Q^2$ 成正比。

对泵(与风机)来说,由于流道形状比较复杂,因此,可以把全部摩擦损失合并成一个简单的式子来表示,即

$$h_f = \sum K_1' \frac{c^2}{2g} = K_1 Q^2$$

式中,$K_1$——系数。

同样,在吸入室、叶轮流道、导叶和外壳中的全部局部损失可合并成下式

$$h_j = \sum \zeta \frac{c^2}{2g} = K_2 Q^2$$

式中,$K_2$——系数。

这两项损失加在一起,得

$$h_f + h_j = K_3 Q_2 \tag{1.32}$$

式中,$K_3$——系数,$K_3 = K_1 + K_2$。

这是一条通过坐标原点的二次抛物线方程,如图 1.20 所示。

2. 冲击损失

在讨论冲击损失之前,我们先来讲一下冲角的概念。流体速度方向与叶片切线方向之间的夹角称为冲角,用 $\alpha$ 表示。当流体沿叶片切线方向流入时,流体的入口流动角 $\beta_1$ 等于叶片入口安装角,即 $\beta_1 = \beta_{1y}$,此时,冲角为零。当 $\beta_{1y} > \beta_1$ 时,则 $\alpha = \beta_{1y} - \beta_1 > 0$,称为正冲角,如图 1.21a 所示。当 $\beta_{1y} < \beta_1$ 时,则 $\alpha = \beta_{1y} - \beta_1 < 0$,称为负冲角,如图 1.21b 所示。当泵(与风机)在最佳工况下工作时,冲角 $\alpha$ 为零,此时流体和叶片无冲击发生。当流量偏离设计流量 $Q_s$ 时,冲角不为零,此时就会在叶片的工作面上形成旋涡区(当 $\alpha$ 为正冲角时,旋涡区发生在叶片背面;为 $\alpha$ 负冲角时,旋涡区发生在叶片工作面),从而引起冲击损失。

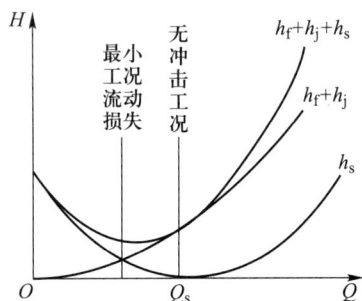

图 1.20 流动损失曲线 　　图 1.21 正冲角和负冲角

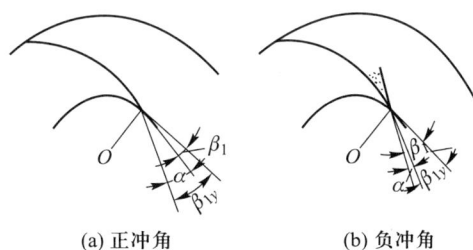

冲击损失可表示为

$$h_s = K_4 (Q - Q_s)^2 \tag{1.33}$$

这是一条顶点在 $Q_s$ 处的二次抛物线方程,如图 1.20 所示。

由式(1.33)得知,当 $Q = Q_s$,即 $\alpha = 0°$ 时,冲击损失为零。

应该指出:在正冲角时,由于旋涡区发生在叶片背面,因此,能量损失比负冲角时小,而且在正冲角时,可以增大流道面积,因此,对泵的抗汽蚀性能有利。一般取 $\alpha = 3° \sim 8°$,对低比转数泵

可超过这一范围,上限可取至 15°。

流动损失 $h_w$ 等于 $h_f$、$h_j$ 与 $h_s$ 三项之和,由图 1.20 可以看出,流动损失最小的点在设计流量的左边。

影响泵(与风机)效率最主要的因素是流动损失,也就是说,在所有的损失中流动损失最大。流动损失的大小,用流动效率 $\eta_h$ 来衡量,流动效率可表示为

$$\eta_h = \frac{P_h}{P_2 - \Delta P_m - \Delta P_v} = \frac{\rho g Q H}{\rho g Q H_T} = \frac{H}{H_T} \tag{1.34}$$

离心泵的流动效率 $\eta_h$ 一般在 0.80~0.95 范围内,离心风机的 $\eta_h$ 一般在 0.75~0.85 范围内。

## 1.5.4 泵的总效率

前面已经讲过,泵(与风机)的总效率等于有效功率与轴功率之比,即

$$\eta = \frac{P_h}{P_2} = \frac{P_h}{P_2 - \Delta P_m - \Delta P_v} \cdot \frac{P_2 - \Delta P_m - \Delta P_v}{P_2 - \Delta P_m} \cdot \frac{P_2 - \Delta P_m}{P_2} = \eta_h \eta_v \eta_m \tag{1.35}$$

由式 1.35 知,泵(与风机)的总效率等于流动效率 $\eta_h$、容积效率 $\eta_v$ 和机械效率 $\eta_m$ 三者的乘积。因此,要提高泵与风机的效率,就必须在设计、制造及运行等各方面注意减少机械损失、容积损失和流动损失。目前离心式泵总效率视其大小、形式和结构的不同在 0.60~0.92 的范围内,离心风机在 0.5~0.9 的范围内,高效风机可达 0.9 以上。轴流泵的总效率在 0.74~0.89 的范围内,小型轴流风机在 0.5~0.6 的范围内,大型轴流风机可达 0.9。

---

**例 1—1**

有一离心式通风机全压 $p = 2\,000$ Pa,流量 $Q = 47\,100$ m³/h,现用联轴器直联传动,试计算风机的有效功率、轴功率及应选配多大的电动机。风机总效率 $\eta = 0.76$。

**解:**
$$P_h = \frac{pQ}{1\,000} = \frac{2\,000 \times \frac{47\,100}{3\,600}}{1\,000} \text{ kW}$$
$$= \frac{2\,000 \times 13.08}{1\,000} \text{ kW} = 26.16 \text{ kW}$$
$$P_2 = \frac{P_h}{\eta} = \frac{26.16}{0.76} \text{ kW} = 34.42 \text{ kW}$$
取电动机容量安全系数 $K = 1.15$,传动机械效率 $\eta_m = 0.98$,则

$$P_{2gr} = K\frac{P_2}{\eta_m} = 1.15 \times \frac{34.42}{0.98} \text{ kW} = 1.15 \times 35.13 \text{ kW}$$
$$= 40.39 \text{ kW}$$

电机手册列出了各种电机系列,实际应用时还需查电机手册,根据计算求得的配套电动机功率(40.39 kW),按电机系列选取电动机。

---

**例 1—2**

有一输送冷水的离心泵,当转速为 1 450 r/min 时,$q_v = 1.24$ m³/s,$H = 70$ m,此时泵的轴功率 $P_2 = 1\,100$ kW,容积效率 $\eta_v = 0.93$,机械效率 $\eta_m = 0.94$,求流动效率 $\eta_h$。水的密度 $\rho = 1\,000$ kg/m³。

**解:** 泵的总效率
$$\eta = \frac{P_h}{P_2} = \frac{1\,000 \times 9.81 \times 1.24 \times 70}{1\,000 \times 1\,100} = 0.77$$

因为
$$\eta = \eta_h \eta_v \eta_m$$
故
$$\eta_h = \frac{\eta}{\eta_v \eta_m} = \frac{0.77}{0.93 \times 0.94} = 0.88$$

# 1.6 离心泵的性能曲线

泵(与风机)的性能曲线是指在一定的转速下,压头 $H$、功率 $P$(一般指轴功率)、效率 $\eta$ 与流量 $Q$ 的关系曲线,对于水泵来说,还有表示泵汽蚀性能的允许汽蚀余量[NPSH]或允许吸上真空高度 $H_{sa}$ 与流量 $Q$ 的关系曲线。从这些曲线上可以知道各参数随流量的变化关系,从而可以确定泵(与风机)的工作范围。我们知道,泵(与风机)是按照给定的一组参数(压头及流量)进行设计的,由这一组参数所组成的工况,我们称之为设计工况。当泵(或风机)在设计工况下运行时,具有最高效率,但是随着外界条件的变化,泵(与风机)的工况也要相应改变。当运行点偏离设计工况时,效率则相应下降,为了使泵(与风机)的效率不至下降太多,各种形式的泵(或风机)都确定了一个工作范围。为此,掌握这些性能曲线就能够正确地选择、经济合理地使用泵(与风机)。

泵的性能曲线主要有:流量与扬程 $Q$-$H$ 曲线,流量与功率 $Q$-$P$ 曲线,流量与效率 $Q$-$\eta$ 曲线,流量与允许汽蚀余量(或允许吸上真空高度)$Q$-[NPSH]曲线,关于 $Q$-[NPSH]曲线在以后泵汽蚀部分再讲。对于风机来说,因其产生的动压较大,而且在决定风机的工作点时,是以静压曲线为依据的,所以一般还需分别作出流量与全压 $Q$-$p$ 和流量与静压 $Q$-$p_a$ 关系曲线。

泵或者风机的工作性能曲线至今还不能精确地用理论的方法计算,而是通过试验的方法求得。但是我们可以从理论上来说明这些性能变化的规律,以便在设计、改进性能时,能够从理论角度做进一步的分析,并且可以指导用户合理地使用泵。

## 1.6.1 理论流量与无限多叶片叶轮的理论压头 $Q_T$-$H_{T\infty}$ 性能曲线

现取一叶轮出口速度三角形,如图 1.22 所示。
由此速度三角形得

$$c_{2u\infty} = u_2 - c_{2r\infty} \cot \beta_{2y\infty}$$

而

$$c_{2r\infty} = \frac{Q_T}{\pi D_2 b_2}$$

式中,$b_2$——叶轮出口宽度,m。

将上两式代入能量方程式 1.15 中得

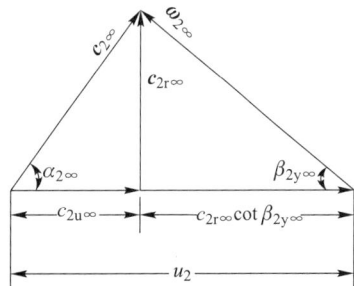

图 1.22 出口速度三角形

$$H_{T\infty} = \frac{u_2}{g}(u_2 - c_{2r\infty}\cot\beta_{2y\infty})$$

$$= \frac{u_2}{g}\left(u_2 - \frac{Q_T\cot\beta_{2y\infty}}{\pi D_2 b_2}\right) \tag{1.36}$$

$$= \frac{u_2^2}{g} - \frac{u_2}{g}\frac{\cot\beta_{2y\infty}}{\pi D_2 b_2}Q_T$$

由于泵(与风机)的几何尺寸是已知的,转速亦为定值,所以式 1.36 中 $u_2$、$\beta_{2y\infty}$、$D_2$、$b_2$ 都是常数。如果 $A = \frac{u_2^2}{g}$,$B = \frac{u_2\cot\beta_{2y\infty}}{g\pi D_2 b_2}$,则式 1.36 可简化为

$$H_{T\infty} = A - BQ_T \tag{1.36a}$$

式 1.36a 是一个直线方程,因此,$H_{T\infty}$ 随 $Q_T$ 的变化关系是一线性关系,并且直线的斜率由 $\beta_{2y\infty}$ 角来决定。下面按叶片出口角 $\beta_{2y\infty}<90°$,$\beta_{2y\infty}=90°$,$\beta_{2y\infty}>90°$ 这三种情况分别进行讨论。

1. $\beta_{2y\infty}<90°$(后弯式叶轮)

$\beta_{2y\infty}<90°$,$\cot\beta_{2y\infty}>0$,$B$ 为正值,由式 1.36a 得知,当 $Q_T$ 增加时,$H_{T\infty}$ 逐渐减小,$H_{T\infty}$ 与 $Q_T$ 的关系为一条自左至右下降的直线,如图 1.23a 所示直线,它与坐标轴相交于两点。

当 $Q_T=0$ 时,$H_{T\infty}=A=\frac{u_2^2}{g}$;

当 $H_{T\infty}=0$ 时,$Q_T=\frac{A}{B}=\frac{u_2\pi D_2 b_2}{\cot\beta_{2y\infty}}$。

2. $\beta_{2y\infty}=90°$(径向式叶轮)

$\beta_{2y\infty}=90°$ 时,$\cos\beta_{2y\infty}=0$,$B=0$,由式 1.36a 得知,$H_{T\infty}=A=\frac{u_2^2}{g}$,即 $H_{T\infty}$ 与 $Q_T$ 的变化无关,为一条平行于横坐标的直线,如图 1.23b 所示,它与纵坐标交于 $H_{T\infty}=A=\frac{u_2^2}{g}$点。

3. $\beta_{2y\infty}>90°$(前弯式叶轮)

$\beta_{2y\infty}>90°$ 时,$\cos\beta_{2y\infty}<0$,$B$ 为负值,由式 1.36a 得知,当 $Q_T$ 增加时,$H_{T\infty}$ 也随着增加,$H_{T\infty}$ 与 $Q_T$ 的关系为一自左至右上升的直线,如图 1.23c 所示,当 $Q_T=0$ 时,与纵坐标交于 $A$,即 $H_{T\infty}=A=\frac{u_2^2}{g}$。

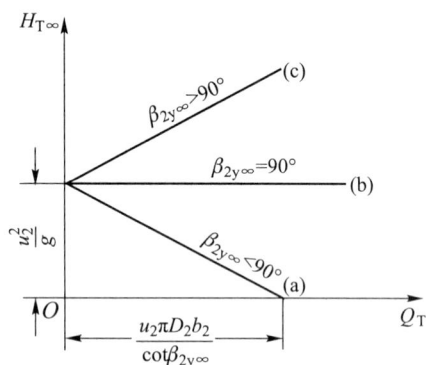

图 1.23    $Q_T$-$H_{T\infty}$ 性能曲线

## 1.6.2  流量与实际压头 $Q$—$H$ 性能曲线

流量与实际压头的性能曲线又称工作性能曲线。前面我们讲的是理想流体通过无限多叶片叶轮时的 $Q_T$-$H_{T\infty}$ 性能曲线,实际上叶轮的叶片数都是有限的,而且实际流体通过叶轮时伴随有

各种损失。为了求得 $Q—H$ 性能曲线,必须考虑上述因素对流量和压头的影响。现以 $\beta_{2y\infty} < 90°$ 的后弯式叶轮为例来分析 $Q—H$ 性能曲线的变化。

对于有限叶片数的影响,在 1.3 节中我们在分析流体在有限叶片叶轮中流动时,由于轴向涡流使 $c_{2u\infty}$ 减小,从而使有限叶片叶轮所产生的理论压头低于无限多叶片叶轮的压头,有限叶片数的压头用环流系数 $K_z$,即

$$H_T = K_z \cdot H_{T\infty}$$

环流系数 $K_z$ 值恒小于 1,并且可以认为在所有的工况下都保持不变,因此,有限叶片数的 $Q_T - H_T$ 曲线,也是一条向下倾斜的直线,位于无限多叶片的 $Q_T - H_{T\infty}$ 曲线之下,如图 1.24 中 $b$-$b$ 线。

考虑实际流体黏性的影响,还要在 $Q_T$-$H_T$ 曲线上减去摩擦损失和冲击损失的压头。因为摩擦损失是随流量的增加而按流量的平方增加的(图 1.24),在对应各流量下减去摩擦损失压头后即得图 1.24 中的 $c$-$c$ 线。

冲击损失在设计工况($Q_s$, $H_s$)时为零,在偏离设计工况时则按抛物线增加,如图 1.24 所示,在对应各流量下再从 $c$ 曲线上减去冲击损失压头后即得 $d$-$d$ 线。

除此之外还需考虑容积损失对性能曲线的影响。因此,还需在 $d$-$d$ 线上的各点减去相应的泄漏量 $q$,即得到流量与实际压头的性能曲线,如图 1.24 中的 $e$-$e$ 线。

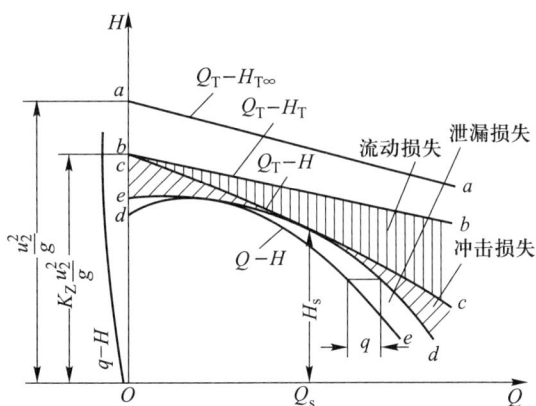

图 1.24　实际的流量—压头($q_v$-$H$)性能曲线

## 1.6.3 流量与功率 $Q$-$P$ 性能曲线

流量与功率的性能曲线是指在一定转速下泵(与风机)的流量与轴功率之间的关系曲线。轴功率 $P_2$ 等于流动功率 $P_{2h}$ 与机械损失功率 $\Delta P_{2m}$ 之和。流动功率 $P_h$ 为

$$P_h = \frac{\rho g Q_T H_T}{1\ 000} \tag{1.37}$$

将式 1.36 代入式 1.13 得

$$H_T = K_z \cdot H_{T\infty} = K_z \frac{u_2^2}{g} - K_z \frac{u_2 \cot \beta_{2y\infty}}{g \pi D_2 b_2} Q_T$$

令

$$A' = K_z \frac{u_2^2}{g}, \quad B' = K_z \frac{u_2 \cot \beta_{2y\infty}}{g \pi D_2 b_2}$$

则

$$H_T = A' - B' Q_T \tag{1.38}$$

将式 1.38 代入式 1.37 得

$$P_h = \frac{\rho g Q_T}{1\ 000}(A' - B' Q_T) = \frac{\rho g}{1\ 000}(A' Q_T - B' Q_T^2) \tag{1.39}$$

从式 1.39 可以看出功率随流量的变化关系为一抛物线关系,其曲线的形状与 $\beta_{2y\infty}$ 角有关。现分 $\beta_{2y\infty}<90°$、$\beta_{2y\infty}=90°$ 及 $\beta_{2y\infty}>90°$ 这三种情况分别进行讨论。

1. $\beta_{2y\infty}<90°$(后弯式叶轮)

当 $\beta_{2y\infty}<90°$ 时,$\cot\beta_{2y\infty}>0$,$B'$ 为正值,则

$$P_{\text{h}}=\frac{\rho g}{1\ 000}(A'Q_{\text{T}}-B'Q_{\text{T}}^2) \tag{1.39a}$$

当 $Q_{\text{T}}=0$ 时,$P_{\text{h}}=0$,当 $Q_{\text{T}}=\dfrac{A'}{B'}$ 时,$P_{\text{h}}=0$,因此是一条通过坐标原点的抛物线,如图 1.25 中 a 曲线所示。

因此对后弯式叶轮来说,其功率是先随流量的增加而增加,当达到某一数值时,又随流量的增加而减小,所以当流量改变时其功率的变化较为平缓。

2. $\beta_{2y\infty}=90°$(径向式叶轮)

当 $\beta_{2y\infty}=90°$ 时,$\cot\beta_{2y\infty}=0$,$B'=0$,则

$$P_{\text{h}}=\frac{\rho g Q_{\text{T}} A'}{1\ 000} \tag{1.39b}$$

当 $Q_{\text{T}}=0$ 时,$P_{\text{h}}=0$,因此,式 1.39b 是一条通过坐标原点上升的直线,如图 1.25b 线所示,所以径向式叶轮其功率是随流量的增加而直线上升的。

3. $\beta_{2y\infty}>90°$(前弯式叶轮)

当 $\beta_{2y\infty}>90°$ 时,$\cot\beta_{2y\infty}<0$,$B'$ 为负值,则

$$P_{\text{h}}=\frac{\rho g}{1\ 000}(A'Q_{\text{T}}+|B'|Q_{\text{T}}^2) \tag{1.39c}$$

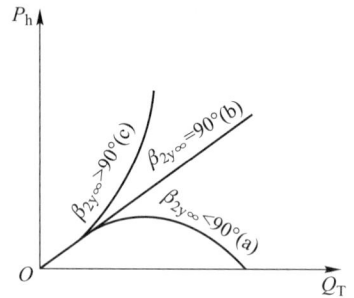

图 1.25   各种不同角 $\beta_{2y}$ 的流量与功率 $Q_{\text{T}}$-$P_{\text{h}}$ 性能曲线

当 $Q_{\text{T}}=0$ 时,$P_{\text{h}}=0$,当 $Q_{\text{T}}$ 增加时,$P_{\text{h}}$ 急剧增加,是一条通过坐标原点的上升曲线,如图 1.25c 线所示,因此前弯式叶轮的功率随着流量的增加而急剧上升,由此可以看出,其原动机装置容量的富余量应较大。

上面所讲的是流量与流动功率的性能曲线,而我们要求的是流量与轴功率的性能曲线。轴功率等于流动功率加上机械损失功率。而机械损失功率与流量无关,因此,在流量与流动功率 $(Q_{\text{T}}$-$P_{\text{h}})$ 性能曲线上再加一相等的机械损失的功率 $\Delta P_{\text{m}}$,如图 1.26 所示,即得到 $Q_{\text{T}}$-$P$ 性能曲线。

考虑泄漏量的影响,在 $Q_{\text{T}}$-$P$ 性能曲线上由所对应的流量 $Q_{\text{T}}$ 减去相应的泄漏量 $q$ 后,即得到实际的 $Q$-$P$ 性能曲线。

由图 1.26 可以看出,当 $Q=0$ 时,功率不为零,流量为零的这一工况称为空载工况,这时的功率就等于泵(或风机)在空转时的机械损失功率 $\Delta P_{\text{m}}$ 和容积损失功率 $\Delta P_{\text{v}}$ 之和。

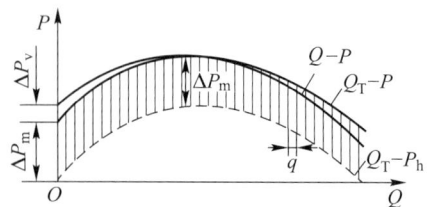

图 1.26   流量与功率 $(Q$-$N)$ 性能曲线

## 1.6.4 流量与效率 Q-η 性能曲线

泵(与风机)的效率等于有效功率与轴功率之比,即

$$\eta = \frac{P_h}{P_2} = \frac{\rho g Q H}{P_2} \tag{1.40}$$

由上式可见,效率 $\eta$ 有两次为零的点,即当 $Q=0$ 时,$\eta=0$;当 $H=0$ 时,$\eta=0$。因此 $Q$-$\eta$ 性能曲线是一条通过坐标原点与横坐标轴相交于 $Q=Q_{max}$ 点的曲线。曲线上最高效率 $\eta_{max}$ 点,为泵(与风机)的设计工况点。在小于设计工况点时,随着流量的增加,效率逐渐增加;在大于设计工况点时,随着流量的增加,效率逐渐降低为零。实际上当流体流过泵(与风机)时,必须有流动压头,因此压头 $H$ 不可能下降到零,$Q$-$\eta$ 曲线也就不可能与横坐标相交,而是如图 1.27 实线所示的形状。

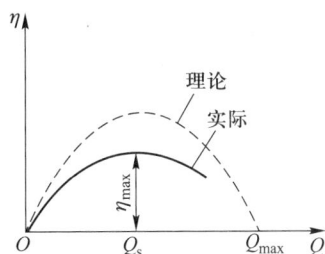

图 1.27 流量与效率($Q$-$\eta$) 性能曲线

上述的性能曲线是在制造厂由性能试验得到的。把在一定转速下所得到的试验结果,绘成 $Q$-$H$、$Q$-$P$,$Q$-$\eta$ 曲线及性能表,放入泵(和风机)产品样本或说明书中,以供用户使用。图 1.28 和图 1.29 为国产 30 万千瓦机组配套用的锅炉给水泵和凝结水泵的性能曲线图。

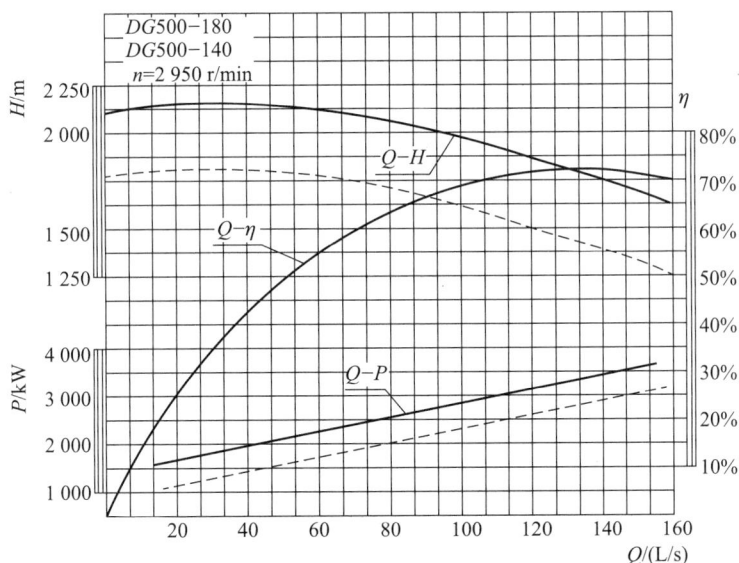

图 1.28 DG500-180 型和 DG500-140 型锅炉给水泵性能曲线图

说明:此曲线为水温为 20 ℃时试验所得;虚线为 DG500-140 型泵的 $Q$-$H$ 及 $Q$-$P$ 曲线

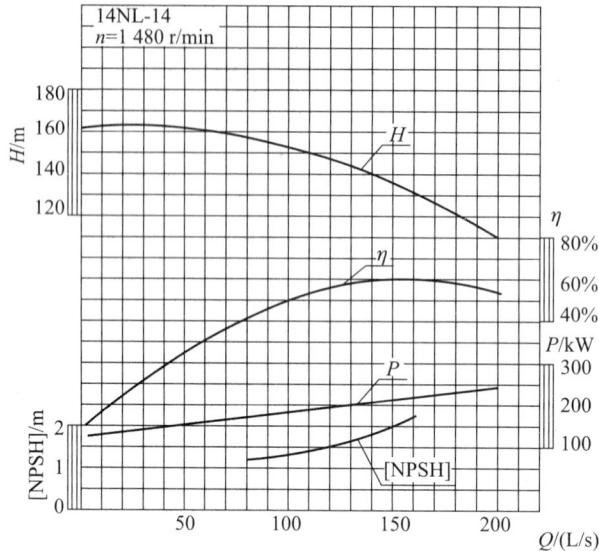

图 1.29  14NL-14 型凝结水泵性能曲线图

# 1.6.5 离心式泵性能曲线的比较

由上面对性能曲线的分析可知,三种不同形式的叶轮的性能变化关系是不相同的,也就是说其性能曲线的形状是不相同的。

对离心式水泵来说,只有后弯式叶轮被实际应用。

后弯式叶轮的 $Q$-$H$ 性能曲线,总的趋势是随着流量的增加而下降,但由于特性参数各不相同,因此其结构形式和出口安装角 $\beta_{2y}$ 也不相同,这就使后弯式叶轮的 $Q$-$H$ 性能曲线有所差异,但归纳起来可以分为三种基本类型。

陡降的曲线(图 1.30a),这种曲线有 25% ~ 30% 的斜度,当流量变动很小时,压头变化很大,适用于压头变化大而流量变化小的情况,如发电厂的凝结水泵。

平坦的曲线(图 1.30b),这种曲线具有 8% ~ 12% 的斜度,当流量变化很大时,压头变化很小,适用于流量变动大而压头变化不大的情况,如发电厂的锅炉给水泵。

有驼峰的曲线(图 1.30c),这种曲线压头随流量的变化过程是先增加后减小,曲线上 $k$ 点对应压头的最大值 $H_k$ 和流量 $Q_k$,在 $k$ 点左边的线段称为不稳定工作段。当在管路工作时易发生喘振(或称飞动现象),详见 1.9 节,因而影响泵与风机的稳定工作。因此,在使用中我们不希望使用具有这种曲线的泵(与风机),即使使用这种曲线的泵(与风机)也只允许在 $Q > Q_k$ 时运转。

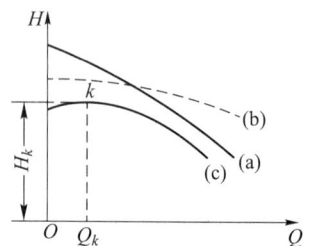

图 1.30  离心泵后弯式叶轮
$Q$-$H$ 性能曲线的三种基本形式

# 1.7 相似理论在泵中的应用

相似理论广泛地应用在许多学科领域中,如水工建筑、流体力学、传热学等,它也为泵(与风机)的设计、研究、使用等提供了方便。因此,相似理论是十分重要的理论。

因为流体在泵(与风机)流道中的运动非常复杂,许多问题用理论计算还不能得到解决,而用相似理论推算却能得到满意的结果。例如对于新设计的泵(或风机)的性能,往往与实际性能有差别,甚至差别很大,这就需要对新设计的泵(或风机)进行试验来验证设计的性能,如果试验结果与设计不符合,则需要修改设计,以保证其性能要求。但对高参数大功率的泵(与风机),用原型进行试验非常不经济,而且往往受到试验室条件的限制,因此,就需要把原型泵(与风机)缩小为模型再来进行试验,一般称为模型试验。这就提出了一个问题,即应按照什么关系将原型泵缩小为模型,又按什么关系能将模型泵的试验结果换算成原型泵的性能。这就是相似理论要解决的第一个问题。

另外,在积累了大量效率高,结构简单可靠的模型泵(与风机)的资料以后,我们可以用相似关系进行相似设计,即在一系列的模型泵(与风机)中,选择一个高效率的模型,按照相似关系设计一台新的泵(或风机),这种设计方法的优点是可以缩短设计时间,而且性能可靠,不需要进行模型试验。这是相似理论要解决的另一个问题。

## 1.7.1 相似条件

要保证流体流动的相似,必须具备三个相似条件,即几何相似、运动相似和动力相似,也就是说,必须满足模型与实物中任一对应点上的同一物理量之间保持比例关系。现对泵(与风机)的相似条件分别讨论如下,并以下标"m"表示模型的各参数,以"p"表示实物的各参数。

1. 几何相似

几何相似是指模型和原型各对应点的几何尺寸成比例,比值相等,各对应角相等(包括叶片数 $Z$,安装角和 $\beta_{2y}$ 相等)。即

$$\frac{b_{1p}}{b_{1m}} = \frac{b_{2p}}{b_{2m}} = \frac{D_{1p}}{D_{1m}} = \frac{D_{2p}}{D_{2m}} = \cdots = \frac{D_p}{D_m} = 常数 \tag{1.41}$$

$$\angle\beta_{2P} = \angle\beta_{2m} \quad \angle\beta_{1P} = \angle\beta_{1m} \quad Z_p = Z_m$$

式中,$D_p$、$D_m$——原型与模型的任一线性尺寸。

满足上式条件就保证了模型和原型的几何相似。

2. 运动相似

运动相似是指模型和原型各对应点的速度方向相同,大小成比例,比值相等,对应角相等,即流体在各对应点的速度三角形相似,如图1.31所示。即

$$\frac{c_{1p}}{c_{1m}}=\frac{c_{2p}}{c_{2m}}=\frac{\omega_{1p}}{\omega_{1m}}=\frac{\omega_{2p}}{\omega_{2m}}=\frac{u_{2p}}{u_{2m}}=\frac{D_{2p}n_p}{D_{2m}n_m}=\frac{D_{1p}n_p}{D_{1m}n_m}=\cdots=\frac{D_p n_p}{D_m n_m}=常数 \qquad (1.42)$$

$$\angle\beta_{2p}=\angle\beta_{2m} \quad \angle\beta_{1p}=\angle\beta_{1m}$$

式中,$n_p$、$n_m$——原型和模型的转速。

运动相似是建立在几何相似的基础上的。满足了式 1.42 的条件,就保证了模型和原型的运动相似。

3. 动力相似

动力相似是指模型和原型中相对应的各种力的方向相同,大小成比例,且比值相等。

流体在泵(与风机)内流动时主要受到以下四种力的作用:①惯性力;②黏性力;③重力;④压力。要使这四种力都满足相似条件,实际上是非常困难的,而且也没有必要。因此,只要选择在流动时起主导作用的力相似就可以了。一般只需考虑三个力的相似,而三个力中,只要有两个力成比例,则第三个必然成比例,因此实际上只需考虑其中的两个力相似就足够了。因为惯性力对任何流动情况都是一个主要的力,所以我们用惯性力作为比较的基础来建立力的相似关系。

图 1.31 运动相似速度三角形

对于泵(与风机)而言,在流动中起主要作用的力是惯性力和黏性力,因此,只要这两个力相似就满足了动力相似的关系。

惯性力和黏性力其相似准则是雷诺数 $Re$。在泵(与风机)中,其几何尺寸一般用叶轮外径 $D_2$ 表示,速度用圆周速度 $u_2$ 表示,故雷诺数写成

$$Re=\frac{D_2 u_2}{v}=\frac{\pi D_2^2 n}{60v}$$

要保证模型和原型的雷诺数 $Re$ 相等,实际上是困难的。但试验证明,在 $Re>10^5$ 时,已在平方阻力区的范围,在各种粗糙度下,当雷诺数改变时,阻力系数不变,这一范围称为自动模化区。由于泵(与风机)中的流体一般在 $Re>10^5$ 的范围内流动,因此即使模型和原型的 $Re$ 不同,但因有自动模化的性能,所以可以满足动力相似的要求。这样泵(与风机)的相似就只要保证几何相似及运动相似了。但是为了使模型和原型的阻力系数尽可能接近,使模化更符合实际,一般希望模型和原型的尺寸不要相差太大,资料推荐为直径比不大于 5 或 $Re_p$ 不大于 $2Re_m$ 的范围。

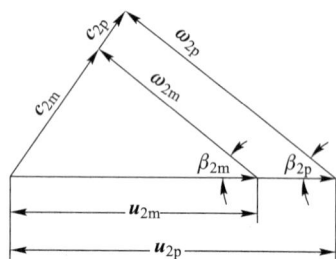

## 1.7.2 相似泵参数间的关系

泵(与风机)各参数之间的相似关系就是相似工况的关系。而相似工况是建立在几何相似与运动相似的基础之上的。下面分别讨论两台几何相似的泵(与风机)在相似工况下运行时,其流量、压头、功率与几何尺寸及转速之间的关系。

1. 流量与几何尺寸及转速的关系

泵(与风机)的流量为

$$Q=A_2 c_{2r}\eta_v=\pi D_2 b_2\psi_2 c_{2r}\eta_v$$

式中，$\psi_2$——排挤系数，等于叶轮实际出口面积除以不考虑叶片厚度的叶轮出口面积。

两台泵（或风机）工况相似时，其流量之比值为

$$\frac{Q_{\mathrm{p}}}{Q_{\mathrm{m}}}=\frac{\pi D_{2\mathrm{p}}b_{2\mathrm{p}}c_{2\mathrm{rp}}\psi_{2\mathrm{p}}\eta_{\mathrm{vp}}}{\pi D_{2\mathrm{m}}b_{2\mathrm{m}}c_{2\mathrm{rm}}\psi_{2\mathrm{m}}\eta_{\mathrm{vm}}} \tag{1.43}$$

由于两泵（或风机）运动相似，所以

$$\frac{c_{2\mathrm{rp}}}{c_{2\mathrm{rm}}}=\frac{D_{2\mathrm{p}}n_{\mathrm{p}}}{D_{2\mathrm{m}}n_{\mathrm{m}}} \tag{1.44}$$

如果两台泵（或风机）的几何形状完全相似，则排挤系数相等，即 $\psi_{2\mathrm{p}}=\psi_{2\mathrm{m}}$，将式 1.44 代入式 1.43 得

$$\frac{Q_{\mathrm{p}}}{Q_{\mathrm{m}}}=\frac{D_{2\mathrm{p}}b_{2\mathrm{p}}D_{2\mathrm{p}}n_{\mathrm{p}}\psi_{2\mathrm{p}}\eta_{\mathrm{vp}}}{D_{2\mathrm{m}}b_{2\mathrm{m}}D_{2\mathrm{m}}n_{\mathrm{m}}\psi_{2\mathrm{m}}\eta_{\mathrm{vm}}}$$

$$\frac{Q_{\mathrm{p}}}{Q_{\mathrm{m}}}=\left(\frac{D_{2\mathrm{p}}}{D_{2\mathrm{m}}}\right)^3\frac{n_{\mathrm{p}}\eta_{\mathrm{vp}}}{n_{\mathrm{m}}\eta_{\mathrm{vm}}} \tag{1.45}$$

式 1.45 又称流量相似定律，它指出几何相似的泵（或风机）在相似工况下运行时，其流量与几何尺寸 $D$（一般用叶轮出口直径 $D_2$）的三次方成正比，与转速成正比，与容积效率成正比。

2. 压头与几何尺寸及转速的关系

由前面的分析已知，泵（与风机）的实际压头 $H$ 为

$$H=H_{\mathrm{T}}\eta_{\mathrm{h}}=\frac{u_2c_{2\mathrm{u}}-u_1c_{1\mathrm{u}}}{g}\eta_{\mathrm{h}}$$

当两台泵（或风机）工况相似时，其压头之比值为

$$\frac{H_{\mathrm{p}}}{H_{\mathrm{m}}}=\left(\frac{u_{2\mathrm{p}}c_{2\mathrm{up}}-u_{1\mathrm{p}}c_{1\mathrm{up}}}{u_{2\mathrm{m}}c_{2\mathrm{um}}-u_{1\mathrm{m}}c_{1\mathrm{um}}}\right)\frac{\eta_{\mathrm{hp}}}{\eta_{\mathrm{hm}}} \tag{1.46}$$

由于两泵（或风机）运动相似，则

$$\frac{u_{2\mathrm{p}}c_{2\mathrm{up}}}{u_{2\mathrm{m}}c_{2\mathrm{um}}}=\frac{u_{1\mathrm{p}}c_{1\mathrm{up}}}{u_{1\mathrm{m}}c_{1\mathrm{um}}}=\left(\frac{D_{2\mathrm{p}}n_{\mathrm{p}}}{D_{2\mathrm{m}}n_{\mathrm{m}}}\right)^2 \tag{1.47}$$

将式 1.47 代入式 1.46 得

$$\frac{H_{\mathrm{p}}}{H_{\mathrm{m}}}=\left(\frac{D_{2\mathrm{p}}}{D_{2\mathrm{m}}}\right)^2\left(\frac{n_{\mathrm{p}}}{n_{\mathrm{m}}}\right)^2\frac{\eta_{\mathrm{hp}}}{\eta_{\mathrm{hm}}} \tag{1.48}$$

式 1.48 又称压头相似定律，它指出几何相似的泵（或风机）在相似工况下运行，其压头与几何尺寸的平方成正比，与转速的平方成正比，与流动效率成正比。

风机的压头用风压 $p$ 表示为

$$p=\rho gH$$

则风机的压头的比值为

$$\frac{p_{\mathrm{p}}}{p_{\mathrm{m}}}=\frac{\rho_{\mathrm{p}}}{\rho_{\mathrm{m}}}\left(\frac{D_{2\mathrm{p}}}{D_{2\mathrm{m}}}\right)^2\left(\frac{n_{\mathrm{p}}}{n_{\mathrm{m}}}\right)^2\frac{\eta_{\mathrm{hp}}}{\eta_{\mathrm{hm}}} \tag{1.49}$$

3. 功率与几何尺寸及转速的关系

泵（或风机）的功率为

$$P = \frac{\rho g Q H}{\eta} = \frac{\rho g Q H}{\eta_m \eta_v \eta_h}$$

将式 1.45 及式 1.48 代入上式得

$$\frac{P_p}{P_m} = \left(\frac{D_{2p}}{D_{2m}}\right)^5 \left(\frac{n_p}{n_m}\right)^3 \frac{\rho_p}{\rho_m} \frac{\eta_{mm}}{\eta_{mp}} \tag{1.50}$$

式 1.50 又称功率相似定律,它指出几何相似的泵(或风机)在相似工况下运行时,其功率与几何尺寸的五次方成正比,与转速的三次方成正比,与密度成正比,与机械效率成反比。

经验证明,模型与原型的转速和几何尺寸相差不大时,可以认为模型与原型的机械效率 $\eta_m$、容积效率 $\eta_v$、流动效率 $\eta_h$ 相等,即 $\eta_{mp} = \eta_{mm}$,$\eta_{vp} = \eta_{vm}$,$\eta_{hp} = \eta_{hm}$,则得

$$\frac{Q_p}{Q_m} = \left(\frac{D_{2p}}{D_{2m}}\right)^3 \frac{n_p}{n_m} \tag{1.51}$$

$$\frac{H_p}{H_m} = \left(\frac{D_{2p}}{D_{2m}}\right)^2 \left(\frac{n_p}{n_m}\right)^2 \tag{1.52a}$$

$$\frac{p_p}{p_m} = \frac{\rho_p}{\rho_m} \left(\frac{D_{2p}}{D_{2m}}\right)^2 \left(\frac{n_p}{n_m}\right)^2 \tag{1.52b}$$

$$\frac{P_p}{P_m} = \left(\frac{D_{2p}}{D_{2m}}\right)^5 \left(\frac{n_p}{n_m}\right)^3 \frac{\rho_p}{\rho_m} \tag{1.53}$$

式 1.51、式 1.52a、式 1.52b、式 1.53 是相似泵(或风机)性能换算的公式,可改写为

$$\frac{Q_m}{D_{2m}^3 n_m} = \frac{Q_p}{D_{2p}^3 n_p} = 常数 \tag{1.54}$$

$$\frac{H_m}{D_{2m}^2 n_m^2} = \frac{H_p}{D_{2p}^2 n_p^2} = 常数 \tag{1.55a}$$

$$\frac{p_m}{\rho_m D_{2m}^2 n_m^2} = \frac{p_p}{\rho_p D_{2p}^2 n_p^2} = 常数 \tag{1.55b}$$

$$\frac{P_m}{\rho_m D_{2m}^5 n_m^3} = \frac{P_p}{\rho_p D_{2p}^5 n_p^3} = 常数 \tag{1.56}$$

## 1.7.3 相似定律的特例

1. 改变转速时各参数的变化关系——比例定律

相似定律的一种特殊情况:当两台泵(或风机)叶轮直径相等并输送相同的流体时,即几何尺寸的比例常数 $\dfrac{D_p}{D_m} = 1$,密度的比例常数 $\dfrac{\rho_p}{\rho_m} = 1$,也可以看作是同一台泵(或风机),当改变转速时其参数的变化关系。这时,式 1.51、式 1.52a、式 1.52b、式 1.53 简化为

$$\frac{Q_p}{Q_m} = \frac{n_p}{n_m} \tag{1.57}$$

$$\frac{H_p}{H_m}=\left(\frac{n_p}{n_m}\right)^2 \tag{1.58a}$$

$$\frac{p_p}{p_m}=\left(\frac{n_p}{n_m}\right)^2 \tag{1.58b}$$

$$\frac{P_p}{P_m}=\left(\frac{n_p}{n_m}\right)^3 \tag{1.59}$$

式 1.57、式 1.58a、式 1.58b、式 1.59 是对同一台泵(或风机),当转速改变后,在相似工况下,流量、压头、功率与转速的比例关系,故称为比例定律。比例定律指出流量与转速成正比,压头与转速的平方成正比,功率与转速的三次方成正比。

2. 改变几何尺寸时各参数的变化关系

当两台泵(或风机)的转速相同,并输送相同的流体时,即转速的比例常数 $\frac{n_p}{n_m}=1$,密度的比例常数 $\frac{\rho_p}{\rho_m}=1$,只改变几何尺寸,这时式 1.51、式 1.52a、式 1.52b、式 1.53 简化为

$$\frac{Q_p}{Q_m}=\left(\frac{D_{2p}}{D_{2m}}\right)^3 \tag{1.60}$$

$$\frac{H_p}{H_m}=\left(\frac{D_{2p}}{D_{2m}}\right)^2 \tag{1.61a}$$

$$\frac{p_p}{p_m}=\left(\frac{D_{2p}}{D_{2m}}\right)^2 \tag{1.61b}$$

$$\frac{P_p}{P_m}=\left(\frac{D_{2p}}{D_{2m}}\right)^5 \tag{1.62}$$

式 1.60、式 1.61a、式 1.61b、式 1.62 指出:在相似工况下,流量与叶轮直径的三次方成正比,压头与叶轮直径的平方成正比,功率与叶轮直径的五次方成正比。

3. 改变密度时各参数的变化关系

当两台泵(或风机)的转速相同、几何尺寸相同,即转速的比例常数 $\frac{n_p}{n_m}=1$,几何尺寸的比例常数 $\frac{D_{2p}}{D_{2m}}=1$,也可以认为是对同一台泵(或风机),当所输送的流体不同时,其参数的变化关系不变。这时由式 1.51、式 1.52a 看出,流量、压头与流体密度无关,即无论输送什么流体,其容积流量和压头都不改变,因此,只有风机的风压和功率与密度有关。

式 1.52b、式 1.53 简化为

$$\frac{p_p}{p_m}=\frac{\rho_p}{\rho_m} \tag{1.63}$$

$$\frac{P_p}{P_m}=\frac{\rho_p}{\rho_m} \tag{1.64}$$

式 1.63、式 1.64 指出,在相似工况下,风压与密度成正比,功率与密度成正比。

综上所述,可将两台几何相似的泵(或风机),在相似工况下运行时的参数变化关系列于表 1.1。

表 1.1 相似工况下各参数的变化关系

| 参数 | 改变转速 n | 改变几何尺寸 D | 改变密度 ρ | n、D、ρ 均改变 |
|---|---|---|---|---|
| 流量 Q | $Q_p = Q_m \left( \dfrac{n_p}{n_m} \right)$ | $Q_p = Q_m \left( \dfrac{D_{2p}}{D_{2m}} \right)^3$ | $Q_p = Q_m$ | $Q_p = Q_m \left( \dfrac{D_{2p}}{D_{2m}} \right)^3 \left( \dfrac{n_p}{n_m} \right)$ |
| 压头 H | $H_p = H_m \left( \dfrac{n_p}{n_m} \right)^2$ | $H_p = H_m \left( \dfrac{D_{2p}}{D_{2m}} \right)^2$ | $H_p = H_m$ | $H_p = H_m \left( \dfrac{D_{2p}}{D_{2m}} \right)^2 \left( \dfrac{n_p}{n_m} \right)^2$ |
| 风压 p | $p_p = p_m \left( \dfrac{n_p}{n_m} \right)^2$ | $p_p = p_m \left( \dfrac{D_{2p}}{D_{2m}} \right)^2$ | $p_p = p_m \dfrac{\rho_p}{\rho_m}$ | $p_p = p_m \dfrac{\rho_p}{\rho_m} \left( \dfrac{D_{2p}}{D_{2m}} \right)^2 \left( \dfrac{n_p}{n_m} \right)^2$ |
| 功率 P | $P_p = P_m \left( \dfrac{n_p}{n_m} \right)^3$ | $P_p = P_m \left( \dfrac{D_{2p}}{D_{2m}} \right)^5$ | $P_p = P_m \dfrac{\rho_p}{\rho_m}$ | $P_p = P_m \dfrac{\rho_p}{\rho_m} \left( \dfrac{D_{2p}}{D_{2m}} \right)^5 \left( \dfrac{n_p}{n_m} \right)^3$ |
| 效率 η | $\eta_p = \eta_m$ | $\eta_p = \eta_m$ | $\eta_p = \eta_m$ | $\eta_p = \eta_m$ |

注:当模型与原型的转速与几何尺寸相差不大时,各效率相等。

---

**例 1-3**

某电厂有一凝结水泵,当流量 $Q_1 = 35 \ \text{m}^3/\text{h}$ 时的扬程为 $H = 62 \ \text{m}$,用 1 450 r/min 的电动机拖动,此时,轴功率 $P_2 = 7.60 \ \text{kW}$,当流量增到 $Q_2 = 70 \ \text{m}^3/\text{h}$,问原动机的转速提高多少才能满足要求?此时,扬程和轴功率各为多少?

**解:** $n_2 = n_1 \left( \dfrac{Q_2}{Q_1} \right) = 1 \ 450 \times \dfrac{70}{35} \ \text{r/min} = 2 \ 900 \ \text{r/min}$

$H_2 = H_1 \left( \dfrac{n_2}{n_1} \right)^2 = 62 \times \left( \dfrac{2 \ 900}{1 \ 450} \right)^2 \ \text{m} = 248 \ \text{m}$

$P_2 = P_1 \left( \dfrac{n_2}{n_1} \right)^3 = 7.60 \times \left( \dfrac{2 \ 900}{1 \ 450} \right)^3 \ \text{kW} = 60.8 \ \text{kW}$

---

## 1.7.4 泵的比转数

式 1.54、式 1.55a、式 1.56 只能分别表示出流量、压头、功率的相似关系,但在泵(与风机)的设计、选择中,往往还需要有一个包括流量 Q、压头 H 及转速 n 等设计参数在内的综合性相似特征数。这个相似特征数,我们称为比转数,用符号 $n_s$ 表示。比转数在泵(与风机)的理论研究和设计中,都具有十分重要的意义。现对泵的比转数讨论如下。

1. 泵的比转数 $n_s$

将式 1.54 两边平方得

$$\left( \frac{Q_m}{D_{2m}^3 n_m} \right)^2 = \left( \frac{Q_p}{D_p^3 n_p} \right)^2 \tag{1.65}$$

又将式 1.55a 两边立方得

$$\left(\frac{H_{\mathrm{m}}}{D_{\mathrm{m}}^2 n_{\mathrm{m}}^2}\right)^3 = \left(\frac{H_{\mathrm{p}}}{D_{\mathrm{p}}^2 n_{\mathrm{p}}^2}\right)^3 \tag{1.66}$$

将式 1.65 两边分别除以式 1.66 两边得

$$\frac{n_{\mathrm{p}}^4 Q_{\mathrm{p}}^2}{H_{\mathrm{p}}^3} = \frac{n_{\mathrm{m}}^4 Q_{\mathrm{m}}^2}{H_{\mathrm{m}}^3}$$

再对上式两边开四次方得

$$\frac{n_{\mathrm{p}}\sqrt{Q_{\mathrm{p}}}}{H_{\mathrm{p}}^{3/4}} = \frac{n_{\mathrm{m}}\sqrt{Q_{\mathrm{m}}}}{H_{\mathrm{p}}^{3/4}} = \frac{n\sqrt{Q}}{H_{\mathrm{p}}^{3/4}} = 常数$$

式中常数用符号 $n_{\mathrm{s}}$ 表示,即

$$n_{\mathrm{s}} = \frac{n\sqrt{Q}}{H^{3/4}} \tag{1.67}$$

上式就是包括了设计参数在内的一个相似特征数,称为比转数。

凡几何相似的泵,在相似工况下的比转数 $n_{\mathrm{s}}$ 值必然相等。

一般作为相似判别数应该是无因次的,而比转数 $n_{\mathrm{s}}$ 则是有因次的。由于各国习惯不同,对压头 $H$、流量 $Q$ 和转速 $n$ 所取的单位也不同。另外所采用的单位制不同,比转数 $n_{\mathrm{s}}$ 计算的值也不相同。

国外习惯使用式 1.67 计算比转数 $n_{\mathrm{s}}$(采用国际单位制也用同式计算),而我国习惯上采用下式计算比转数 $n_{\mathrm{s}}$,即

$$n_{\mathrm{s}} = \frac{3.65n\sqrt{Q}}{H^{3/4}} \tag{1.68}$$

式中,$n$——转速,r/min;

$\qquad Q$——容积流量,$\mathrm{m}^3/\mathrm{s}$;

$\qquad H$——压头,m。

式中系数 3.65 是由水轮机的比转数公式推导出来的。最早比转数的概念是应用在水轮机中,而水轮机的设计参数为压头 $H$、功率 $P$ 及转速 $n$,水轮机的比转数公式为

$$n_{\mathrm{s}} = \frac{n\sqrt{P}}{H^{5/4}}$$

式中,转速 $n$ 的单位为 r/min,压头 $H$ 的单位为 m,但功率 $P$ 的单位为马力。为了使水泵和水轮机的比转数公式一致,把水泵的功率 $P = \rho g Q H$(其中 $\rho = 1\,000\ \mathrm{kg/m}^3$)换算为马力,代入上述水轮机比转数的公式,得到式 1.68。

系数 3.65 只是对水而言,当输送其他流体时,系数则不同。

对于水泵,比转数的意义可以这样理解,在同一类型的泵(或相似的泵)中,取出一个 $H = 1\ \mathrm{m}$,$P = 1$ 马力,$Q = 0.075\ \mathrm{m}^3/\mathrm{s}$ 的泵作为标准泵,这个泵所具有的转速就称为比转数。即

$$n_{\mathrm{s}} = \frac{3.65n\sqrt{Q}}{H^{3/4}} = \frac{3.65n\sqrt{0.075}}{1^{3/4}} = n$$

2. 对比转数 $n_{\mathrm{s}}$ 的几点说明

首先,对于一台泵(或风机),在任意工况下都可以计算出一个比转数。随着工况的变化,比

转数是不相同的,但我们所说的泵的比转数,都是指最佳工况(设计工况)时的比转数。

其次,因为比转数是以单级单吸叶轮为标准,所以计算比转数时应注意以下几点。

① 对于双吸单级泵,流量应以 $\dfrac{Q}{2}$ 代入,即式中以单侧流量计算

$$n_\text{s} = \frac{3.65n\sqrt{\dfrac{Q}{2}}}{H^{3/4}}$$

② 对于单吸多级泵,压头应以 $\dfrac{H}{i}$ 代入,即在公式中的压头为单级压头

$$n_\text{s} = \frac{3.65n\sqrt{Q}}{\left(\dfrac{H}{i}\right)^{3/4}}$$

式中,$i$——叶轮级数。

③ 对于第一级为双吸叶轮的多级泵,则

$$n_\text{s} = \frac{3.65n\sqrt{\dfrac{Q}{2}}}{\left(\dfrac{H}{i}\right)^{3/4}}$$

最后,计算比转数时应注意单位,用不同的单位计算出的比转数值则不相同。

## 1.7.5　比转数在泵中的应用

1. 用比转数对泵进行分类

由比转数公式可以看出,比转数 $n_\text{s}$ 与转速 $n$ 成正比,与流量 $Q$ 的平方根成正比,与压头的 3/4 次方成反比。如果流量不变,$n_\text{s}$ 越小,$H$ 就越大。为了提高压头,就只能加大叶轮出口直径 $D_2$,出口宽度 $b_2$ 相对地减小,因而叶形变得窄而长。但叶轮外径 $D_2$ 不能过大,过大则使出口宽度 $b_2$ 过分变窄,这样不但增加了铸造上的困难,而且大大增加了叶轮内的流动损失和圆盘摩擦损失,使效率降低,所以对离心泵来说,一般 $n_\text{s}$ 不小于 30($n_\text{s}$ 用式 1.68 计算)。

$n_\text{s}$ 越大,则 $H$ 越小,叶轮出口直径 $D_2$ 也就越小,而叶轮出口宽度 $b_2$ 相对地加大,叶片形状变得短而宽。随着 $n_\text{s}$ 的增加,出口直径与进口直径之比 $\dfrac{D_2}{D_1}$ 逐渐减小,当减小到某一数值时,就需将出口边做成倾斜的,如图 1.32 所示。

这是因为:

① 如果 $ab$ 和 $cd$ 两条流线的长度相差太大,那么会给叶片绘型带来困难。

② 由于叶片长短相差太大,因此会出现 $ab$ 流线的压头低于

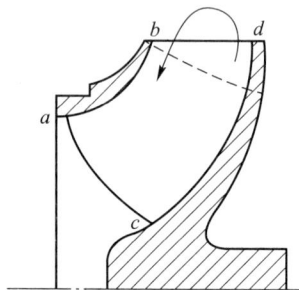

图 1.32　二次回流

$cd$ 流线的压头,于是引起二次回流,大大增加了流动损失,因此,当 $n_s$ 达到某一数值时,即 $\dfrac{D_2}{D_1}$ 减小到某一数值时,叶轮出口边就要做成倾斜的,这就从离心式过渡到混流式。若 $n_s$ 再增加,则出口直径进一步减小,叶轮就从混流式过渡到轴流式了。

由此可见,叶轮形式引起参数的改变,也会导致比转数的改变,所以,也可用比转数对泵的形式进行大致的分类,如图 1.33、图 1.34 所示。

因为叶轮形式导致比转数改变,所以也影响了泵的性能。

| 水泵类型 | 离 心 泵 | | | 混流泵 | 轴流泵 |
|---|---|---|---|---|---|
| | 低比转数 | 中比转数 | 高比转数 | | |
| 比转数 | $30<n_s<80$ | $80<n_s<150$ | $150<n_s<300$ | $300<n_s<500$ | $500<n_s<1000$ |
| 叶轮简图 |  |  |  |  |  |
| 尺寸比 | $\dfrac{D_2}{D_0}\approx 3$ | $\dfrac{D_2}{D_0}\approx 2.3$ | $\dfrac{D_2}{D_0}\approx 1.4\sim1.8$ | $\dfrac{D_2}{D_0}\approx 1.1\sim1.2$ | $\dfrac{D_2}{D_0}\approx 1$ |
| 叶片形状 | 圆柱形叶片 | 入口处扭曲出口处圆柱形 | 扭曲形叶片 | 扭曲形叶片 | 扭曲形叶片 |
| 工作性能曲线 |  |  |  |  |  |

图 1.33　比转数与叶轮形状和性能曲线形状的关系

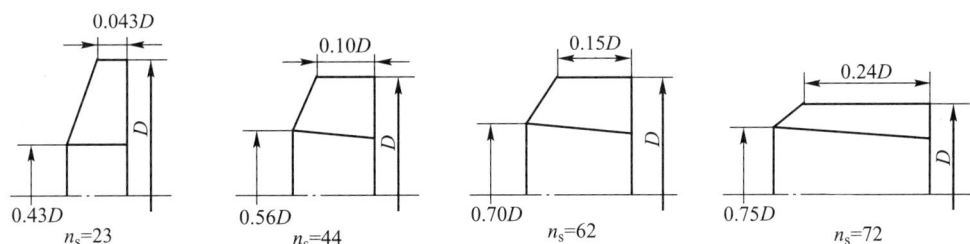

图 1.34　比转数与叶轮形状的关系

### 2. 用比转数决定泵的形式

可以用比转数来选用泵的大致类型。如果需要一台流量为 $Q$,压头为 $H$,转速为 $n$ 的泵,这时,可算出其比转数,对水泵而言,当 $n_s<30$ 时,则需采用容积式泵;当 $30<n_s<300$ 时,则采用离心式泵,但离心式泵的最佳比转数是在 $90\sim300$ 之间;当 $300<n_s<600$ 时,则采用混式泵;当 $500<n_s<1\,000$ 时,则采用轴流式泵。

### 3. 用比转数进行泵的相似设计

这种相似设计的方法,就是根据给定的设计参数计算出比转数值,然后在已有的经过试验的性能良好的模型中,选取一个比转数相同(或接近)的模型,然后把模型的参数换算成原型的参数,把模型的尺寸按空气动力学图放大或缩小成原型泵的几何尺寸,最后做出结构设计。

---

**例 1-4**

有一水泵,当转速 $n = 2\,900$ r/min,流量 $Q = 9.5$ m³/min,$H = 120$ m,另有一和该泵相似制造的泵,流量 $Q_1 = 38$ m³/min,$H_1 = 80$ m,问叶轮的转速应为多少?

**解:** 原泵的比转数 $n_s$ 为

$$n_s = \frac{3.65n\sqrt{Q}}{H^{3/4}} = \frac{3.65 \times 2\,900 \times \sqrt{\dfrac{9.5}{60}}}{120^{3/4}} = 116.16$$

相似泵的比转数 $n_{s1}$ 为

$$n_{s1} = \frac{3.65n_1\sqrt{Q_1}}{H_1^{3/4}} = \frac{3.65n_1\sqrt{\dfrac{38}{60}}}{80^{3/4}} = \frac{3.65n_1\sqrt{0.633}}{80^{3/4}}$$

相似泵的比转数应该相等,即 $n_s = n_{s1}$,则

$$n_1 = \frac{n_{s1}80^{0.75}}{3.65\sqrt{0.633}} \text{ r/min} = \frac{116.16 \times 26.75}{3.65 \times 0.796} \text{r/min}$$
$$= 1\,069 \text{ r/min}$$

---

# 1.8 水泵内的汽蚀

汽蚀现象不仅发生在水泵、水轮机等水力机械中,在测流孔板、管路阀门等水力系统以及水工建筑等方面都发生,而且在输送水以外的其他液体时也同样会发生。因此,可以说凡是有液体流动的系统中,都有可能发生汽蚀。汽蚀是一种十分有害的现象,引起了人们的重视。国、内外对汽蚀的机理以及防止汽蚀破坏的方法等都进行了大量的研究,但至今对这一问题的认识还有待进一步深化。特别是对水泵,汽蚀是影响其向高速化发展的一个重大障碍,因此它仍是当前重点研究的一个问题。

## 1.8.1 汽蚀现象及其对泵工作的影响

### 1. 汽蚀现象

水和汽可以互相转化,这是流体所固有的物理特性,而温度与压强则是造成它们转化的条件。我们知道,水在一个标准大气压作用下,当温度上升到 100 ℃ 时,就开始汽化。但在高山上,由于气压较低,水不到 100 ℃ 时就开始汽化,如果使水的某一温度保持不变,逐渐降低液面上的绝对压强,当该压强降低到某一压强时,水同样也会发生汽化,我们把这个压强称为水在该温

度下的汽化压强,用符号 $p_v$ 表示。例如,当水温为 20 ℃ 时,其相应的汽化压强(绝对压强)为 2.34 kPa(0.024 个标准大气压)。如果在流动过程中,某一局部地区的压强等于或低于与水温相应的汽化压强时,水就在该处发生汽化。

当汽化发生后,就有大量的蒸汽及溶解在水中的气体逸出,形成许多蒸汽与气体混合的小气泡。当气泡随同水流从低压区流向高压区时,气泡在高压的作用下,迅速凝结而破裂,在气泡破裂的瞬间,水以极高的速度流向原气泡占有的空间,形成一个冲击力,由于气泡中部分气体和蒸汽来不及在瞬间全部溶解和凝结,在冲击力冲击下又分成小气泡,再被高压压缩、凝结,如此形成多次的往复。因此,在极微小的面积上,可使局部压强高达几十甚至几百兆帕,冲击频率可达每秒几万次,如图 1.35 所示。材料表面在水击压强的作用下,形成疲劳而遭到严重破坏,从开始的点蚀到严重的蜂窝状空洞,最后甚至把材料壁面蚀穿,通常把这种破坏称为剥蚀。

另外,由液体中逸出的氧气借助气泡凝结时放出的热量,对金属起化学腐蚀作用。我们把气泡的形成、发展和破裂,以致材料受到破坏的全部过程,称为汽蚀现象。

2. 汽蚀对泵工作的影响

由以上的分析可以知道,在流动过程中,如果出现了局部的压强降,当该处压强降低到等于或低于水温相应的汽化压强时,则发生汽化。在离心泵中,从对汽蚀的观察发现压强最低点(汽化点)发生在如图 1.36 所示的几个部位,而且,工况不同时,汽化先后发生的部位也不相同。

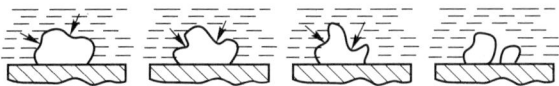

图 1.35 在金属表面形成的气泡

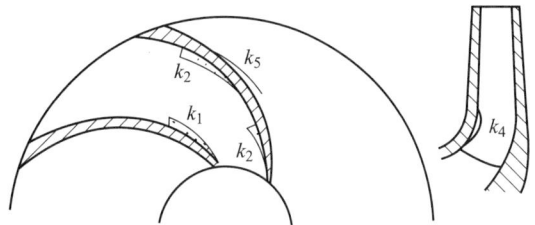

图 1.36 叶轮内汽蚀发生的部位

在设计工况(设计流量)时,汽化按 $k_1 \rightarrow k_2 \rightarrow k_4$ 的顺序发生。

当大于设计工况(大于设计流量)时,相对速度的入口角大于叶片入口安装角,这时具有负冲角,则压强最低点发生在靠近前盖板叶片进口部分的工作面上,汽化按 $k_1 \rightarrow k_4 \rightarrow k_3$ 的顺序发生。

当小于设计工况(小于设计流量)时,相对速度的入口角小于叶片入口安装角,这时具有正冲角,则压强最低点发生在靠近前盖板叶片进口部分的背面上,汽化按 $k_2 \rightarrow k_4 \rightarrow k_1$ 的顺序发生。

由此可以看出,离心泵由于一般在小于设计工况下运行较多,压强最低点通常发生在靠近前盖板叶片进口处的叶片背面。

当然,汽蚀点应该在汽化点稍后的位置,至于究竟在哪里,只有通过具体叶轮的长期运行结果来检定,难于用理论判断。

开始发生汽化时,因为只有少量气泡,对叶轮流道堵塞的程度不大,这时对泵的正常工作没有明显的影响,泵的外部性能(流量、扬程等)也没有明显的反应,我们把这种尚未影响到泵外部性能时的汽蚀称为"潜伏汽蚀"。但泵长期在"潜伏汽蚀"工况下工作时,虽然对泵的外部性能还没有明显的影响,但对泵的材料仍起破坏作用,影响它的使用寿命。当汽化发展到一定程度时,气泡大量产生,叶轮流道被气泡严重堵塞,同时也导致泵汽蚀发展,影响到泵的外部特性,难以维持运行。

汽蚀的影响体现在以下几点。

(1)材料的破坏

汽蚀发生时,由于机械剥蚀与化学腐蚀的共同作用,材料受到破坏,如图 1.37 所示的是一个受汽蚀破坏的离心泵叶轮。

根据目前的研究发现,不论是金属材料(硬的、软的、脆性的、韧性的、容易起化学反应的、不容易起化学反应的)或非金属材料(橡胶、塑料、玻璃、混凝土等)都会受到汽蚀的破坏。只是破坏的程度不同而已。如果选用较好的抗汽蚀材料,如不锈钢(高镍铬合金)、QAl9-4 铝青铜、ZQAl9-4 铝铁青铜以及聚丙烯等,则可以延长水泵部件的使用寿命。

图 1.37  受汽蚀破坏的叶轮

(2)噪声和振动

汽蚀发生时,不仅使材料受到破坏,而且还会出现噪声和振动。气泡破坏,高速度冲击会引起严重的噪声。但是,在工厂里由于其他来源的噪声已相当大,在一般情况下,我们往往感觉不到汽蚀所产生的噪声。

汽蚀过程本身是一种反复冲击、凝结的过程,伴随着很大的脉动力。如果这些脉动力的某一频率与设备的自然频率相等,就会引起机组强烈的振动。

(3)性能下降

汽蚀发展严重时,由于有大量气泡存在而堵塞了流动的面积,这样既改变了液流流动的方向,又减少流体从叶片获得的能量,导致扬程下降,效率也相应降低。这时,泵的外部性能有了明显的变化。这种变化,对于具有不同比转数的泵情况则不同。

图 1.38 为一台 $n_s = 70$ 的单级离心泵在不同的几何安装高度时,发生汽蚀后的性能曲线。

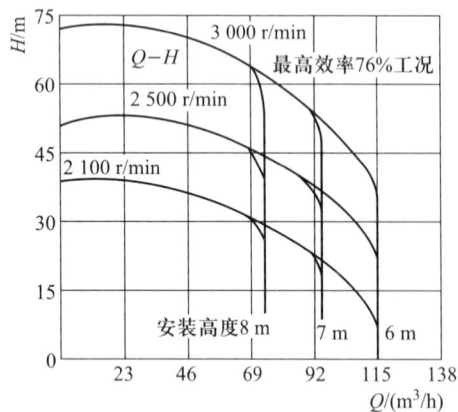

图 1.38  $n_s = 70$ 单级离心泵发生
汽蚀的性能曲线

图 1.38 表示了三种不同转速时的 $Q-H$ 性能曲线。现以 $n = 3\,000$ r/min 的曲线为例来说明。由图 1.38 可知,当几何安装高度为 6 m 时,出水管阀门的开度只能开到曲线上黑点所对应的流量。如果继续开大阀门,使流量稍有增加,扬程曲线就急剧下降,这时,汽蚀已达到使泵不能工作的严重程度。这一情况我们称为泵的"断裂工况"。由图还可以知道,当把几何安装高度从 6 m 增加到 7 m 时,断裂工况就偏向小流量,$Q-H$ 曲线上可以使用的运行范围就变窄;几何安装高度提高到 8 m 时,断裂工况偏向更小的流量,泵的使用范围就更窄了。

图 1.39 为一台 $n_s = 150$ 的双吸离心泵在不同几何安装高度时,发生汽蚀后的性能曲线。与 $n_s = 70$

的离心泵相比,其断裂工况比较缓和,没有明显的断裂点,其扬程和效率曲线是逐渐下降的。

当比转数更高时,如图 1.40 所示,为一台 $n_s = 690$ 的轴流泵,从图上几乎看不出汽蚀发生的断裂工况点。

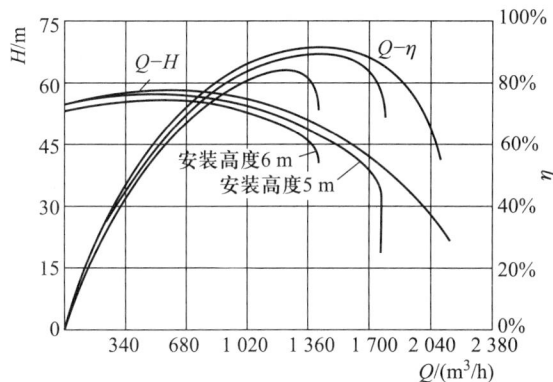

图 1.39　$n_s = 150$ 的双吸离心泵发生汽蚀的性能曲线($n = 1\,200$ r/min)

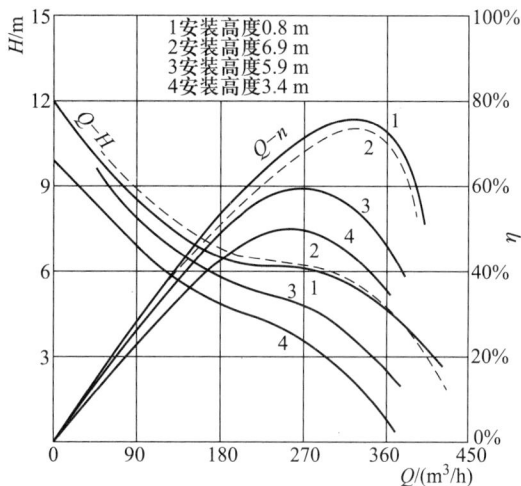

图 1.40　$n_s = 690$ 的轴流泵发生汽蚀的性能曲线($n = 2\,250$ r/min)

由试验可知,

当 $n_s < 105$ 时,因汽蚀所引起的断裂工况,扬程曲线具有急剧陡降的形式;

当 $n_s = 150 \sim 350$ 时,断裂工况比较缓和;

当 $n_s > 425$ 时,性能曲线上没有明显的汽蚀断裂点。

其原因是:在低比转数的离心泵中,由于叶片数较多,叶片宽度较小,因而流道窄而且长。在发生汽蚀后,大量气泡很快就布满流道,影响流体正常的流动,造成断流,扬程、效率急剧下降。

在高比转数的离心泵中,叶片宽度较大,流道宽而且短,因此,气泡发生后,不易布满流道,因而对性能曲线上的断裂工况点的影响就比较缓和。在高比转数的轴流泵中,由于叶片数少,具有相当宽的流道,气泡发生后,气泡不可能布满流道,从而不会造成断流,所以在性能曲线上,当流量增加时就不会出现断裂工况点。当然,不出现断裂工况点,不等于没有汽蚀,只是有的是所谓"潜伏汽蚀",故仍需防止。

## 1.8.2 汽蚀余量 NPSH

现在我们引入一个表示泵汽蚀性能的参数,叫作汽蚀余量,用符号 NPSH 表示,国外一般叫作净正吸入水头(net positive suction head)。汽蚀余量又分为有效的汽蚀余量 NPSHA 和必需的汽蚀余量 NPSHR。

在实际工作中,我们会遇到这种情况,对同一台泵来说,在某种吸入装置条件下运行时会发生汽蚀,当改变吸入装置条件后,就可能不发生汽蚀,这说明泵在运行中是否发生汽蚀和泵的吸入装置情况有关。按照泵的吸入装置情况所确定的汽蚀余量称为有效的汽蚀余量 NPSHA 或装置汽蚀余量。

另一种情况是:如果某台泵在运行中发生了汽蚀,但是,在完全相同的使用条件下,换了另一种型号的泵,就可能不发生汽蚀,这说明泵在运行中是否发生汽蚀与泵本身的汽蚀性能有关。泵本身的汽蚀性能通常用必需的汽蚀余量 NPSHR 表示。

由此可知,泵在运行中是否发生汽蚀是由有效的汽蚀余量 NPSHA 和必需的汽蚀余量 NPSHR 两者之差值大小决定的。

下面就对有效汽蚀余量 NPSHA 和必需汽蚀余量 NPSHR 分别进行讨论。

1. 有效汽蚀余量 NPSHA

有效汽蚀余量 NPSHA 是指在泵吸入口处,单位质量液体所具有的超过汽化压头的富余能量。简单地说就是液体所具有的避免在泵中发生汽化的能量。只要吸入系统的装置确定了,有效的汽蚀余量也就确定了。因此,有效汽蚀余量的大小仅与吸入系统的装置情况有关,而与泵本身无关。

有效汽蚀余量可表示为

$$\text{NPSHA} = \frac{p_s}{\rho g} + \frac{c_s^2}{2g} - \frac{p_v}{\rho g} \tag{1.69}$$

式中,$p_s$——泵吸入口压强,Pa;

$c_s$——泵吸入口平均速度,m/s;

$\rho$——流体密度,kg/m$^3$。

如图 1.41 所示,以水池水面为基准面,列出水面 $e$-$e$ 和泵入口 $s$-$s$ 断面的伯努利(Bernoulli)方程式:

$$\frac{p_e}{\rho g} + \frac{c_e^2}{2g} = \frac{p_s}{\rho g} + \frac{c_s^2}{2g} + H_g + h_w$$

因为水池较大,可以认为 $c_e \approx 0$,于是上式移项后得

$$H_g = \frac{p_e}{\rho g} - \frac{p_s}{\rho g} - \frac{c_s^2}{2g} - h_w \tag{1.70}$$

式中,$H_g$——几何安装高度,m;

$p_e$——吸水池液面压强,Pa;

$h_w$——吸入管路中的流动损失,m。

中小型卧式离心泵的几何安装高度如图 1.41 所示。立式离心泵的几何安装高度是指第一级工作轮进口边的中心线至吸水池液面的垂直距离,如图 1.42 所示。对于大型泵则应按叶轮入口边最高点来决定几何安装高度,如图 1.43a、b 所示。

由式 1.70 得

$$\frac{p_s}{\rho g} + \frac{c_s^2}{2g} = \frac{p_e}{\rho g} - H_g - h_w$$

将上式代入式 1.69 得

$$\text{NPSHA} = \frac{p_e}{\rho g} - \frac{p_v}{\rho g} - H_g - h_w \tag{1.71}$$

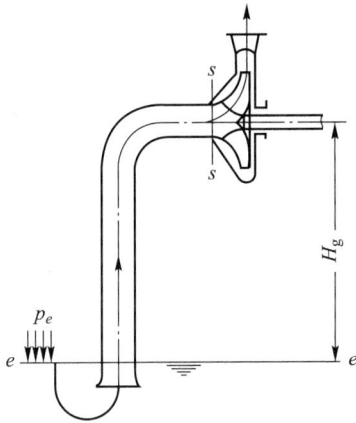

图 1.41 卧式离心泵的几何安装高度

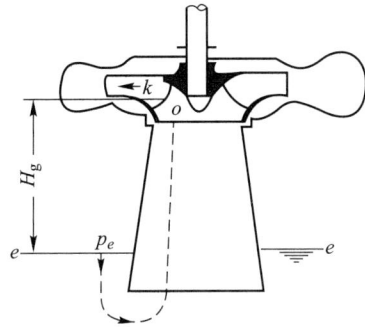

图 1.42 立式离心泵的几何安装高度

由式 1.71 可知,有效汽蚀余量 NPSHA 就是吸入容器中液面上的压头 $\frac{p_e}{\rho g}$ 在克服吸水管路装置中的流动损失 $h_w$,并把水提高到 $H_g$ 的高度后,所剩余的超过汽化压强的能量。

当增加泵的几何安装高度时,会在更小的流量下发生汽蚀。如图 1.38 所示,对某一台水泵来说,尽管其全性能可以满足使用要求,但是如果几何安装高度不合适,由于汽蚀的原因,会限制流量的增加,从而使性能达不到设计要求。因此,正确地确定泵的几何安装高度是保证泵在设计工况下不发生汽蚀的重要条件。

在吸入容器液面高出水泵轴线时,我们把 $H_g$ 称为倒灌高度或灌注水头,如图 1.44 所示,这时,式 1.71 就变为

$$\text{NPSHA} = \frac{p_e}{\rho g} - \frac{p_v}{\rho g} + H_g - h_w \tag{1.72}$$

(a) 卧式泵

(b) 立式泵

图 1.43 大型泵的
几何安装高度

由式 1.71、式 1.72 可知:

① 在 $\frac{p_e}{\rho g}$ 和 $H_g$ 保持不变的情况下,当流量增加时,由于吸入管路中的损失 $h_w$ 增大,所以使 NPSHA 减小,使发生汽蚀的可能性增大。如果用曲线来表示有效汽蚀余量和流量的关系,则 NPSHA 曲线是一条随流量增大而下降的抛物线,如图 1.45 所示。

② 在非饱和容器中,泵所输送的液体温度越高,即汽化压强越大,NPSHA 也就越小,发生汽蚀的可能性就越大。

当吸入容器中的压强为汽化压强时(在核动力装置中凝结水泵和给水泵的增压泵都属于这一情况),即 $p_e = p_v$,则

$$\text{NPSHA} = H_g - h_w \tag{1.73}$$

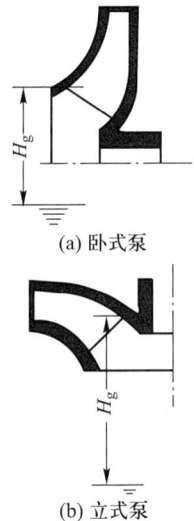

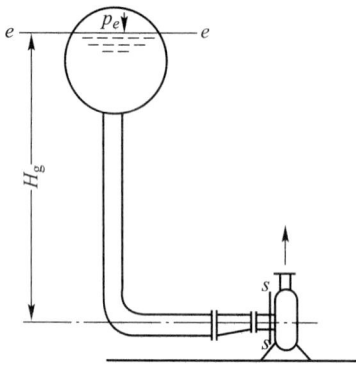

图 1.44 泵的倒灌高度图

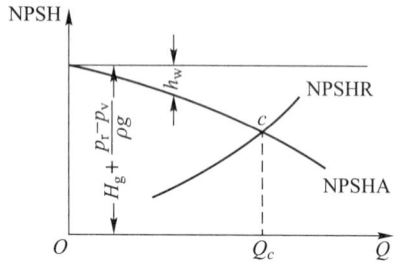

图 1.45 有效汽蚀余量 NPSHA 和必需汽蚀
余量 NPSHR 随着流量的变化关系曲线

### 2. 必需汽蚀余量 NPSHR

上面已经讲过,必需的汽蚀余量 NPSHR 仅仅是表示泵本身汽蚀性能的一个参数,与吸入装置的条件无关。

如图 1.46 所示为液流从泵吸入口到叶轮出口沿流程的压强变化。

液体压强从吸入口随着向叶轮的流动下降,到叶轮流道内紧靠叶片进口边缘偏向前盖板的 $k$ 处压强变为最低。此后,叶片对流体做功,压强就很快上升。

压强下降是以下原因造成的。

① 液流从吸入管至叶轮进口一般因断面稍有收缩,有加速损失;另外液流从吸入口 $s$-$s$ 断面流向包括 $k$ 点在内的 $k$-$k$ 断面时,有流动损失。

② 从 $s$-$s$ 断面流向 $k$-$k$ 断面时由于液流方向和大小都发生了变化,引起了绝对速度分布的不均匀。

③ 由于流体进入叶轮流道时,要绕流叶片的进口边,因此造成相对速度的增大和分布的不均匀,引起压强下降。

在造成压强下降的上述三种因素中,由于难以准确计算第一种流动损失,同时和后两种相比其值甚小,因此可以忽略不计,所以,从 $s$-$s$ 断面至 $k$-$k$ 断面所引起的压强下降原因,就只需考虑后两种因素。

经分析,从 $s$-$s$ 断面至 $k$-$k$ 断面的这一压强降可写为

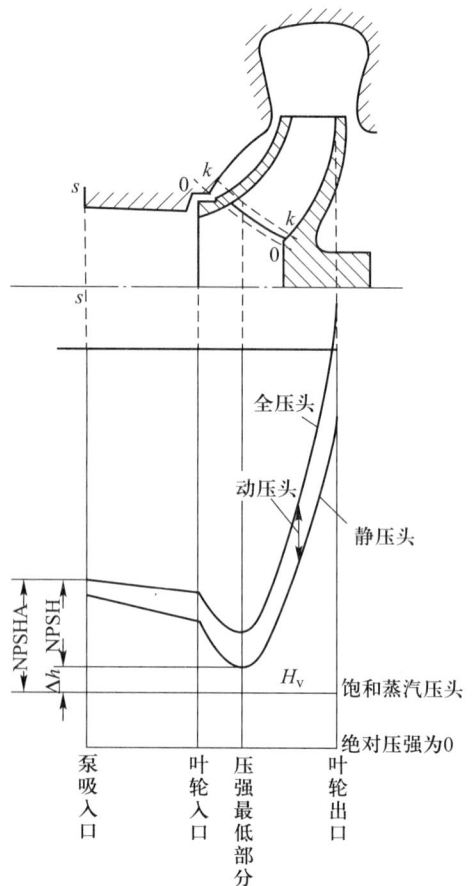

图 1.46 离心泵内的压强变化

$$\lambda_1 \frac{c_0^2}{2g} + \lambda_2 \frac{\omega_0^2}{2g} \tag{1.74}$$

式中，$c_0$——叶片进口（0—0）处液体的绝对速度，m/s；

$\omega_0$——叶片进口（0—0）处液体的相对速度，m/s；

$\lambda_1$、$\lambda_2$——叶片进口处绕流压降系数。

由前面的分析知，要使泵内不发生汽蚀，必须使 $k-k$ 断面处的最低压强 $p_k$ 大于汽化压强 $p_v$，当 $p_k$ 等于或小于 $p_v$ 时，则会发生汽蚀。所以式 1.74 表示的压强降就是必需汽蚀余量 NPSHR。

由于 $\lambda_1$、$\lambda_2$ 还不能用计算的方法得到准确的数据，因此必需汽蚀余量也就不能用计算方法来确定，只能通过泵的汽蚀试验来确定。

必需汽蚀余量 NPSHR 随着流量的变化关系曲线如图 1.45 所示，NPSHR 随着流量的增加而增加。

3. 有效汽蚀余量 NPSHA 和必需汽蚀余量 NPSHR 的关系

由以上分析可知，有效汽蚀余量是标志泵使用时汽蚀性能的基本参数，要提高泵使用时的装置汽蚀性能，就必须提高 NPSHA。

必需汽蚀余量是标志泵本身汽蚀性能的基本参数，NPSHR 越小，说明泵本身的抗汽蚀性能越好，因此，要提高泵的抗汽蚀性能，就要使 NPSHR 减小。

有效汽蚀余量只要吸入装置确定以后，就可以很容易地计算出来。必需汽蚀余量，因为只与叶轮进口部分及吸入室的几何形状有关，因此，它是由设计决定的。在设计时应尽可能使 NPSHR 减小，以提高泵的抗汽蚀性能。

前面讲过，有效汽蚀余量是随流量的增加而下降的，而必需汽蚀余量是随着流量的增加而增加的，如图 1.45 所示。当有效汽蚀余量等于或小于必需汽蚀余量时，就会发生汽蚀，二者相等是发生汽蚀的临界情况。图 1.45 中，在 NPSHR 和 NPSHA 这两条曲线的交点 $c$，NPSHA = NPSHR，就是汽蚀临界点，这点所对应的流量 $Q_c$ 称为临界流量。在一定的吸入装置情况下，要保证泵在运行时不发生汽蚀，则必须使其流量 $Q$ 小于 $Q_c$；此外，由于泵在小流量运行时使泵内水温升高，使 $p_v$ 增加，相应地 NPSHA 也减少了，所以还必须使 $Q>Q_{min}$。

只有 $Q_c>Q>Q_{min}$ 才安全，也就是说要使泵不发生汽蚀必须使有效汽蚀余量大于必需汽蚀余量，即必须满足 NPSHA>NPSHR 的条件，因为在 NPSHA>NPSHR 时，叶轮内的最低压强 $p_k>p_v$，这时就不会发生汽蚀，反之，泵内会发生严重汽蚀。

4. 允许汽蚀余量 [NPSH]

当 NPSHA = NPSHR，即有效汽蚀余量等于必需汽蚀余量时就发生汽蚀，通过汽蚀试验所确定的就是这个汽蚀余量的临界值，用 $NPSH_c$ 表示。按国标 GB/T 13006—2013 规定，$NPSH_c$ 加 0.3 m 作为允许汽蚀余量 [NPSH]，即

$$[NPSH] = NPSH_c + 0.3 \tag{1.75}$$

泵的允许汽蚀余量由泵的样本或说明书中给出。

根据泵的汽蚀条件 NPSHA = NPSHR，以及式 1.71，可得泵的允许几何安装高度 $[H_g]$

$$[H_g] = \frac{p_e}{\rho g} - \frac{p_v}{\rho g} - [NPSH] - h_w \tag{1.76}$$

这就是泵的允许几何安装高度$[H_g]$与允许汽蚀余量$[NPSH]$之间的关系式。

## 1.8.3 吸上真空高度 $H_s$

1. 允许吸上真空高度

在以前的泵样本或说明书中,给出的不是允许汽蚀余量$[NPSH]$,而是一项叫做"允许吸上真空高度"的性能指标,用符号$H_{sa}$表示,这项性能指标和泵的几何安装高度有关。以前,几何安装高度就是根据这一指标的数值计算确定的。

允许吸上真空度$H_{sa}$和几何安装高度之间有哪些关系呢?现在来看图1.41,已知叶轮在泵内旋转时,在离心力的作用下流体被甩出叶轮,这时叶轮入口处就形成了真空,于是水池中的液体就在外界压强的作用下经吸入管路进入泵内。

式1.70给出

$$H_g = \frac{p_e}{\rho g} - \frac{p_s}{\rho g} - \frac{c_s^2}{2g} - h_w$$

如果液面压强就是大气压强,即$p_e = p_a$式(1.70)则写成

$$H_g = \frac{p_a}{\rho g} - \frac{p_s}{\rho g} - \frac{c_s^2}{2g} - h_w \tag{1.77}$$

从式1.77可知,泵的几何安装高度$H_g$与液面压强$p_a$、入口压强$p_s$、入口平均速度$c_s$,以及吸入管路中的流动损失$h_w$有关。因为1个工程大气压换算为水柱高度时为10 m,所以几何安装高度总是小于10 m。

式1.77中$\frac{p_a}{\rho g} - \frac{p_s}{\rho g}$称为吸上真空高度,用符号$H_s$表示,即

$$H_s = \frac{p_a}{\rho g} - \frac{p_s}{\rho g}$$

开始发生汽蚀时的$H_s$称为临界吸上真空度,用符号$H_{sc}$表示。临界吸上真空高度$H_{sc}$是通过试验来确定的。为了保证泵不发生汽蚀,我国国标GB/T 13006—2013采用留0.3 m的安全量。把试验所得$H_{sc}$减去0.3 m作为允许吸上真空高度$H_{sa}$,即

$$H_{sa} = H_{sc} - 0.3 \text{ m}$$

将上式代入式1.77得

$$[H_g] = H_{sa} - \frac{c_s^2}{2g} - h_w \tag{1.78}$$

式1.78就是允许几何安装高度$[H_g]$与允许吸上真空高度$H_{sa}$之间的关系式。它指出:

① 泵的允许几何安装高度$[H_g]$应从泵样本或说明书中所给出的允许吸上真空度$H_{sa}$中减去泵吸入口的速度头$\frac{c_s^2}{2g}$和吸入管路的流动损失$h_w$。一般情况下$H_{sa}$是随流量$Q$的增加而降低的,如图1.47所示,所以应按样本中最大流量所对应的$H_{sa}$来计算。

② 为了提高泵允许的几何安装高度,应该尽量减少 $\dfrac{c_s^2}{2g}$ 和 $h_w$。为了减少 $\dfrac{c_s^2}{2g}$,在同一流量下,可以选用直径稍大的吸入管;为了减小 $h_w$,除了选用直径稍大的吸入管以外,吸入管应尽可能地短,并且尽量减少弯头之类能增加局部损失的管路附件。

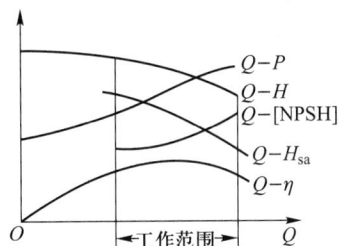

图 1.47  $Q$-$H_{sa}$ 与 $Q$-[NPSH]的关系曲线

泵制造厂只能给出 $H_{sa}$ 值,而不能直接给出 $[H_g]$ 值。因为每台泵由于使用条件不同,吸入管路的布置情况也各异,因而可能有不同的 $\dfrac{c_s^2}{2g}$ 和 $h_w$ 值。因此,只能由使用人员根据吸入管路具体的布置情况进行计算来确定 $[H_g]$。

通常,在泵样本或说明书中所给出的 $H_{sa}$ 值是已换算成大气压为 1 个标准大气压(101 325 pa),水温为 20 ℃时标准状况下的数值。如果泵的使用条件与标准状况不同时,则应把样本上所给出的 $H_{sa}$ 值,换算成使用条件下的 $H'_{sa}$ 值,其换算公式为

$$H'_{sa} = H_{sa} - 10.33 \text{ m} + H_a + 0.24 \text{ m} - H_v \tag{1.79}$$

式中,$H'_{sa}$——泵使用地点的允许吸上真空高度,m;

$H_{sa}$——泵样本或说明书中给出的允许吸上真空高度,m;

$H_a$——泵使用地点的大气压头,m;

$H_v$——泵所输送液体温度下的饱和蒸汽压头,m;

10.33 m——标准大气压水柱;

0.24 m——20 ℃时常温水的饱和蒸汽压头。

泵安装地点的海拔越高,大气压强就越低,允许吸上真空高度就越小。所输送水的温度越高时,所对应的汽化压强就越高,水就越容易汽化。这时,泵的允许吸上真空高度也就越小。不同海海拔高度时的大气压头和不同水温时的饱和蒸汽压头值如表 1.2 和表 1.3 所示。

**表 1.2  不同海拔高度的大气压头**

| 海拔高度/m | -600 | 0 | 100 | 200 | 300 | 400 | 500 | 600 | 700 | 800 | 900 | 1 000 | 1 500 | 2 000 | 3 000 | 4 000 | 5 000 |
|---|---|---|---|---|---|---|---|---|---|---|---|---|---|---|---|---|---|
| 大气压头 $H_a$/m | 11.3 | 10.3 | 10.2 | 10.1 | 10.0 | 9.8 | 9.7 | 9.6 | 9.5 | 9.4 | 9.3 | 9.2 | 8.6 | 8.1 | 7.2 | 6.3 | 5.5 |

**表 1.3  不同水温时的饱和蒸汽压头**

| 水温/℃ | 0 | 5 | 10 | 15 | 20 | 25 | 30 | 35 | 40 | 50 |
|---|---|---|---|---|---|---|---|---|---|---|
| 饱和蒸汽压头 $H_a$/m | 0.062 | 0.089 | 0.126 | 0.174 | 0.238 | 0.323 | 0.433 | 0.573 | 0.752 | 1.258 |
| 水温/℃ | 60 | 70 | 80 | 90 | 100 | 110 | 120 | 130 | 140 | 150 |
| 饱和蒸汽压头 $H_a$/m | 2.031 | 3.177 | 4.829 | 7.149 | 10.33 | 14.609 | 20.245 | 27.544 | 36.85 | 48.54 |

**例 1-5**

某台离心水泵需安装在地形高度为海拔 500 m 的地方,当地夏天的水温为 40 ℃,吸入装置管路的流动损失为 1 m,吸入速度水头为 0.2 m。

① 从泵样本上查得允许汽蚀余量为[NPSH]=3.29 m,问该水泵的几何安装高度[$H_g$]应为多少?

② 如果泵样本给出的不是[NPSH],而是允许吸上真空高度 $H_{sa}=7$ m,问修正后的 $H_{sa}{}'$ 应为多少?水泵的几何安装高度[$H_g$]应为多少?

**解**:由表 1.2 查得海拔 500 m 时的大气压头 $H_a$ 为 9.7 m,由表 1.3 查得水温 40 ℃ 时的饱和蒸汽压头 $H_v$ 为 0.75 m。

① 由公式

$$[H_g] = \frac{p_e}{\rho g} - \frac{p_v}{\rho g} - [NPSH] - h_w$$
$$= 9.7 \text{ m} - 0.75 \text{ m} - 3.29 \text{ m} - 1 \text{ m} = 4.66 \text{ m}$$

② 由公式

$$H_{sa}' = H_{sa} - 10.33 \text{ m} + H_a + 0.24 \text{ m} - H_v$$

代入各已知数据,则得

$$H_{sa}' = (7 - 10.33 + 9.7 + 0.24 - 0.75) \text{ m} = 5.86 \text{ m}$$

泵的几何安装高度为

$$[H_g] = H_{sa}' - \frac{c_s^2}{2g} - h_w = (5.86 - 0.2 - 1) \text{ m} = 4.66 \text{ m}$$

2. 汽蚀余量和吸上真空高度的关系

由式 1.69

$$NPSHA = \frac{p_s}{\rho g} + \frac{c_s^2}{2g} - \frac{p_v}{\rho g}$$

和吸上真空高度定义

$$H_s = \frac{p_a}{\rho g} - \frac{p_s}{\rho g}$$

得

$$H_s = \frac{p_a}{\rho g} - \frac{p_v}{\rho g} + \frac{c_s^2}{2g} - NPSHA$$

通过泵的汽蚀试验所确定的汽蚀余量的临界值 $NPSH_c$ 是与最大吸上真空高度 $H_{sc}$ 相对应的,所以

$$H_{sc} = \frac{p_a}{\rho g} - \frac{p_v}{\rho g} + \frac{c_s^2}{2g} - NPSH_c$$

又

$$H_{sa} = H_{sc} - 0.3 \text{ m} \qquad [NPSH] = NPSH_c + 0.3 \text{ m}$$

所以

$$H_{sa} = \frac{p_a}{\rho g} - \frac{p_v}{\rho g} + \frac{c_s^2}{2g} - [NPSH] = 10.33 \text{ m} - 0.24 \text{ m} + \frac{v_s^2}{2g} - [NPSH] \tag{1.80}$$

这就是允许汽蚀余量[NPSH]与允许吸上真空高度 $H_{sa}$ 的关系。

吸上真空高度也可以表示泵的抗汽蚀性能。过去,国内的清水泵(凝结水泵除外)的性能曲线大都用 $H_{sa}$-$Q$ 曲线来表示该泵的抗汽蚀性能。目前,已过渡为用[NPSH]-$Q$ 曲线来表示。

事实上,采用后者比采用前者为优,因为前者无论在计算几何安装高度时,还是在汽蚀试验

换算标准状况时,计算都比较麻烦。对用户来说,计算几何安装高度时,使用[NPSH]比使用 $H_{sa}$ 方便,因为可以少计算吸入速度水头 $\dfrac{c_s^2}{2g}$ 一项,而且使用 $H_{sa}$ 时还需按照使用地点状况进行换算。显然,使用[NPSH]不需要换算,只要把使用地点状况下的参数值直接代入就可以了,特别是核动力装置中的给水泵和凝结水泵,吸入液面上的压强都不是大气压,此时使用[NPSH]就更为方便。此外,汽蚀余量的物理概念从汽蚀现象的角度来说,也更为明确些。

# 1.9 管路特性曲线及泵的工作点

1.6 节中讲述了泵的特性曲线,该曲线表明泵本身的性能,它可以"限制"泵只能在其上各点运行,但该曲线上有无穷多个点,要使水泵固定在一点上运行,还得加一个限制条件,即管路特性曲线。这就是说水泵的运行工况不仅取决于泵本身的特性,还与所连接的管路性能有关。

## 1.9.1 管路的性能曲线

把单位质量流体从吸水池液面,抽送到排水池液面,如图 1.48 所示,所需要消耗的能量称为装置扬程,以 $H$ 或 $H_c$ 表示。管路中通过的流量与单位质量流体通过该管路时需要消耗的能量(装置扬程)之间的关系曲线,称为管路性能曲线 $H=f(Q)$。

从水泵的扬程出发,水泵的扬程可表示为

$$H=z_2-z_1+\frac{p_2-p_1}{\rho g}+\frac{c_2^2-c_1^2}{2g} \quad (1.81)$$

式中,各参数的下标 1 和 2 分别表示水泵进、出口的参数。

列出 $A-A$ 面与 $1-1$ 面之间,$2-2$ 面与 $B-B$ 面之间的伯努利方程为

$$z_A+\frac{p_A}{\rho g}+\frac{c_A^2}{2g}=z_1+\frac{p_1}{\rho g}+\frac{c_1^2}{2g}+h_{w(A-1)} \quad (1.82a)$$

$$z_2+\frac{p_2}{\rho g}+\frac{c_2^2}{2g}=z_B+\frac{p_B}{\rho g}+\frac{c_B^2}{2g}+h_{w(2-B)} \quad (1.82b)$$

式中,$h_{w(A-1)}$——吸入管中的流动损失,m;

$h_{w(2-B)}$——排出管中的流动损失,m;

式 1.82b 减去 1.82a 得

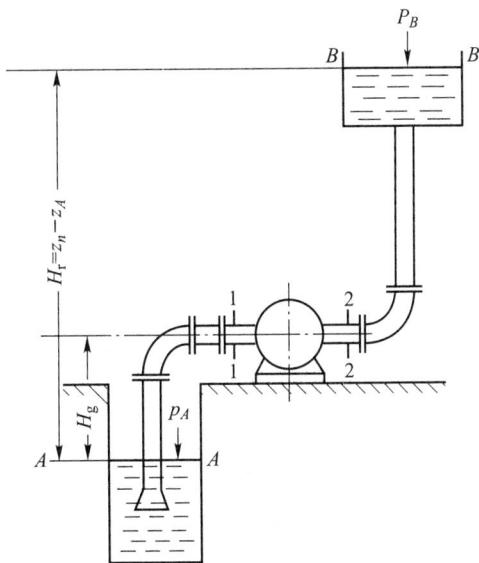

图 1.48 管路系统简图

$$z_2-z_1+\frac{p_2-p_1}{\rho g}+\frac{c_2^2-c_1^2}{2g}=z_B-z_A+\frac{p_B-p_A}{\rho g}+\frac{c_B^2-c_A^2}{2g}+h_{w(A-1)}+h_{w(2-B)}$$

用 $h_w$ 表示吸入管与排出管中的流动损失之和,则有

$$h_w=h_{w(A-1)}+h_{w(2-B)}$$

则上式变成

$$H=z_B-z_A+\frac{p_B-p_A}{\rho g}+\frac{c_B^2-c_A^2}{2g}+h_w \tag{1.83}$$

这就是管道系统中通过的流量 $Q$ 与液体所必须提高的总压头 $H$ 之间的关系方程,即管路特性曲线方程。以此绘出表示 $H$ 与 $Q$ 关系的曲线,即管路特性曲线。式(1.83)中,$z_B-z_A+\frac{p_B-p_A}{\rho g}$ 与流量无关,称为静扬程,用 $H_a$ 表示。$\frac{c_B^2-c_A^2}{2g}$ 和 $h_w$ 与流量的平方成正比。方程右端的 $z_B-z_A$ 是单位质量流体通过管路时,位置势能的增量;$\frac{p_B-p_A}{\rho g}$ 为压强势能的增量;$\frac{c_B^2-c_A^2}{2g}$ 是动能的增值;$h_w$ 是单位质量流体的水头损失。三项能量的增量与水头损失之和即为单位质量流体通过上述管路时需要消耗的能量。换言之,需要向该系统中流动的单位质量液体补充 $H$ 的能量,水才能维持流动。这些能量由水泵来补充。

下面举几种典型的例子说明泵补充的能量都消耗在哪些方面。

1. 只将流体举高 $h$,增加了势能

此时

$$z_A=0,z_B=h, \quad p_A=p_B=p_a, \quad c_A=c_B=0$$

于是式(1.83)简化为

$$H=h+h_w$$

其曲线如图 1.49 所示。管路的特性曲线是截距为 $h$ 向上弯曲的二次曲线,曲线的陡度与管路结构有关。在此提升流体的流动中,水泵扬程的一部分转化为流体的位置势能,一部分消耗于流动损失。

2. 流体只增加压强

如图 1.50 所示。

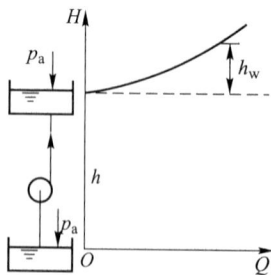

图 1.49    泵的扬程转化为流体的位量势能

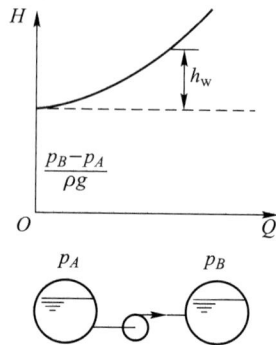

图 1.50    流体只增加压能

此时,有

$$z_A = z_B = 0, \quad c_A = c_B = 0, \quad p_B > p_A$$

于是式(1.83)简化为

$$H = \frac{p_B - p_A}{\rho g} + h_w$$

管路特性曲线为截距为$\frac{p_B - p_A}{\rho g}$的向上弯曲的二次抛物线,在这种将流体从低压容器送到高压容器的流动中,水泵扬程的一部分转化成流体的压能,另一部分消耗于流动损失。

3. 流动既增加势能又增加压能

如图 1.51 所示。此时,有

$$c_A = c_B = 0, \quad z_B = h, \quad z_A = 0$$

式(1.83)简化为

$$H = h + \frac{p_B - p_A}{\rho g} + h_w$$

管路特性曲线为截距为$h + \frac{p_B - p_A}{\rho g}$的向上弯曲的二次抛物线。

此时泵供给流体的能量一部分转化为流体的势能,一部分转化为流体的压能,另一部分消耗于流动损失。

4. 流体在封闭回路中循环流动

如图 1.52 所示。在这种情况下,有

$$z_A = z_B, \quad p_A = p_B, \quad c_A = c_B$$

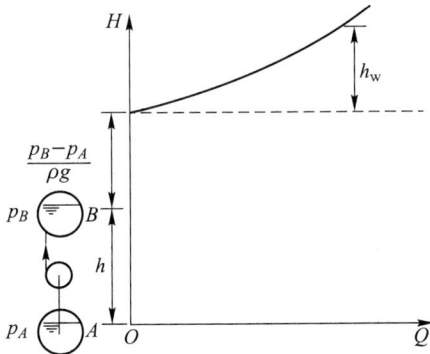

图 1.51　流体增加势能和压能　　　图 1.52　循环流动

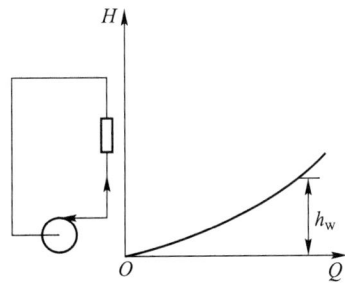

式(1.83)简化为

$$H = h_w$$

管路特性曲线为过坐标原点的二次抛物线,水泵提供的扬程完全消耗于回路的流动损失。

5. 流体增加动能和势能(例如消防喷嘴)

如图 1.53 所示。此时,有

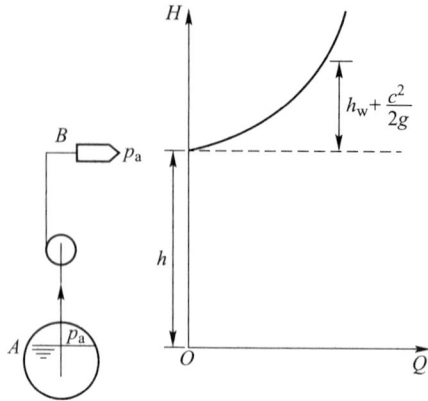

图 1.53 流体增加动能

$$z_B - z_A = h, \quad p_A = p_B = p_a, \quad c_B > c_A$$

式 1.83 简化为

$$H = h + \frac{c_B^2 - c_A^2}{2g} + h_w$$

管路特性曲线是截距为 $h$ 的向上弯曲的二次抛物线。这种情况下，水泵提供的扬程转化成为流体的动能和势能以及消耗于流动损失。

## 1.9.2 工作点

将泵本身的性能曲线与管路特性曲线用同样的比例尺绘在同一张图上，则这两条曲线相交于 $M$ 点，如图 1.54 所示。$M$ 点即为泵的工作点。该点流量为 $Q_M$，扬程为 $H_M$，这时泵的扬程等于管路装置所需要的扬程，所以在 $M$ 点工作时，能量平衡，工作稳定。

假设泵不在 $M$ 点工作，而在 $A$ 点工作，此时泵产生的扬程是 $H_A$，由图 1.54 可知，流体通过管路装置所需要的扬程为 $H'_A$，而 $H_A > H'_A$ 说明流体的扬程有富裕，此富裕扬程将促使流体加速，流量则由 $Q_A$ 增加到 $Q_M$，在 $M$ 点又重新达到平衡。

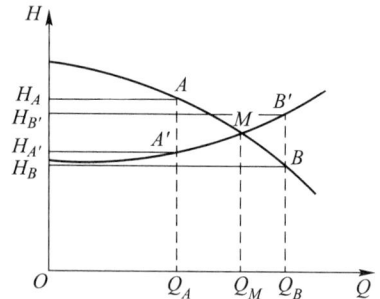

图 1.54 泵的工作点

同样，如果泵在 $B$ 点工作，则泵产生的扬程是 $H_B$，流体通过管路装置所需要的扬程是 $H'_B$，而 $H_B < H'_B$，由于水泵产生的扬程不足，致使流体减速，流量由 $Q_B$ 减少至 $Q_M$，这时工作点必须移到 $M$ 点方能平衡。因此，可以看出，只有 $M$ 点才是稳定工作点。

当泵性能曲线与管路性能曲线无交点时，则说明这种泵的扬程过高或过低，不能适应整个装置的要求，因此没有工作点，所以该泵在这一装置中不能使用。

当泵的 $H$-$Q$ 特性曲线如图 1.54 中的那样无极大值时，泵与管路匹配，可以得到稳定的平衡工况。但是有些低比转数泵的特性曲线常常有一个极大值,如图 1.55 所示。这样的特性曲线可能与管路特性曲线交于两点 $K$、$M$,其中 $M$ 是稳定平衡工作点,$K$ 则是不稳定平衡工作点,在图 1.55 所示的情况下,实际上泵就不能工作,因为 $Q=0$ 时,$H_0<H_{c0}$。

某些系统中,$H_{c0}$ 可能发生变化,这时必须确保始终满足 $H_0>H_{c0}$ 的条件,否则系统的工作就可能处于一种不稳定的断续工作状态。例如,如图 1.56 所示,在水池水面起始位置 $a$,泵向水池供水,而水池又以 $Q_1$ 向用户供水。若泵的流量 $Q_A>Q_1$,则水池中水面升高至 $b$,于是管路特性将从开始的曲线 I 过渡到 II,此时泵的流量由 $Q_A$ 变为 $Q_B$,若此时 $Q_B$ 仍大于 $Q_1$,则水面将继续上升至 $c$,泵的工作点一直移到 $C$,若 $Q_C$ 仍大于 $Q_1$,则水池水位继续上升,管路特性曲线脱离泵的特性曲线,泵的流量将立刻自 $Q_C$ 急速变为零,直到水池水面下降至 $b$ 面时,泵才恢复向水池供水,此时将重复出现上述过程。由于不稳定运行造成流量和压强的周期性改变,引起管网的水击现象。因此,从系统运行的可靠性考虑,泵的不稳定工作是不允许的。

对于容积式泵来说,由于其 $H-Q$ 特性线几乎是一些竖直线,因此不存在不稳定平衡问题。

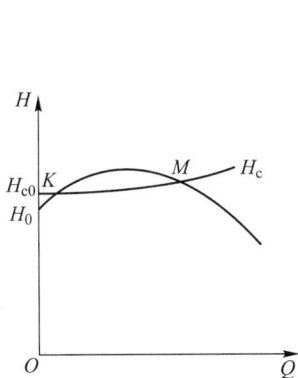

图 1.55 泵的不稳定工作区

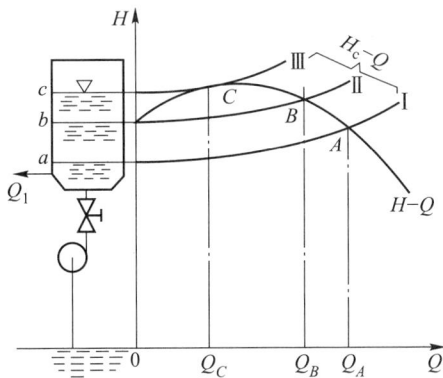

图 1.56 水泵不稳定工作

# 1.10 泵的并联、串联工作

泵在使用时,由于所要求的流量或压头较大,或为了运行可靠,采用一台泵不能满足要求时,往往要用两台或两台以上的泵联合工作。

泵的联合工作方式可以分为并联和串联两种。

## 1.10.1 并联

并联是指两台或两台以上的泵向同一压力管路输送流体的工作方式,如图 1.57 所示。并联的目的是在压头相同时增加流量。

并联工作多在下列情况下采用：

① 当需要流量大，而对大流量的泵制造有困难或造价太高时；

② 电厂扩建时原有的泵流量不足，需增加流量；

③ 由于外界负荷变化很大，因而流量的变化幅度也很大，为了发挥泵的经济效果，使其能在高效率范围内工作，往往采用两台或数台泵并联工作，以增减运行台数来适应外界负荷变化的要求。

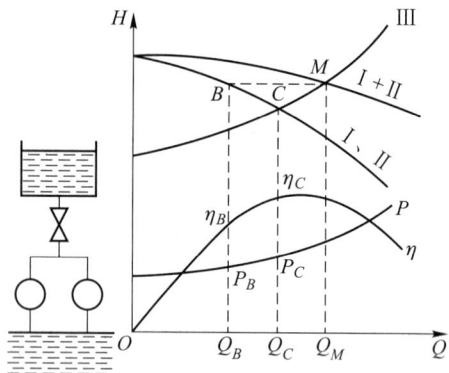

图 1.57　相同性能泵并联工作

核动力装置中的主冷却剂泵、给水泵、循环水泵等采用多台并联工作。并联工作可分为两种情况，即相同性能的泵并联和不同性能的泵并联，现以水泵为例分别介绍如下。

1. 同性能（同型号）泵并联工作

图 1.57 为两台泵并联工作时的性能曲线，图中曲线 I 、II 为两台同性能泵的性能曲线，III 为管路特性曲线，并联工作时的性能曲线为 I + II 。

并联曲线的画法，是将单独的性能曲线在压头相等的条件下把流量叠加起来，则得 I + II 曲线，然后画出它们的共同管路特性线 III ，与泵的并联性能曲线相交于 M 点，即并联工作时的工作点，此时流量 $Q_M$ 扬程为 $H_M$ 。

为了确定并联时单个泵的工况，由 M 点作横坐标的平行线与 I 、II 线交于 B 点，即为每台泵并联工作时的单独工作点，此时 B 点也决定了并联时每台泵的工作参数，即流量为 $Q_I$ 、$Q_{II}$ ，扬程为 $H_I$ 、$H_{II}$ 。并联工作的特点是：扬程彼此相等，即 $H_M = H_I = H_{II}$ ，总流量为每一台泵输送流量之和，即 $Q_M = Q_I + Q_{II}$ 。

并联前每一台泵的参数与并联后每一台泵的参数比较：未并联时，泵的单独工作点为 $C(Q_C$ 、$H_C$ 、$P_C$ 、$\eta_C)$ ，而并联时每台泵的工作点为 $B(Q_B, H_B, P_B, \eta_B)$ ，由图 1.57 可以看出：

$$Q_B < Q_C < Q_M < 2Q_C$$
$$H_B = H_M > H_C$$

这表明，两台泵并联时的流量等于并联时各台泵流量之和，如果和一台泵单独在同一管路系统中工作时相比，则两台泵并联后的总流量 $Q_M$ 小于一台泵单独工作时的流量的 2 倍，而大于一台泵单独工作时的流量 $Q_C$ 。因为并联后每台泵工作的流量 $Q_B$ 较 $Q_C$ 为小，并联时的扬程比一台泵单独工作时要高些。为什么并联后，每台泵的流量 $Q_B$ 小于不并联时每台泵单独工作的流量 $Q_C$ ，而扬程 $H_B$ 又大于扬程 $H_C$ 呢？这是因为管道摩擦损失随流量的增加而增大了，这就需要每台泵都提高它的扬程来克服这个增加的损失水头，故 $H_B$ 大于 $H_C$ ，因而流量就相应地减少了。

在选择电动机时应注意，如果长期并联工作，则应按并联时各台泵的最大输出流量来决定电动机的功率，即每台泵的流量按 $Q_B = \dfrac{1}{2} Q_M$ 来选择而不以 $Q_C$ 来选择，否则，并联工作时泵不能在最高效率点运行。若在低负荷时只用一台泵运行，则为使电动机不至于过载，就要按单独工作时的流量 $Q_C$ 来选择电动机的功率。

并联工作时，管路特性曲线越平坦，并联后的流量就越接近单独运行时的 2 倍，工作就越有利,如果管路特性曲线很陡,那么陡到一定程度时是不能并联的,详见本节"3.两条装有同性能泵的回路并联工作"。而泵的性能曲线越平坦时,并联后的总流量 $Q_M$ 就越小于单独工作时流量 $Q_C$ 的两倍,因此,为达到并联后增加流量的目的,泵的性能曲线应当陡一些为好。从并联数量来看,台数愈多,并联后所能增加的流量越少,即每台泵输送的流量减少,故并联台数过多并不经济。

2. 不同性能的泵并联工作

图 1.58 为两台不同性能泵并联工作时的性能曲线,其输出压头必须一样,图中曲线 Ⅰ、Ⅱ 为两台不同性能泵的性能曲线,Ⅲ 为管路特性曲线,并联工作时的性能曲线 Ⅰ+Ⅱ,并联曲线的画法同前,并联后的性能曲线 Ⅰ+Ⅱ 与管路特性曲线 Ⅲ 相交于 $M$ 点,该点即是并联工作时的工作点,此时流量为 $Q_M$,扬程为 $H_M$。

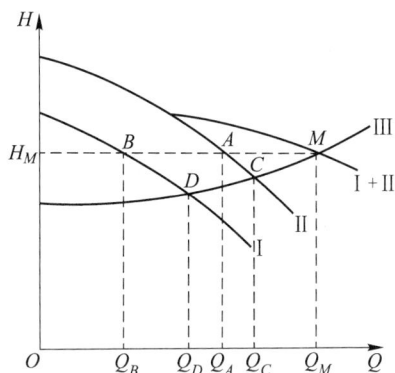

图 1.58  不同性能泵并联工作

确定并联时单台泵的运行工况,可由 $M$ 点作横坐标的平行线,分别与曲线 Ⅰ、Ⅱ 交于 $A$、$B$ 两点,即为每台泵并联工作时的单台工作点,流量 $Q_A$、$Q_B$ 扬程为 $H_A$、$H_B$。这时并联工作的特点是:扬程彼此相等,即 $H_M=H_A=H_B$,总流量仍为每台泵输送流量之和,即 $Q_M=Q_A+Q_B$。

并联前每台泵的单独工作点为 $C$、$D$ 两点,流量为 $Q_C$、$Q_D$,扬程为 $H_C$、$H_D$,由图 1.58 看出

$$Q_M<Q_C+Q_D$$
$$H_M>H_C,\quad H_M>H_D$$

这表明,两台不同性能的泵并联时的总流量 $Q_M$ 等于并联后各泵流量之和,即 $Q_A+Q_B$,但总流量 $Q_M$ 又小于并联前各泵单独工作的流量之和 $Q_C+Q_D$,其减少的程度与台数多少以及管路特性曲线的陡直度有关。并联台数越多,管路特性曲线越陡直,则输出的总流量就减少得越多。

电动机容量的选择与同性能泵并联时的选择原则相同。

由图 1.58 可知,当两台不同性能的泵并联时,压头小的泵输出流量 $Q_B$ 很少,甚至输送不出,所以并联效果不好。若并联工作点在 $C$ 点以左,即总流量 $Q_M$ 小于 $Q_C$,则应停用一台压头小的泵。不同性能的泵并联时操作复杂,故生产中很少采用。

3. 两条装有同性能泵的回路并联工作

有时两台同性能的泵分别在两个相同的回路中工作,并且这两个回路是并联的,如图 1.59 所示,这时这两台泵也处于一种并联工作状态。例如,在核动力装置中,在额定工况下压水堆的主冷却剂就是由这样连接的两台主泵供给的。两台主泵分别位于两条环路中,两环路连入同一压水堆。在这种情况下,要确定管路(或系统)和泵的工作点,就必须在将两泵的性能曲线相加之前,将并联段的管路对泵性能的影响估计进去。

如果两台泵的性能曲线是 Ⅰ 线(同性能泵),并联段的管路($AB_1$ 段+$C_1D$ 段,$AB_2$ 段+$C_2D$ 段)性能曲线相同,为 Ⅴ 线,则估计并联段管路影响的两泵性能曲线应是 Ⅰ 线减去 Ⅴ 线,得 Ⅱ 线。将两条 Ⅱ 线相加,就得到这样布置的两台泵并联工作时的性能曲线 Ⅲ 线,整个管路(或系统)去掉并联的 $AD$ 段后的管路特性曲线为 Ⅳ 线,Ⅲ 线与 Ⅳ 线相交于 $M$ 点,$M$ 点即为此时管路的工作点。

确定此时单台泵的运行工况,可由 $M$ 点作横坐标的平行线交 Ⅱ 线于 $E$ 点,再由 $E$ 点作纵坐标的平行线交 Ⅰ 线于 $F$ 点,$F$ 点即为单台泵的实际工作点。

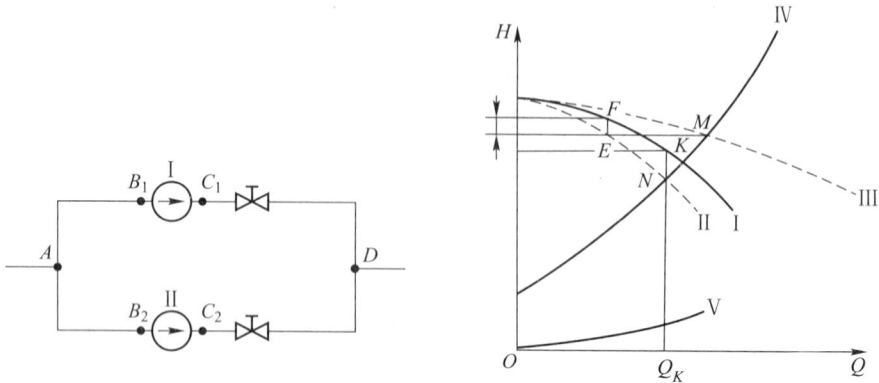

**图 1.59** 两条装有同性能泵的回路并联工作

用此图也可以确定一台泵工作而另一台泵停止时,管路与泵的工作点。在核动力装置中,压水堆在 50% 额定功率下运行时,主冷却剂仅由一台主泵提供,另一台主泵停止,就是这种情况。这时,Ⅱ线与Ⅳ线的交点 $N$ 是管路(或系统)的工作点。由 $N$ 点确定此时泵的工作点为 $K$ 点。

## 1.10.2 串联

串联是指前一台泵的出口向另一台泵的入口输送流体的工作方式。串联工作常用于下列情况:

① 要求设计制造一台高压的泵比较困难时;

② 在改建或扩建时管道阻力加大,要求提高压头时。

串联也可以分为两种情况,即相同性能的泵串联和不同性能的泵串联。现以水泵为例,分别介绍如下。

1. 同性能泵串联

如图 1.60 所示,曲线 Ⅰ 、Ⅱ 为两台泵的性能曲线,曲线Ⅲ为管路特性曲线,串联工作时的性能曲线为 Ⅰ + Ⅱ 。

串联曲线的画法,是将单独泵的性能曲线在流量相同的情况下把扬程叠加起来得 Ⅰ + Ⅱ 线,它与共同的管路特性曲线Ⅲ相交于 $M$ 点,该点即为串联工作时的工作点,此时流量为 $Q_M$ ,扬程为 $H_M$ 。

串联后每台泵的运行工况,通过 $M$ 点作纵坐标的平行线交于 $B$ 点,即为每台泵串联工作后的工作点,在 $B$ 点的流量为 $Q_Ⅰ$ 、$Q_Ⅱ$ ,扬程为 $H_Ⅰ$ 、$H_Ⅱ$ 。显然串联工作的特点是流量彼此相等,即

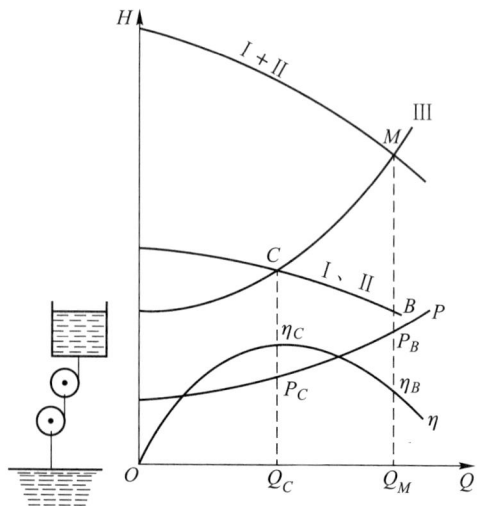

**图 1.60** 相同性能泵串联工作

$Q_M = Q_{\rm I} = Q_{\rm II}$，总扬程为每台泵扬程之和，即 $H_M = H_{\rm I} + H_{\rm II}$。

串联前每台泵的参数与串联时每台泵的参数比较：串联前每台泵单独工作点为 $C(Q_C, H_C, P_C, \eta_C)$，串联时单泵的工作点为 $B(Q_B, H_B, P_B, \eta_B)$，由图 1.60 可以看出

$$Q_M = Q_{\rm I} = Q_{\rm II} > Q_C$$
$$H_C < H_M < 2H_C$$

这表明，两台泵串联工作时所产生的总压头 $H_M$ 小于泵单独在同一管路系统中工作时扬程的两倍，大于串联前单独运行的扬程 $H_C$，而串联后的流量比一台泵单独工作时大。这是因为泵串联后虽然它的扬程成倍地增加了，但管路的阻力损失并没有成倍地增加，故富裕的扬程促使流量有所增加。

两泵串联时，后一台泵承受的压强较高，故选择时要注意结构强度。两台泵启动时，要注意各串联泵的出口阀都要关闭，启动第一台后才开第一台的阀门，在第二台泵的阀门关闭的情况下启动第二台。

2. 不同性能泵串联工作

同上述方法一样，按串联后泵的性能曲线与管路特性曲线的交点来决定串联后的运行工况。

如图 1.61 所示，Ⅰ、Ⅱ 分别为两台不同性能泵的性能曲线，Ⅲ 为串联运行时的串联性能曲线，串联性能曲线的画法是在流量相同的情况下，将扬程叠加起来。

图 1.61 中绘制了表示三种不同陡度的管路特性曲线 1、2、3，当泵在第一种管路中工作时，工作点为 $M$，串联运行时总扬程和流童都是增加的。在第二种管路中工作时，工作点为 $M_1$，这时的流量和扬程同仅有第一台泵工作时的情况一样，此时，第二台泵不增加扬程和流量，只耗费功率。泵在第三种管路中工作时，工作点为 $M_2$，这时的扬程和流量反而小于只有第一台泵工作时的扬程和流量，加装第二台泵相当于装一节流器，仅仅增加损失。因此 $M_1$ 点可以作为极限状态，工作点只有在 $M_1$ 点左侧时串联工作才是有利的。

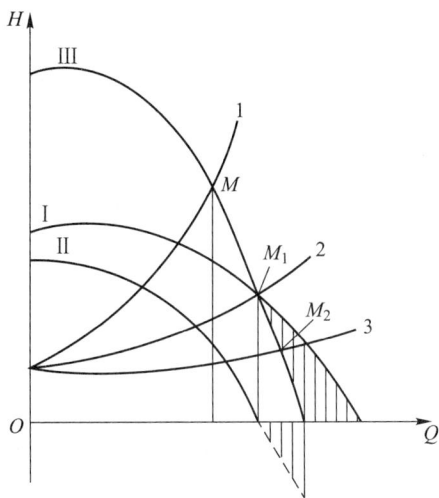

图 1.61 不同性能泵串联工作

3. 两台同性能但相距很远的泵串联工作

有时也会用两个相距很远的泵串联工作，如图 1.62 所示，在将 Ⅰ 泵和 Ⅱ 泵性能曲线相加之前，必须先将管路 $BC$ 对 Ⅰ 泵性能的影响估计进去。如两泵的性能曲线是 Ⅰ（同性能泵），$BC$ 段的管路性能曲线为 $BC$，则 Ⅰ 泵在 $C$ 点的性能曲线应是 Ⅰ 线减 $BC$ 线就得 Ⅱ 线，将 Ⅰ、Ⅱ 两条曲线相加，就得这样布置的两个泵串联工作时的性能曲线 Ⅰ + Ⅱ，该线与管路特性曲线 Ⅲ 相交于 $M$ 点，$M$ 点即为此时的工作点。

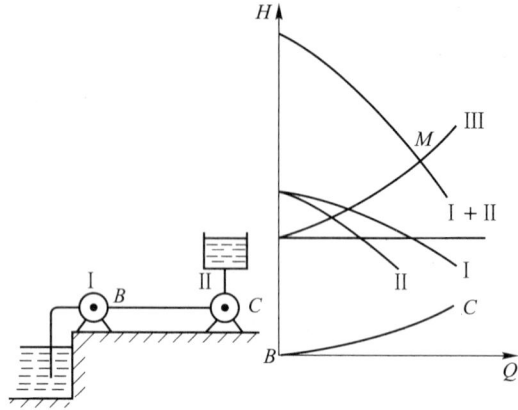

图 1.62 两台同性能相距很远的泵串联工作

## 1.10.3 相同性能泵联合工作方式的选择

用两台性能相同的泵来增加流量时,可以采用两台泵并联或串联的方法。但是,究竟哪种方法有利要取决于管路特性曲线。如图 1.63 所示,图中性能曲线 I 是两台泵单独运行时的曲线,II 是两台泵并联运行时的性能曲线,III 是两台泵串联运行时的性能曲线。

图 1.63 中表示三种不同陡度的管路特性曲线 1、2、3,其中,管路特性曲线 3 是这两种运行方式优劣的界限。管路特性曲线 2 与并联时的性能曲线相交于 $A_2$,与串联时的性能曲线相交于 $A_2'$,由此看出,并联运行工作点 $A_2$ 的流量大于串联运行工作点 $A_2'$ 的流量;另一种情况,管路特性曲线 1 与串联时的性能曲线相交于 $B_2$,与并联时的性能曲线相交于 $B_2'$,此时串联运行工作点 $B_2$ 的流量大于并联运行工作点的流量。

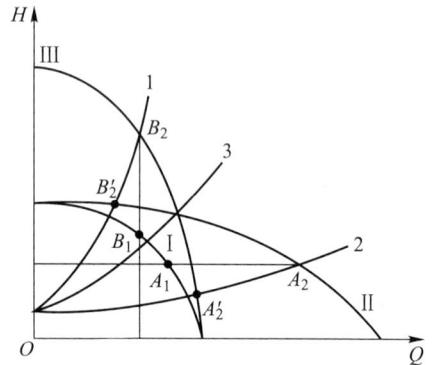

图 1.63 相同性能泵并联或串联工作

所以在管路系统装置中,若要通过增加泵的台数来增加流量,应该采用并联还是串联,应当取决于管路阻力特性曲线的陡坦程度,这是选择并联还是串联运行时必须注意的问题。

# 1.11 运行工况的调节

泵在运行中,由于外界负荷的变化,其运行工况也要随之改变以适应外界负荷变化的要求,这就是泵的工况调节。改变运行工况(即改变工作点),可以用两种方法来达到:一是改变泵本身的性能曲线,二是改变管路特性曲线。

改变泵本身性能曲线的方法有变速调节、动叶调节和汽蚀调节等,改变管路特性曲线的方法有出口节流调节,介于两者之间的还有进口节流调节。现分别介绍如下。

## 1.11.1 节流调节

节流调节就是在管路中装设节流部件(各种阀门、挡板等),通过改变阀门开度来进行调节,这是使用最普遍的一种调节方式。节流调节又可分为出口端节流和入口端节流两种。

1. 出口端节流

将节流部件装在泵出口管路上的调节方法称为出口端节流调节,其实质是改变出口管路上的流动损失,从而改变管路的特性曲线来改变工作点,如图 1.64 所示。阀门全开时工作点为 $M$,当出口阀门关小,流量减小时,损失增加,管路特性曲线由 $I$ 变为 $I'$,工作点移到 $A$ 点。若流量再减小,出口阀关得更小,则损失增加就更大。

工作点为 $M$ 时,流量为 $Q_M$,压头为 $H_M$,减小流量后工作点为 $A$ 时,流量为 $Q_A$,压头为 $H_A$,由图 1.64 看出,减小流量后附加的节流损失为 $\Delta h_j = H_A - H_B$,相应地多消耗的功率为 $\Delta P = \dfrac{\rho g Q_A \Delta h_j}{1\,000}$,单位为 kW。

很明显,这种调节方式不经济,而且只能在小于设计流量一方调节,但这种调节方法可靠,简单易行,故仍被广泛地应用于中小功率的泵上。

2. 入口端节流

用改变安装在进口管路上的阀门开度来改变所输送的流量。这种入口端节流调节,不仅改变管路的特性曲线,同时也改变了泵本身的性能曲线,因流体进入泵前,流体压强已下降,使性能曲线发生相应变化。

如图 1.65 所示,原有工作点为 $M$,流量为 $Q_M$,当关小进口阀门时,泵的性能曲线由 I 移到 II,管路特性曲线由 1 移到 2,故工作点移到 $B$,此时流量为 $Q_B$,附加阻力损失为 $\Delta h_1$。在满足同

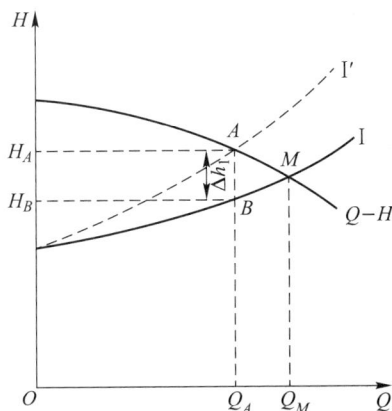

图 1.64　出口端节流

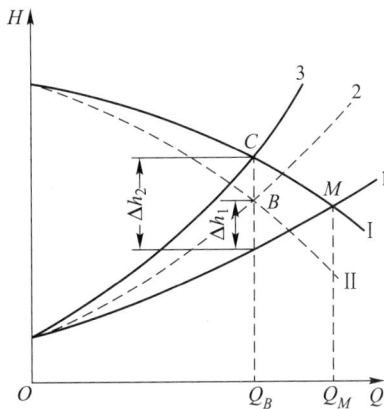

图 1.65　入口端节流

一流量 $Q_B$ 的情况下,将入口调节改为出口调节,管路特性曲线由 1 移到 3,而泵的性能曲线 I 不变,工作点变为 $C$,流量仍为 $Q_B$,附加阻力损失为 $\Delta h_2$。由图 1.65 看出,入口端节流损失小于出口端节流量损失,即 $\Delta h_1$ 小于 $\Delta h_2$,相应的入口调节的损失功率较小,说明入口调节比出口调节经济,但由于入口节流将使进口压强降低,对于泵有引起汽蚀的危险,还会使进入叶轮的液体流速分布不均匀,因而入口端调节仅在风机上使用,水泵则不采用。

## 1.11.2 汽蚀调节

通常不希望在泵的运行过程中产生汽蚀,但核电站的凝结水泵却利用泵的汽蚀特性来调节流量。实践证明,采用汽蚀调节对泵的通流部件损坏并不严重,相反,却可使泵自动调节流量,提高泵的调节效率,减少电厂运行人员,降低水泵耗电量,据测量,可降低水泵耗电量 30% ~ 40%,故汽蚀调节在中小型发电厂的凝结水泵中已被广泛采用。

凝结水泵的汽蚀调节,就是把泵的出口调节阀全开,当汽轮机负荷变化时,借凝汽器热井水位的变化来调节泵的出水量,使汽轮机排汽量的变化与泵输水量的相应变化自动平衡。图 1.66 中,泵的倒灌高度 $H_g$ 即为设计工况(设计流量)下泵不发生汽蚀的最小高度,这时的工作点如图 1.67 中的 $A$ 点。当汽轮机负荷减少时,排汽量也减少,倒灌高度不能维持 $H_g$,这时便产生汽蚀。$Q$-$H$ 性能曲线骤然下降,而管路特性曲线几乎不变,于是泵的工作点发生位移,直至流量减少到对应的 $H_g$ 时再平衡运行。若汽轮机负荷继续减少,则排汽量也继续减少,倒灌高度再往下降,于是构成不同的工作点,如图 1.67 中的 $A_1$、$A_2$、$A_3$……,而相应的流量亦分别为 $Q_{A1}$、$Q_{A2}$、$Q_{A3}$……。反之,当汽轮机负荷增加时,排汽量增加,倒灌高度增大,输出水量增加,达到新的平衡,以上就是泵的汽蚀调节原理。

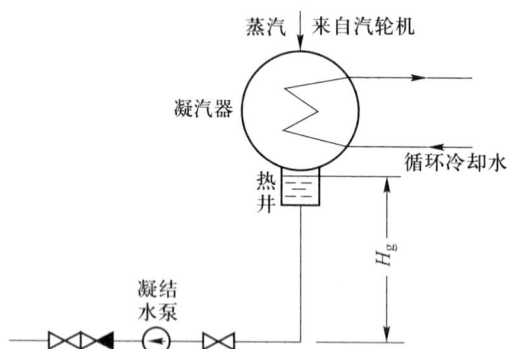

图 1.66　凝结水泵管路系统

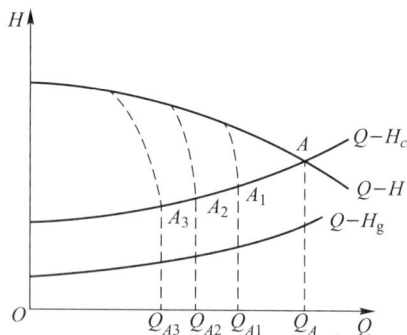

图 1.67　汽蚀调节

汽蚀调节时,泵内产生一定程度的汽蚀,若凝汽量减少,倒灌高度越低,则泵的工作点离 $Q$-$H$ 曲线越远,泵内汽蚀将变得严重。为了使泵在采用汽蚀调节时,汽蚀情况不致太严重,确保泵运行的稳定性,则在汽蚀调节时应注意以下三点。

① 凝结水泵的 $Q$-$H$ 性能曲线与管路特性曲线的配合要适当,泵的出口压头不应过分大于

管路内所消耗的压头,即性能曲线稍平坦为好,泵的正常工作点应该在泵的 $Q\text{-}H$ 曲线上,这样泵在进行汽蚀调节时工作才能较稳定。

② 汽轮机负荷如果经常变化,特别是长期在低负荷下运行,对泵的汽蚀调节很不利,泵的使用寿命大为降低,因此,要考虑开启凝结水泵的再循环阀使热井水位不至过低。

③ 汽蚀调节的水泵,叶轮容易损坏,因此必须采用耐汽蚀的材料。

## 1.11.3 变速调节

变速调节是在管路特性曲线不变的情况下,通过改变转速来改变泵的性能曲线,从而改变它们的工作点,如图 1.68 所示。

下面先讲一讲相似抛物线。

对在相似工况 $1(Q_1,H_1)$、$2(Q_2,H_2)$ 下运行,但转速不同的同一离心泵,由比例定律

$$\frac{Q_1}{Q_2}=\frac{n_1}{n_2}$$

$$\frac{H_1}{H_2}=\left(\frac{n_1}{n_2}\right)^2$$

可得

$$\frac{H_1}{Q_1^2}=\frac{H_2}{Q_2^2}=\frac{H}{Q^2}=\text{const}=K$$

于是得到抛物线方程

$$H=KQ^2 \tag{1.84}$$

此式表明,对同一泵在不同转速下运行时,其相似工况点均在一条过坐标原点的抛物线上,所以,将这种抛物线称为相似抛物线。

如果已知泵在转速 $n_1$ 时的 $H\text{-}Q$ 特性曲线 I,而所需的工况点 $2(Q_2,H_2)$ 不在该特性线上,如图 1.69 所示,可利用比例定律和相似抛物线求取该泵在工况点 2 运行时的转速 $n_2$ 以及通过工况点 2 的 $H\text{-}Q$ 特性曲线 II。

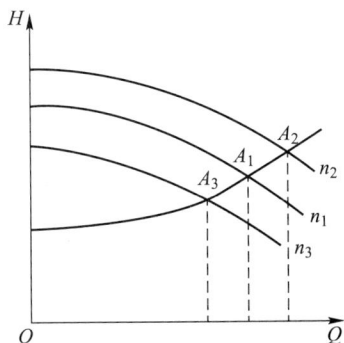

图 1.68 变速调节工况

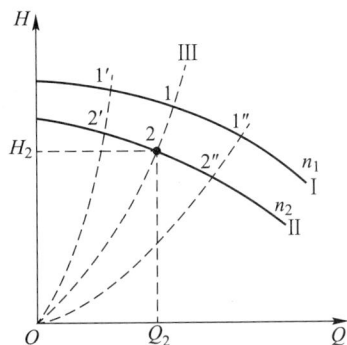

图 1.69 变速调节相似抛物线

先利用式 1.84 作出通过所需工况点 2 的相似抛物线 Ⅲ，与已知特性曲线 Ⅰ 相交于 1 点，1 点即为转速 $n_1$ 时与工况 2 相似的工况。然后，用比例定律求得泵在工况点 2 运行时的转速 $n_2$。

在已知的 $H$–$Q$ 特性曲线 Ⅰ 上按适当的流量间隔选取若干个工况点 $1'$、$1''$……，其中可以包括工况 1，然后求出上述工况点 $1'$、$1''$……在由已知转速 $n_1$ 变成转速 $n_2$ 之后的相似工况点 $2'$、$2''$……，将 2、$2'$、$2''$……连接起来，就得到了该泵通过工况点 2 的 $H$–$Q$ 特性曲线 Ⅱ。

变速调节的主要优点是大大减少附加的节流损失，经济性高。但变速装置及变速原动机投资昂贵，故一般中小型机组很少采用，现代高参数、大容量电站中泵常采用变速调节。

变速调节的方法有如下几种。

① 用直流电动机驱动；

② 在异步电动机转子回路中串联可变电阻，以改变电动机转速；

③ 用双速电动机驱动，低负荷时用低速挡，采用额定功率时用高速挡；

④ 用固定转速的电动机加液力联轴器驱动；

⑤ 用汽轮机驱动；

⑥ 用变频器改变电动机转速。

现对节流调节、变速调节的经济性用例题比较如下。

---

**例 1-6**

某台水泵运行时的参数为：扬程 $H = 35$ m，流量 $Q = 10$ m³/h，转速 $n = 1\,440$ r/min，如图 1.70a。现要求把流量调节为 6.6 m³/h，试比较采用节流调节和变速调节情况下，各自所消耗的功率，假定水泵效率 $\eta = 0.6$。

**解**：正常运行时

$$P = \frac{\rho g Q H}{\eta} = \frac{9\,810 \times 35 \times 10}{0.6 \times 3\,600} \text{ N·m/s} = 1\,590 \text{ N·m/s} \approx 1.6 \text{ kW}$$

① 用节流调节时，查图 1.70b，流量为 6.6 m³/h，$H = 44$ m，所以功率为

$$P = \frac{9\,810 \times 44 \times 6.6}{0.6 \times 3\,600} \text{ kW} = 1.3 \text{ kW}$$

② 用变速调节时，查图 1.70b，流量为 6.6 m³/h，平衡工作点 $H = 15$ m，所以功率为

$$P = \frac{9\,810 \times 15 \times 6.6}{0.6 \times 3\,600} \text{ kW} = 0.5 \text{ kW}$$

可见变速调节比节流调节经济。

变速调节后的泵特性曲线、泵转速可通过相似抛物线求得，如图 1.70c 所示，转速 $n$ 为 960 r/min。

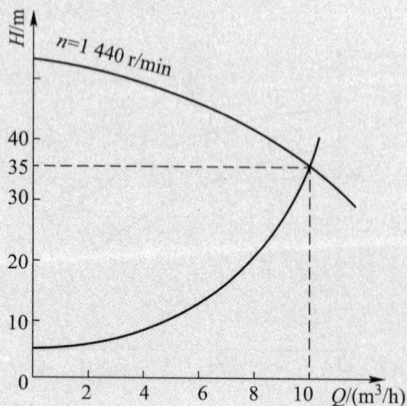

(a) 例 1-6 题

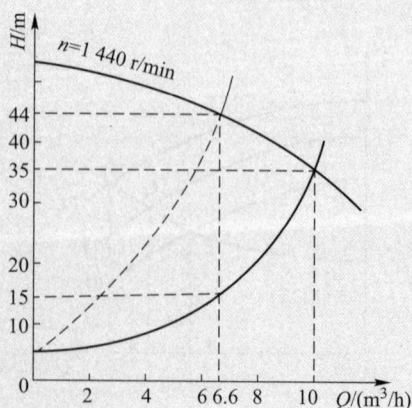

(b) 节流调节与变速调节经济性的比较

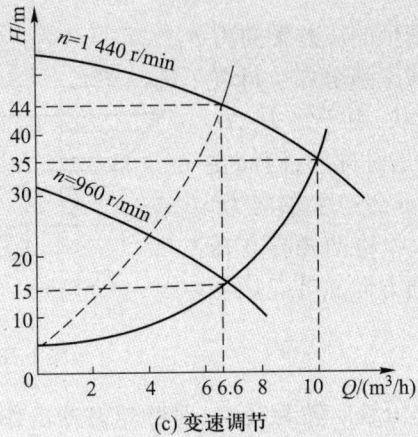

(c) 变速调节

图 1.70

## 1.11.4 旁路分流调节

该法是通过改变旁通阀的开度,把泵排出的部分液体沿旁通管引回到吸入管中,从而改变排出管路的排量。如图 1.71 所示。$R_1$ 是主管和管路曲线,$R_2$ 是旁路的管路曲线,$R$ 是主管和旁路的并联合成曲线。旁通阀关闭时泵的工作点为 $B$,打开旁通阀时,泵的工作点 $A$。过 $A$ 点作一水平线交 $R_1$ 线于 $A_1$,交 $R_2$ 线于 $A_2$,则通过旁路的排量为 $Q_{A2}$,通过主管的排量为 $Q_{A1}$。可见,打开旁通阀后,主管的排量减小,而泵的排量增大。

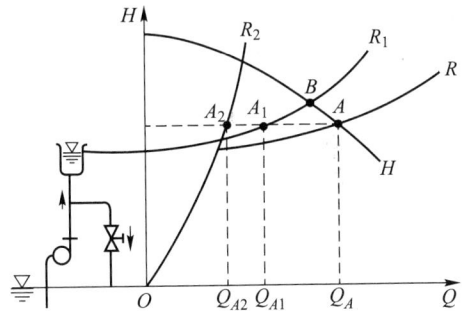

图 1.71  旁路分流调节

# 1.12  轴向力及其平衡措施

## 1.12.1  轴向力的产生及其影响

离心泵在转动时,在其转轴上产生一个很大的作用力,由于此作用力的方向与泵轴的轴心线平行,故称为轴向力。

产生轴向力的原因很多,主要是由于液流作用于叶轮表面上的力不平衡而引起的。一般地,轴向力由下列分力组成。

**1. 叶轮前、后盖板不对称产生的压差轴向力 $F_1$**

图 1.72 为单级叶轮两侧的压强分布。叶轮和泵壳间的压强分布呈抛物线状，由于在 $D_1$、$D_2$ 之间叶轮前后两侧的压强分布是对称的，因而在这个区域中的作用力相抵消，不会产生轴向力。但在叶轮密封环直径 $D_1$ 以内，叶轮两侧存在压力差，因而产生轴向力 $F_1$，$F_1$ 的方向从叶轮内侧沿轴线指向叶轮吸入口。

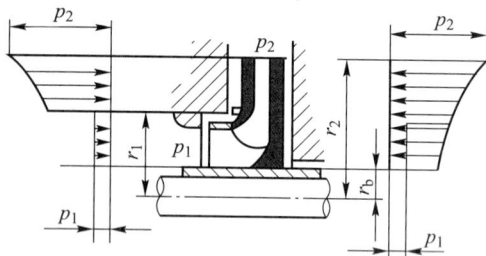

图 1.72　叶轮两侧压强分布

**2. 液流动反力 $F_2$**

液体进入叶轮后，流动方向由轴向转为径向，对叶轮有冲击作用，由此产生流动反力 $F_2$，此力指向叶轮背面。一般 $F_2$ 远小于 $F_1$，所以，$F_1$ 和 $F_2$ 共同产生的轴向力合力的方向从叶轮内侧指向叶轮吸入口。

**3. 对立式泵，轴向力还包括转动部件的质量引起的重力**

离心泵转轴在轴向力作用下将产生轴向窜动，有可能导致碰撞、磨损等，所以离心泵都需采取平衡措施。

## 1.12.2 轴向力平衡措施

**1. 推力轴承法**

对于轴向力不大的小型泵，采用推力轴承承受轴向力，是简单而经济的方法。在实际生产中多采用此法。即使采用了其他平衡装置，考虑到总有一定的残余轴向力，通常都同时装设推力轴承，也有些大型泵全靠推力轴承来承受轴向力。

**2. 减压平衡法**

该法就是采取措施减小叶轮后侧的不平衡压力，使叶轮的受力得到平衡。常用的方法是在叶轮上装后密封环 2 并开平衡孔 3，如图 1.73 所示。装了后密封环以后，环内的空间就成为平衡室，其中的液体，一方面有后密封环 2 的阻漏减压作用，另一方面又有适应通道面积的平衡孔 3 和吸入口相通，所以平衡室中的压力就可降低到一个合适程度，从而使轴向力得到平衡。

平衡孔的优点是简单可靠，但如果平衡孔的位置开得不当，则通过平衡孔漏到吸入口的液流将扰乱叶轮进水的正常流动，使泵的水力损失加大。为改善此缺点，可不开平衡孔，而用平衡管（泵外的连接小管）将平衡室和吸入口沟通，如图 1.74 所示。这样，既达到了降压平衡目的，又减小了液流的扰乱

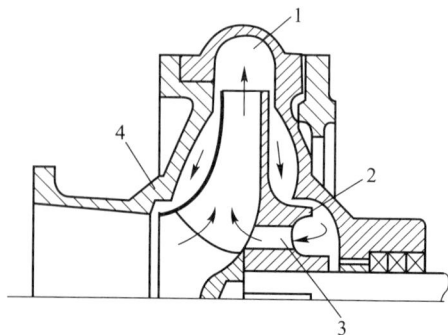

图 1.73　平衡孔
1—排出压强；2—加装的后密封环；
3—平衡孔；4—泵壳上的密封环

影响。这种后密封环–平衡管的平衡方法在某些离心泵上也有采用。

应该指出,平衡孔和平衡管都是按泵额定工况下的压强进行设计的,但泵又不总在设计工况下工作,所以在非设计工况工作时,由于压强发生改变,轴向力又是不平衡的,故泵还应装设推力轴承。

**3. 平衡叶片法**

如图 1.75 所示,在叶轮后盖板的背面对称安置几条径向盘片、当叶轮转动时,盘片将使叶轮背面的液体加快旋转,因离心力增大,使压能转化为动能,从而使叶轮背面的压强显著下降,使叶轮两侧压力达到平衡。其平衡程度取决于盘片的尺寸和叶轮、泵壳间的间隙。该方法的缺点是增加能量损失,泵效率降低。

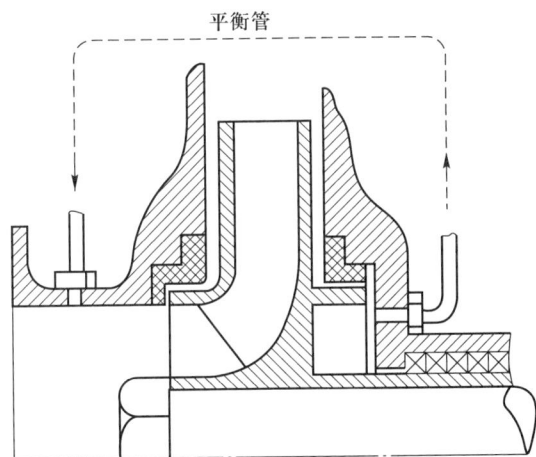

图 1.74　后密封环–平衡管

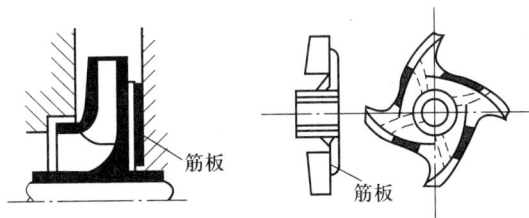

图 1.75　平衡叶片

**4. 双侧吸水法**

一般的双吸离心泵,由于双吸叶轮结构对称,能自然平衡轴向力。但由于制造误差,或两侧密封环磨损不同,会存在一定的残余轴向力。

**5. 叶轮对称布置法**

如图 1.76 所示,多级(偶数)泵的叶轮半数对半数,面对面或者背靠背地按一定次序排列起来,可以使轴向力自然平衡。

**6. 平衡鼓法**

如图 1.77 所示,在多级泵的末级叶轮后面装有与叶轮一起转动的平衡鼓(鼓形轮盘),其外圆表面与泵壳上的平衡鼓套之间有一个很小的径向间隙。末级叶轮的出口压强 $p$ 作用在平衡鼓的左侧;平衡鼓右侧用连通管与泵吸

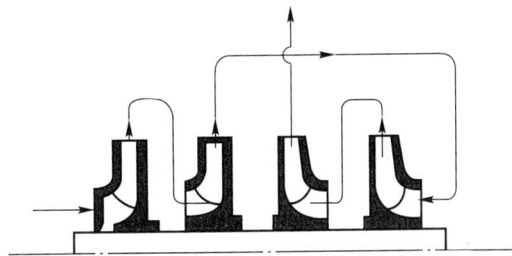

图 1.76　多个叶轮对称布置

入口连通,因此平衡鼓右侧的压强接近泵的吸入压强。这样,使平衡鼓两侧形成压力差,该压力差在平衡鼓上产生一个与轴向力方向相反的平衡力。

7. 自动平衡盘法

这是可以自动地随时保持轴向力平衡的装置,在多级泵上使用较多。

自动平衡盘的结构如图 1.78 所示。

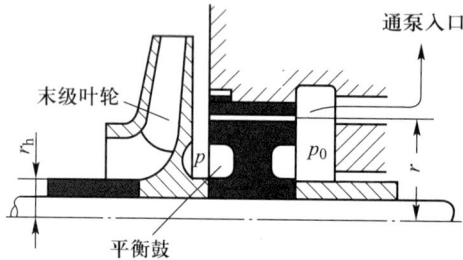

图 1.77　平衡鼓装置

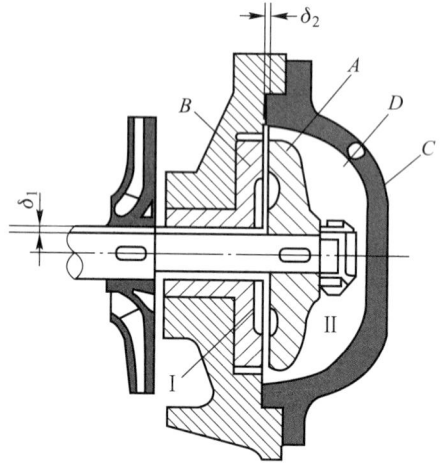

图 1.78　自动平衡盘

在末级叶轮后面的轴端装一圆盘 $A$,它和固定部件 $B$ 之间保持有间隙 $\delta_2$。圆盘 $A$ 的两侧是两个空间 I 和 II。外壳 $C$ 上开有小孔 $D$,通过小孔 $D$ 用接管和泵的吸入室相连,以保持空间 II 中的压强和泵的吸入口压强相近。泵末级叶轮排出的高压液体,经过间隙 $\delta_1$ 流到空间 I,再经过间隙 $\delta_2$ 流到空间 II。显然空间 I 中的压强比空间 II 中的要高,因此产生一个和轴向力方向相反的平衡力,从而使轴向力得到平衡。

工况改变时的自动平衡过程是:在泵的轴向力因扬程提高而增大时,泵的回转部分自然要向吸入口方向窜动。窜动的结果,将使间隙 $\delta_2$ 变小,而间隙 $\delta_1$ 是不变的。于是空间 I 中的压强要升高,从而在圆盘 $A$ 上得到一个较大的平衡力,使回转部分重新得到平衡。同理,当轴向力随泵的扬程降低而减小时,将因间隙 $\delta_2$ 的变大而重新达到平衡。

自动平衡盘通过回转部分的很小的轴向移动使间隙 $\delta_2$ 改变,而达到自动平衡的目的。由于这样的轴向移动量很小,因此不会有碰撞发生。

# 1.13　离心泵的故障

对于一些重要的大型离心泵,它们的故障在使用说明书中有介绍,并有完善的设备来自动检测故障。但是,一般离心泵不具备这些条件,需要根据实际情况用结构理论知识进行分析判断,发现故障,并做处理。一般离心泵的常见故障包括运行故障和机械故障。

## 1.13.1 运行故障

1. 泵不能启动

多半是原动机方面的原因,如没有供电或电压不合要求。

2. 泵启动后不能供液

第一种情况是泵所产生的吸入真空太小,不足以吸上液体。原因有以下三点。

① 没有"引水",就是没有在启动前向泵内充水以排除泵和吸入管系统中的空气;

② 吸入端有空气漏入;

③ 吸入管口露出水面。

第二种情况是泵所产生的吸入真空太大,超过允许值。原因有以下两点。

① 吸入管系不通,如吸入阀未开;

② 发生严重汽蚀。

第三种情况是泵的扬程太小,不能满足需要。原因有以下四点。

① 出口阀未开;

② 泵的转速太低;

③ 泵的转向不对;

④ 叶轮松脱、堵塞或严重损坏。

3. 泵能供液但排量不足

① 泵的转速不够;

② 叶轮局部堵塞或损坏;

③ 密封环(口环)磨损严重,内部泄漏增加;

④ 轻度汽蚀。

## 1.13.2 机械故障

1. 振动和噪声

① 地脚固定螺栓松动;

② 联轴器接合不良;

③ 轴线不正或泵轴弯曲;

④ 回转部分不平衡;

⑤ 轴承磨损,叶轮触及泵壳;

⑥ 叶轮局部堵塞或损坏;

⑦ 发生汽蚀。

2. 轴封泄漏过多、轴封过热

① 轴线不正或泵轴弯曲;

② 对填料密封：压盖太紧或太松，填料损坏，泵轴磨损，液封环安装不当、堵塞等；

③ 对机械密封：动静密封环磨损，橡胶密封圈失效，弹簧损坏，装配不当，润滑、冷却没有达到要求等。

3. 轴承过热

① 轴线不正或泵轴弯曲；

② 润滑不良；

③ 轴承磨损；

④ 轴承安装不当。

**思考题**

1-1　根据泵的工作原理，泵可分为哪些类型？

1-2　离心泵有哪些主要部件，各起什么作用？

1-3　离心泵的基本特性参数有哪些？

1-4　离心泵的工作原理是什么？

1-5　流体在叶轮中是如何运动的？

1-6　流体在叶轮中运动时，有哪几种速度？这些速度之间有什么关系？速度三角形是怎样得到的？

1-7　欧拉方程式可写成哪两种表达形式？

1-8　叶片一般可分为几种形式？为什么离心泵叶片大都采用后弯式？

1-9　泵的机械损失是什么？为什么圆盘摩擦损失被列为机械损失？

1-10　泵的容积损失是什么？

1-11　泵的流动损失是什么？

1-12　泵的特性曲线是什么？

1-13　从与实型泵形状相似的模型泵的试验结果推断出实型泵的特性的必要条件是什么？

1-14　若两泵相似，则其流量、压头、功率之间的比例关系如何？

1-15　什么叫比转数，如何计算？两台泵的比转数相等，说明了什么问题？

1-16　比转数相等的两台泵，其结构形状是否一定相似，为什么？

1-17　什么是汽蚀现象？它对泵的工作有何危害？如何进行预防？

1-18　为什么说泵内静压最低处位于叶片进口处附近？

1-19　什么是有效汽蚀余量 NPSHA 和必需汽蚀余量 NPSHR？它们与泵流量的关系怎样？

1-20　为什么目前大多采用汽蚀余量来表征泵的汽蚀性能，而不用或少用吸上真空度？两者之间存在什么关系？

1-21　什么叫几何安装高度，如何计算？如果泵的实际安装高度超过了计算的几何安装高度，对泵的工作有什么影响？

1-22　如何绘制管路特性曲线？

1-23　离心泵是否可以封闭启动，为什么？封闭启动好还是不好？

1-24　离心水泵的启动要求是什么？

1-25　泵不能启动的原因有哪些？

1-26　管路中所需要的全扬程如何计算？

1-27 为什么扬程曲线和管路特性曲线的交点才是泵的工作点？为什么一般不用数学方法而用作图法确定工作点？

1-28 在什么情况下泵的工作可能会出现不稳定状态？试分析之。

1-29 为什么说单凭最高效率值来衡量泵性能的好坏是不恰当的？

1-30 泵并联工作的目的是什么？并联运行有何特点？为什么并联后扬程会有所增加？

1-31 泵串联工作的目的是什么？串联运行有何特点？为什么串联后流量会有所增加？

1-32 泵运行时有哪几种调节方式,各有何优缺点？

1-33 离心泵的轴向力产生的原因有哪些？轴向力对泵有什么影响？

1-34 可以采取哪些措施来平衡轴向力？

1-35 离心泵的常见故障有哪些？其产生的原因是什么？

## 习题

1-1 把温度为 50 ℃水提高到 30 m 的地方,问泵的扬程 $H$ 是多少？设吸水池水面压强为标准大气压,压出水面的表压强为 $4.905×10^5$ Pa,全部流动损失水头 $h=5$ m,水密度 $\rho=988.4$ kg/m$^3$。

答:$H=85.7$ m。

1-2 用一水泵从吸水面抽 50 m 高的水池水面输送 $Q=0.3$ m$^3$/s 的常温清水,求泵所需的有效功率？设水管的内径为 300 mm,全长 300 m,管内摩擦系数 $\lambda=0.028$(水的密度 $\rho=1\,000$ kg/m$^3$)

答:$P_e=223$ kW。

1-3 设一水泵流量 $Q=0.025$ m$^3$/s,排水管表压强 $p_d=3.237×10^5$ Pa,吸水管真空表压强 $p_s=0.392\,4×10^5$ Pa,表位差为 0.8 m,吸水管和排水管直径分别为 100 cm 和 75 cm,电动机功率表读数为 $P_{gr}=12.5$ kW,电动机效率 $\eta_{gr}=0.95$。求轴功率、有效功率和泵的总效率(泵与电动机采用联轴器直联)。

答:$P_2=11.88$ kW,$P_h=9.27$ kW,$\eta=78\%$。

1-4 有一送风机,其全压为 1.96 kPa 时,产生的风量为 40 m$^3$/min,全压效率为 50%,试求其轴功率。

答:$P_2=2.62$ kW。

1-5 某系统中有台离心风机可在以下两种工况下工作,问在哪种工况下工作较经济？

① $Q_1=70$ km$^3$/h,$p_1=1.7$ kPa,$P_1=60$ kW

② $Q_2=100$ km$^3$/h,$p_2=0.98$ kPa,$P_2=65$ kW

答:第一种工况较经济。

1-6 已知一离心泵叶轮,其直径 $D_2=400$ mm,出口宽度 $b_2=50$ mm,叶片出口安装角 $\beta_2=20°$,在转速 $n=2\,100$ r/min 时,其流量 $Q=249$ L/s,求叶轮出口速度三角形的各值,并按比例绘出其图形。

答:$u_2=43.98$ m/s,$\omega_2=11.58$m/s,$c_2=33.57$m/s。

1-7 设有一离心泵,叶轮的尺寸为:$D_1=17.8$ cm,$D_2=38.1$ cm,$b_1=3.5$ cm,$b_2=1.9$ cm,$\beta_{1y}=18°$,$\beta_{2y}=20°$。设叶轮的转速 $n=1\,450$ r/min,流体以径向流入叶轮试按比例画出出口速度三角形,并计算理论流量 $Q_T$ 在此流量下的无限多叶片轮的理论扬程 $H_{T\infty}$。

答:$Q_T=0.085$ m$^3$/s,$H_{T\infty}=54.9$ m。

1-8 假设叶轮外径为 $D_2$(单位为 m)的离心风机,当转速为 $n$(单位为 r/min)时,其流量为 $Q$(单位为 m$^3$/s),求该情况下的理论输出功率 $P_T$(单位为 kW)。又设空气在叶轮进口以径向流入,出口的相对速度为径向。

答: $P_T = K_z \rho Q \left( \dfrac{\pi D_2 n}{60} \right)^2 \times 10^{-3} \, \text{kW}$。

**1-9** 某离心泵叶轮的外径 $D_2 = 22 \, \text{cm}$，转速 $n = 2\,980 \, \text{r/min}$，叶片出口安装角 $\beta_{2y} = 45°$，出口处的径向速度 $c_{2r} = 3.6 \, \text{m/s}$。设流体径向流入叶轮，试按比例画出出口速度三角形，并计算无限多叶片叶轮的理论扬程 $H_{T\infty}$。又若环流系数 $K_z = 0.8$，求该泵叶片数有限的理论扬程 $H_T$。

答: $H_{T\infty} = 96.9 \, \text{m}$，$H_T = 77.5 \, \text{m}$。

**1-10** 有一叶轮外径为 300 mm 的离心风机，转速 2 980 r/min 时的无限多叶片叶轮的理论全压 $p_{T\infty}$ 是多少? 设叶轮入口的气体沿径向流入，叶轮出口的相对速度为径向，空气的密度为 $\rho = 1.2 \, \text{kg/m}^3$。

答: $p_{T\infty} = 2.63 \, \text{kPa}$。

**1-11** 已知某离心泵在抽送水 ($\rho = 1\,000 \, \text{kg/m}^3$) 时的理论扬程为 30 m，现同样用这台泵来输送密度为 700 $\text{kg/m}^3$ 的汽油，问这时的理论扬程为多少米? 这两种情况下泵出口压力表的示值各为多少帕?

答: $H_T = 30 \, \text{m}$，$p_d = 294.3 \, \text{kPa}$，$\rho_d' = 206 \, \text{kPa}$。

**1-12** 有一叶轮外径为 275 mm 的离心泵，转速时，求该泵的圆盘摩擦损失 $\Delta P_d$。设圆盘摩擦系数 $K' = 0.8 \times 10^{-6}$。

答: $\Delta P_d = K' \rho u_2^3 D_2^2 = 0.551 \, \text{kW}$。

**1-13** 有台输送 20 ℃清水的单级离心泵，在转速为 1 450 r/min 时，其全扬程为 25.8 m，流量为 170 $\text{m}^3/\text{h}$，轴功率 15.7 kW，又知其容积效率 $\eta_v = 0.92$，机械效率 $\eta_v = 0.90$，求泵的水力效率 $\eta_h$。

答: $\eta_h = 0.92$。

**1-14** 已知某离心风机在 $n = 920 \, \text{r/min}$ 时，其风量 $Q = 1.28 \times 10^4 \, \text{m}^3/\text{h}$，全压 $p = 2.63 \, \text{kPa}$，全压效率 $\eta = 86\%$，试求其轴功率 $P_2$。

答: $P_2 = 10.87 \, \text{kW}$。

**1-15** 有一离心送风机，在转速为 1 450 r/min 时，其流量 $Q = 2\,980 \, \text{m}^3/\text{h}$，全压 $p = 432 \, \text{Pa}$，进口空气密度 $\rho = 1.2 \, \text{kg/m}^3$，今用该风机来输送密度 $\rho = 0.9 \, \text{kg/m}^3$ 的烟气，要使全压与输送空气时相同，问此时转速应为多少? 其实际流通量为多少?

答: $n' = 1\,674 \, \text{r/min}$，$Q' = 3\,440 \, \text{m}^3/\text{h}$。

**1-16** 有一泵转速 $n = 2\,900 \, \text{r/min}$ 时，全扬程 $H = 100 \, \text{m}$，流量 $Q = 0.17 \, \text{m}^3/\text{s}$。若用和该泵相似，但叶轮外径为其两倍的泵，当转速 $n' = 1\,450 \, \text{r/min}$ 时，它的流量 $Q'$ 为多少?

答: $Q' = 0.68 \, \text{m}^3/\text{s}$。

**1-17** 某单级离心泵的特性为: $n = 1\,420 \, \text{r/min}$，$Q = 73.5 \, \text{L/s}$，$H = 14.7 \, \text{m}$，$P = 3.3 \, \text{kW}$。现改用转速为 2 900 r/min 的电动机驱动，工况仍保持相似，求其相应的各参数值。

答: $Q' = 150.1 \, \text{L/s}$，$H' = 61.3 \, \text{m}$，$P' = 28.1 \, \text{kW}$。

**1-18** 一台 G4-73-11 No.12 型送风机，在转速 $n = 1\,450 \, \text{r/min}$ 时，全压 $p = 4\,609 \, \text{Pa}$，流量 $Q = 7.11 \times 10^4 \, \text{m}^3/\text{h}$，轴功率 $P_2 = 99.8 \, \text{kW}$，若转速变为 730 r/min，叶轮外径和气体密度不变，试计算此时的全压、流量和轴功率值。

答: $p' = 1\,168 \, \text{Pa}$，$Q' = 3.58 \times 10^4 \, \text{m}^3/\text{h}$，$P' = 12.7 \, \text{kW}$。

**1-19** 一台离心泵的特性参数为: $n = 2\,900 \, \text{r/min}$，$Q = 0.17 \, \text{m}^3/\text{s}$，$H = 104 \, \text{m}$，$P = 184 \, \text{kW}$。现有一台与此相似而尺寸大一倍的泵，试求其在 $n' = 1\,450 \, \text{r/min}$ 相似工况下的参数值。

答: $Q' = 0.68 \, \text{m}^3/\text{s}$，$H' = 104 \, \text{m}$，$P' = 736 \, \text{kW}$。

**1-20** 有台叶轮直径为 38 cm 的泵,在转速为 1 800 r/min 时,产生的流量为 9.5 m³/min,扬程为 61 m,今欲制造一台与该泵相似,但其流量为 38 m³/min,扬程为 45 m 的泵,问其叶轮直径 $D_2$ 应为多少?

答:$D_2 = 82$ cm。

**1-21** 一通风机以 960 r/min 的速度运转时,能产生的风量为 15 m³/min,全压为 460 Pa。同样此风机以 1 440 r/min 速度运行时,求其风量和全压。

答:$Q = 22.5$ m³/min,$p = 1\,035$ Pa。

**1-22** 有一台离心风机在时 $n = 1\,000$ r/min 时,能输送的空气($\rho = 1.2$ kg/m³)流量 $Q = 0.3$ m³/min,全风压 $p = 600$ Pa。今用它来输送燃气($\rho' = 1.0$ kg/m³),在相同转速时,流量不变,但全压降为 550 Pa。试证之。

**1-23** G4-73-11 No.12 型风机在 $n = 1\,450$ r/min 时,全风压 $p = 4\,609$ Pa,流量 $Q = 7.11 \times 10^4$ m³/h,轴功率 $P_2 = 99.8$ kW,空气密度 $\rho = 1.2$ kg/m³。如果转速和直径都不变,但输送介质改为烟气($t = 200$ ℃,$p_a = 1$ 个标准大气压)。试计算此时的全压、流量和轴功率。

答:$p' = 2.86$ kPa,$Q' = 7.11 \times 10^4$ m³/h,$P' = 62$ kW。

**1-24** 在泵吸水的情况下,当实际安装高度 $H_g$ 与吸入管段的水力损失之和大于 6 m 时,发现泵开始发生汽蚀,问该泵的装置汽蚀余量 NPSHA 是多大? 设吸水面的压强为 1 个标准大气压,水温为 20 ℃。

答:NPSHA = 4.09 m。

**1-25** 设除氧器内压强为 117.6 kPa,相应的水温为饱和水温度(104 ℃),吸入管的水力损失的水头为 1.5 m。所用给水泵为六级离心泵,其允许汽蚀余量 [NPSH] 为 5 m,求该水泵应装在除氧器内液面下几米?

答:$H_g = -6.5$ m。

**1-26** 一台从低压加热器疏水器中抽吸疏水的泵,疏水器液面压强等于水的饱和汽压。已知该泵的 [NPSH] = 0.7 m,吸水管水力损失 $h_1 = 0.2$ m,试求该泵可安装在疏水器液面下几米?

答:$H_g = -0.9$ m。

**1-27** 有一离心泵在转速 $n = 1\,450$ r/min 时,其流量和扬程的关系如下:

| $Q/(\text{L/s})$ | 0 | 2 | 4 | 6 | 8 | 10 | 12 | 14 |
|---|---|---|---|---|---|---|---|---|
| $H/\text{m}$ | 11.0 | 10.8 | 10.5 | 10.0 | 9.2 | 8.4 | 7.4 | 6.0 |
| $\eta$ | 0 | 15% | 30% | 45% | 60% | 65% | 55% | 30% |

将此泵安装在几何扬水高度 $H_g = 6$ m,管网综合阻力损失 $\sum h = 0.024Q^2$($Q$ 单位为 L/s)的管路系统中,高、低位水池均与大气相通。试用图解法求工况点的参数。

答:$Q = 10$ L/s,$H = 8.4$ m,$\eta = 65\%$,$P = 1.27$ kW。

**1-28** 水泵在 $n = 1\,450$ r/min 时,性能曲线如图 1.79 所示,问转速为多少时水泵供给管路中的流量为 $Q = 30$ L/s? 已知管路特性曲线方程为 $H = 10$ m$+8\,000\,Q^2$($Q$ 的单位为 m³/s)。

答:$n = 1\,088$ r/min。

**1-29** 将题 1-27 中所列特性相同的两台泵并联运行,试用图解法求其工况点的特性参数。设管网特性不变。

答:$Q = 2 \times 6.35$ L/s,$H = 9.8$ m,$P_2 = 2 \times 1.28$ kW,$\eta = 47.6\%$。

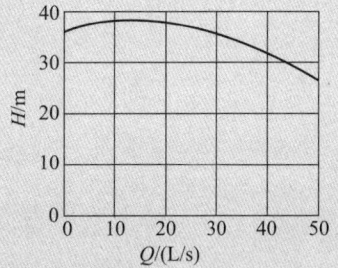

图 1.79 题 1-28 图

1-30   某水泵在管路上工作,管路特性曲线方程为 $H=20\text{ m}+20\ 000\ Q^2$($Q$ 的单位为 $\text{m}^3/\text{s}$)。水泵性能曲线如图 1.80 所示,问水泵在管路中的供水量为多少? 如果再并联一台性能相同的水泵工作,则供水量如何变化?

答:$Q_A=28\text{ L/s}$,$Q_B=40\text{ L/s}$。

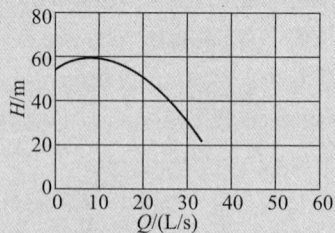

图 1.80   题 1-30 图

1-31   题 1-27 中的抽水系统,若用改变转速调节,将流量减少到 6 L/s,则其转速应为多少? 相应的其他参数又是多少?

答:$n'=1\ 225\text{ r/min}$,$H'=6.86\text{ m}$,$\eta'=53\%$,$P'=0.76\text{ kW}$。

1-32   题 1-27 中的抽水系统,若用出口阀调节,将流量调小到 6 L/s,则其相应的效率和轴功率将为多少? 与题 1-31 的结果进行比较。

答:$\eta''=45\%$,$P''=1.31\text{ kW}$。

# 第 2 章   核动力装置中的泵

本章先概述用于各种类型反应堆的冷却剂泵,再介绍用于轻水反应堆系统中的主冷却剂泵,然后介绍核动力装置二回路中的给水泵、凝结水泵和循环水泵,最后介绍上充泵。

## 2.1   反应堆冷却剂泵概述

反应堆冷却剂泵,简称主泵,常用叶片式泵。

主泵的功能是使冷却剂循环,以便带走堆芯核反应产生的热量。主泵的结构形式取决于装置线图、反应堆类型、工质的物性参数等。根据泵在其中工作的反应堆类型,主泵可以分为:压水堆冷却剂泵、沸水堆冷却剂泵、液态金属冷却剂泵、重水堆冷却剂泵等。

对于压水堆冷却剂泵和重水堆冷却剂泵,因其轴功率很高,所以必须用有轴封和组合轴承(即组合的止推轴承、径向轴承或滚动轴承)的反应堆泵,或者采用由普通电动机驱动的直联式反应堆泵装置(参见图 2.1 和图 2.2)。轴封可以由若干套串联的机械密封构成,也可以由液封和机械密封共同构成。根据支撑形式和悬挂形式,力和力矩必须由泵壳来承受,因而反应堆泵具有各种不同的泵壳形状和壁厚。反应堆泵的泵壳可以设计成球形的或锅底形的(图 2.3)。泵的设计工作压强为 17 MPa,设计工作温度为 350 ℃。

另外,压水堆冷却剂泵输送的是高温、高压、带强放射性的水,因此对该泵的要求是:大排量、低扬程、中等比转数。主泵的排量由蒸汽发生器的换热量来决定,一般核动力舰船用的主泵的排量在 900 t/h 以上,核电站用的主泵的排量在 24 000 t/h 左右。目前压水堆和沸水堆使用的主泵扬程为 30~120 m。当已知蒸汽发生器的换热量时,扬程和流量近似成反比关系,即对于一定的换热量,或者用数目多、直径小的换热管,这时扬程高,流量小;或者相反。压水堆主泵应能长期在无人维护条件下安全可靠地工作,对安全可靠性的要求比常规泵要高得多,这是由于它的功用、工作条件、工质参数、维护使用情况及调节方式都与常规泵不同。主泵还应满足便于维修、辅助系统简单的要求,转动部件应能提供足够的转动惯量,以便在全船(全厂)断电的情况下,利用主泵的惰转提供足够的流量,使堆芯得到适当的冷却,过流部件表面材料要求采用奥氏体不锈钢或其他同等耐腐蚀的材料。带放射性的冷却剂的泄漏应尽量少。

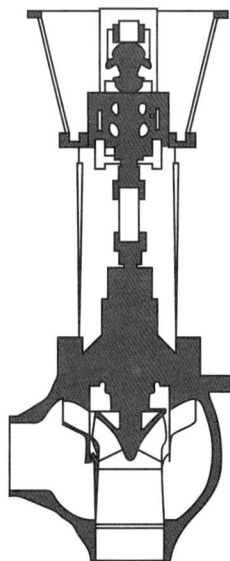

图 2.1   增压水反应堆
冷却剂泵

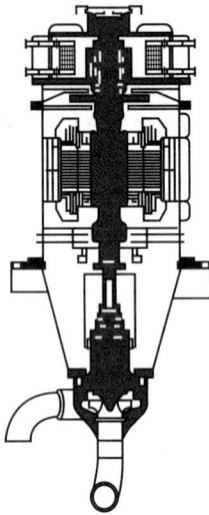

图 2.2 直联式反应堆冷却剂泵

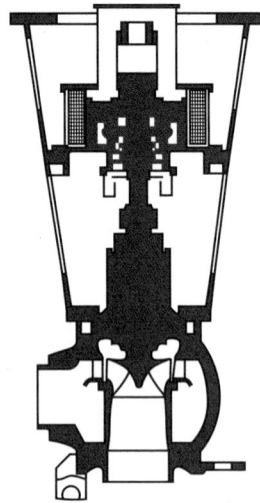

图 2.3 泵壳可承受较高压力的反应堆冷却剂泵

沸水反应堆常采用两种不同形式的反应堆冷却剂泵。一种情况是当反应堆压力容器内装有喷射泵时,反应堆冷却剂泵与外部管线焊接在一起,并且设计为驱动水泵使用(图 2.4)。这些泵一般都是双蜗壳。在管道回路中装上两台这样的驱动水泵也只能输送全部冷却剂流量的三分之一左右。利用这部分冷却剂驱动喷射泵,再用喷射泵输送压力容器内的其余冷却剂。

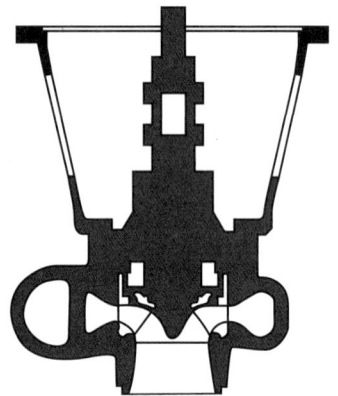

图 2.4 沸水反应堆冷却剂泵
(驱动水泵)

另一种情况是在沸水反应堆的压力容器内装若干台冷却剂泵(插入式泵)。在这种情况下,冷却剂的循环不需要任何外部管道。驱动水泵上装有轴封并用普通电动机来驱动,而插入式泵既可采用轴封,也可采用湿式转子电动机驱动(图 2.5和图 2.6)。这些电动机的转速是可调的,从而可以调节泵的流量和控制反应堆的功率。采用这种循环泵的系统压强(设计压强)可达 9 MPa,设计工作温度可达 300 ℃。

液态金属冷却的反应堆(钠冷却剂)所采用的主泵,在泵壳的管状部分中轴封与叶轮之间的空间里有一个液体自由表面(图 2.7)。在这个空间里充有惰性气体以阻止金属钠发生反应。轴封的作用是密封这种保护性气体,而不是直接密封液态金属。安装在叶轮后面的静压轴承采用液态金属润滑,泵轴就用该轴承来导向。在这种情况下,系统压强(设计压强)为 1 MPa,设计工作温度为 580 ℃。

从主泵的密封形式来看,主泵可分为轴封泵和屏蔽泵。早期的核动力装置中,多采用屏蔽泵。这种泵的叶轮和电动机转子连成一体,并装在同一个密封壳体内,不必担心放射性物质的外漏,该泵有零泄漏的优点,工作安全可靠。但是其电动机结构特殊,比普通电动机的成本高,而且效率要低 10%~15%,当泵的容量变大时,这一效率差所对应的功率损失就相当可观了。这导致了轴封泵的发展。随着装置功率的加大,屏蔽泵的缺点更为突出,特别是由于轴封的研究已有明

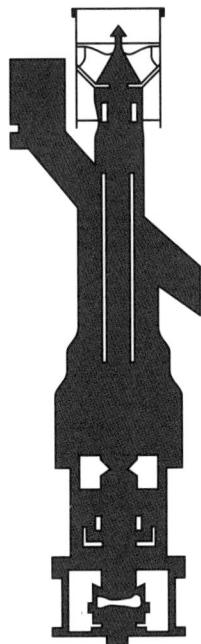

图 2.5 沸水反应堆带
轴封的插入式泵

图 2.6 沸水反应堆带湿式
转子电动机的插入式泵

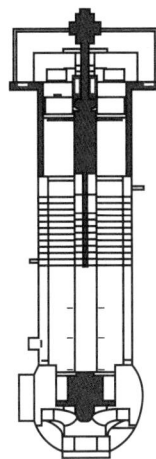

图 2.7 液态金属冷却
反应堆冷却剂泵

显的进展,目前在核电站中几乎都不采用屏蔽泵。对于大型核动力装置,轴封泵是一个较好的选择,因为它初始投资低,易制造,具有较高的转动惯量,效率高并且容易维修。但在船用核动力装置中,由于泵的功率小,一般仍认为采用屏蔽泵是适合的。由于主泵的特殊工作条件,主泵为核安全一级机器,泵的承压部分应该与核安全一级容器和管道采用同样的质量标准。

图 2.8 为日本"陆奥"号核商船使用的立式主冷却剂泵,是屏蔽泵。采用立式泵的原因是占用安装面积小。该泵为单级离心泵,流量为 900 t/h,扬程为 0.343 MPa,泵的底部为吸入口,排出口在侧面,吸入口和叶轮之间装有止回阀。电动机定子用屏蔽套与冷却剂隔离,用屏蔽覆盖的转子和轴承与冷却剂接触,定子的外侧用设备冷却水冷却。

如图 2.9 所示为美国核潜艇"鹦鹉螺"号(Nautilus 号)核动力装置的主泵,也是屏蔽泵。该泵的工作压强为 14 MPa,扬程 95 m,在 3 500 r/min 时,流量为 900 t/h。该泵由装在一个能承受系统压强(14 MPa)的密封容器内的屏蔽电动机驱动。电动机的定子绕组按常规结构制造,用一层薄的屏蔽套使电动机线圈隔离,屏蔽套一般用因科镍制造。由于转子浸没在液体中,回转阻力高,并且屏蔽套有涡流损失,因此效率较低。转子由两只径向轴承和一只止推轴承支撑。轴承由特种石墨制成,并由辅助工作轮使冷却剂通过电动机的间隙、径向与止推轴承,构成强制循环,以此进行润滑和冷却。电动机内产生的热量通过盘管式热交换器由设备冷却水导出。

压水堆核电站采用的轴封式主泵(机械密封式)一般为立式单级离心泵或混流泵。美国西屋公司是反应堆冷却剂泵的主要生产厂家之一,它生产的 100 型主泵的主要特征是泵轴与电动机轴刚性连接,转动部件由三支点支撑,推力轴承置于顶部,并与电动机的高位径向轴承相结合。这种形式的优点是结构紧凑、机组高度低,但对电动机轴和泵轴的对中要求十分严格。

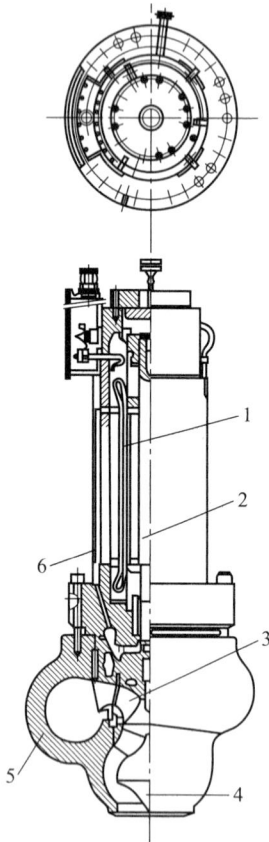

图 2.8  "陆奥"号核商船的主冷却剂泵
1—电动机定子;2—电动机转子;3—叶轮;
4—泵内止回阀;5—泵壳;6—冷却盘管

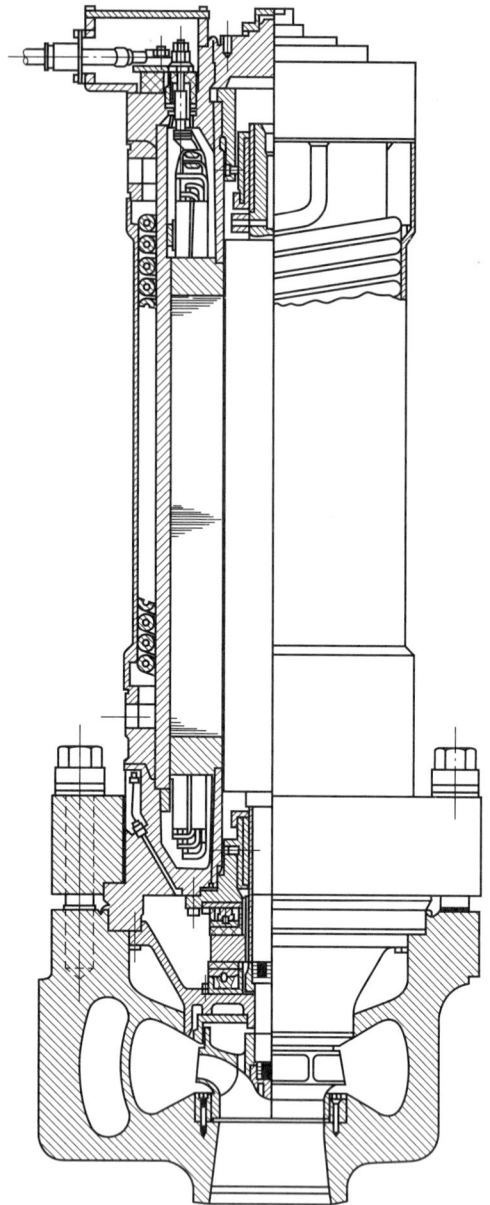

图 2.9  屏蔽式反应堆冷却剂泵
在转速 $n=3\,550$ r/min 时流量为 900 m³/h,
扬程为 95 m

联邦德国产的 KSB 型主泵的主要特征为泵轴与电动机轴性连接,机组转轴分为三段:电动机轴、泵轴、传动轴、泵轴与传动轴刚性连接,共有五只径向轴承及两只推力轴承。这种形式的主要优点是泵轴与电动机轴的对中要求不是很严格,轴密封的检修比较方便。

# 2.2 轴封式主泵

## 2.2.1 轴封式主泵的结构

典型的主冷却剂泵是立式的、单速的轴封泵,底部吸入,水平排出,如图 2.10 所示。

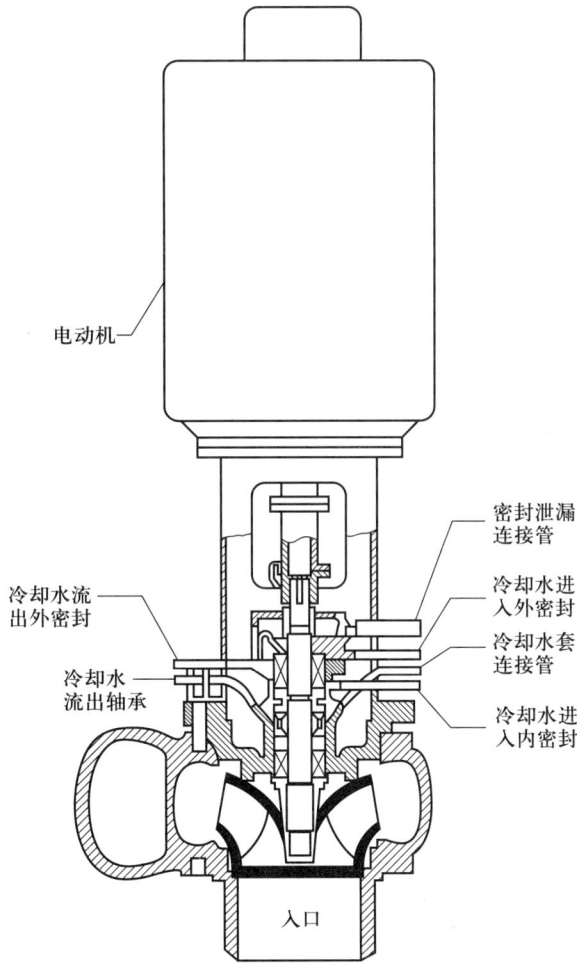

**图 2.10** 典型的主冷却剂循环泵

每台这种类型泵都有一个独立的装在上部的单速电动机,泵体在下。该电动机与泵通过一个刚性联轴器连接。轴封部件装在泵的上部,一个水润滑的径向支撑轴承也装在泵的壳中。两个油润滑的径向支撑轴承和一个双作用 Kingsbury 型的推力轴承装在电动机部分。

　　用于压水堆系统中的典型的主泵如图 2.11 所示。主泵压头消耗在一回路的管道和设备中。主泵的流量是由蒸汽发生器限定的。也就是,流量由蒸汽发生器中的换热量所确定。沸水堆中的主泵与压水堆中的主泵完成同样的任务,只是净正吸入压头要求高一点。因此,吸入速度应特别注意,用于压水堆和沸水堆的主泵的比转数在 80~100 之间,而用于热力发电厂的锅炉给水泵以及气冷堆的泵的比转数在 20~40 之间。

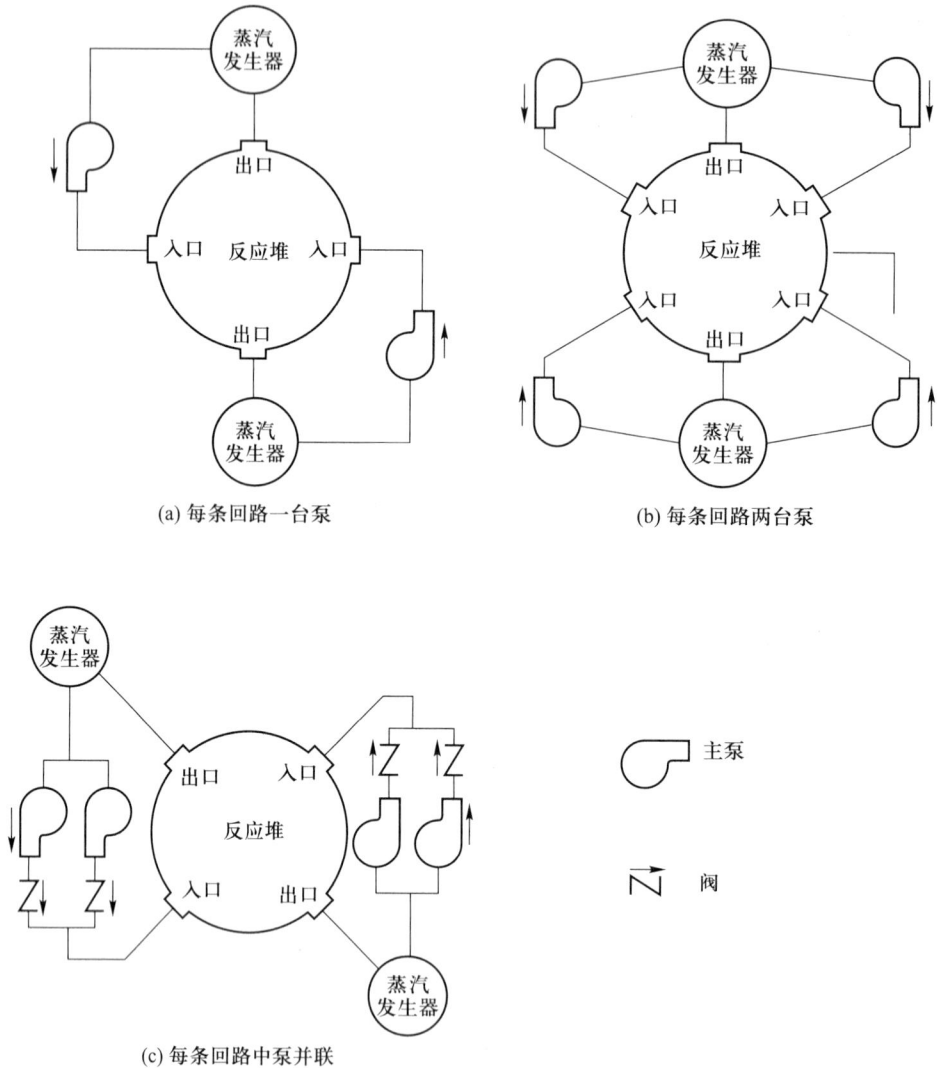

图 2.11　压水堆典型的主冷却剂回路示意图

　　核电站使用的主泵是大功率、大流量泵,要求寿命长,能长期连续安全运转,密封性能好,不允许有核泄漏。因此,核电站普遍采用轴封式主泵。

　　轴封式主泵采用多级高压机械密封。它可使用普通电动机。

　　国外生产轴封式主泵的厂家很多,美国有西屋、拜伦-杰克逊、宾汉等公司。其中西屋公司的产品最多,图 2.12 所示的就是该公司的典型产品,其结构相当复杂。法国的法马通公司、意大利

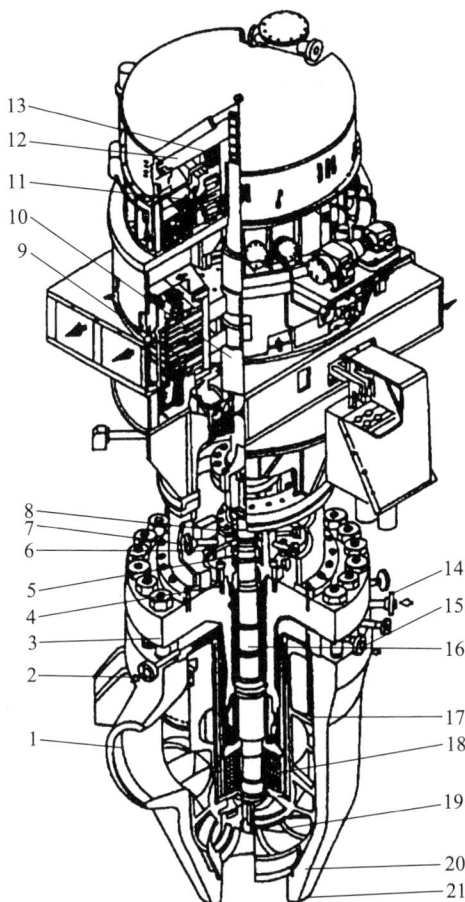

**图 2.12 立式单级离心式机械密封泵的结构**

1—冷却剂出口；2—冷却水出口；3—主法兰；4—第一道密封件；5—第二道密封件；
6—第二道密封泄漏；7—第一道密封泄漏；8—第三道密封件；9—电动机定子；
10—电动机轴；11—止推轴承；12—飞轮；13—径向轴承；14—冷却水进口；
15—高压密封水进口；16—主泵轴；17—水润滑径向轴承；18—热屏障；
19—叶轮；20—泵壳；21—冷却剂入口

的菲亚特公司、比利时的 ACEC 公司和日本的三菱重工高砂制作所等引进了西屋公司的技术，它们都能生产上述主泵。德国的 KSB 公司是西欧主要的核泵生产企业。国外主要生产厂家竞争激烈。美国西屋公司为了保持领先地位，总在不断更新主泵结构。

下面着重介绍法国日蒙-施耐德公司生产的轴封式主泵。它的轴剖面如图 2.13 所示。从中看出，它由电动机、飞轮、刚性联轴器、轴密封组件、止推轴承和径向轴承、热屏障、导叶、叶轮、泵壳、泵轴以及连接法兰等部件组成。

1. 泵壳

泵壳是一种重型铸钢件。泵壳在高压、高温、强腐蚀、强辐照的恶劣条件下工作，在瞬态过程中受到温度、压力交变载荷的冲击作用。它属于一级安全部件，应按照 ASME 规范第三卷第一册的要求进行设计、制造和检验。

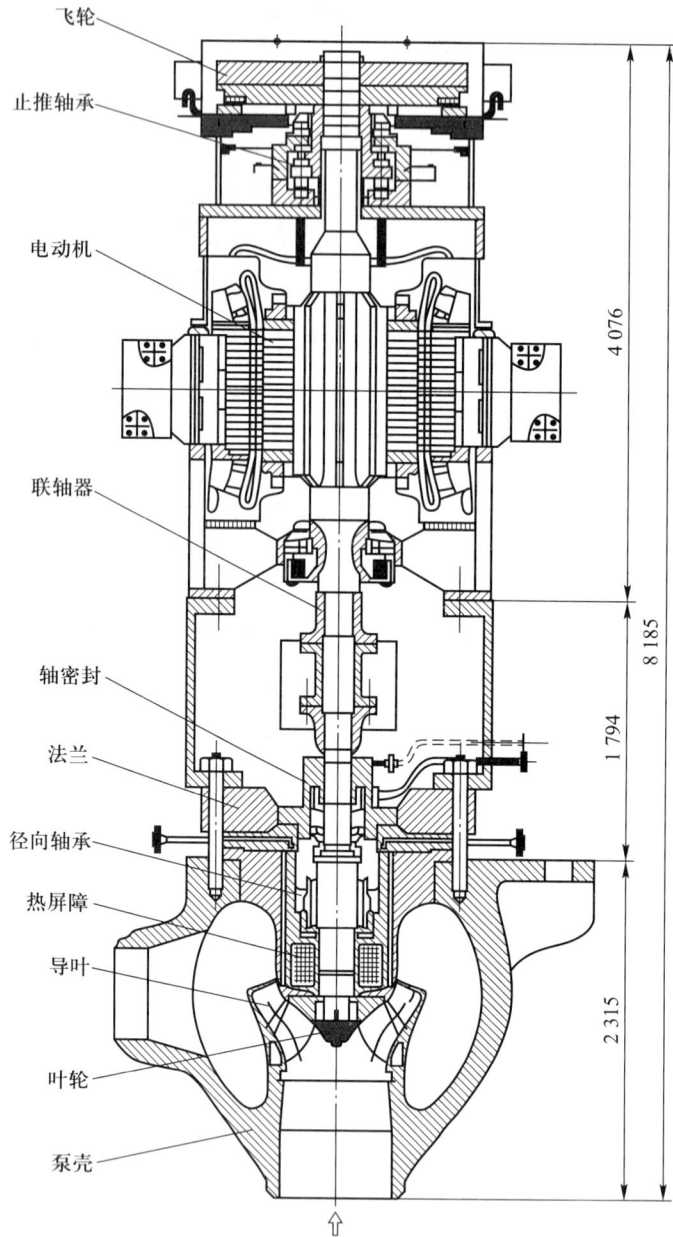

图 2.13   主泵轴剖面图

目前采用近似球面的回转对称泵体,不用蜗壳泵体。前者受力条件好,工艺性好,成品率高,且保证了泵体的强度和可靠性,但可能会降低一些效率。

选择泵壳材料也要谨慎,一般采用 18-8 型不锈钢。西屋公司采用奥氏体不锈钢。联邦德国某厂采用低合金钢做母体,内表面再堆焊一层不锈钢。对泵体铸件除做材料分析试验外,还应做射线、着色、超声波、磁粉探伤等检验。

泵壳的进出口接管与主管道焊接在一起,焊接和热处理等都要按 ASME 规范规定的技术条件进行。

主泵组装后,必须进行液压试验,试验压强为设计压强的 1.25 倍,还要进行性能试验,必须使各项指标都达到设计要求。试验完毕后,应对零部件进行复检。

2. 飞轮

飞轮是关系堆芯安全的重要部件,必须用强度、韧性都较高的合金钢锻造。如采用 ASTM SA533-B 的 Ⅰ 类钢材或 ASTM-516 制造并经过 100% 的超声波探伤。飞轮加工完毕后,还应做动平衡试验。

在转轴的顶端安装一只飞轮,飞轮的作用是增大主泵转运部件的转动惯量,以便在发生断电事故时,使主泵具有足够的惰转,减慢流量下滑速率,维持一回路冷却剂必需的惯性流量,导出堆芯余热。随后,可以用应急电源启动备用泵或依靠自然循环进一步带走余热,以确保反应堆安全。

3. 主泵电动机

压水堆主泵电动机常用立式鼠笼式感应电动机。电压达 6 000 V 或 6 600 V,同步转速为 1 500 r/min。与普通立式电动机相比,主泵电动机有如下特点。

① 对电动机绝缘有特殊要求。在核岛安全壳内的电动机运行条件恶劣:环境温度为 50 ℃,相对湿度为 50%,放射性照射率为 $2.384 \times 10^{12}$ Bq/(kg·s)。在这种条件下,一般绝缘材料的物理化学性能将有很大改变。因此,电动机材料均需经过严格的辐照试验及性能试验。

② 电动机上装有推力轴承及飞轮。

③ 要求充分冷却,均有专用的冷却系统。电动机产生的作为转速函数的扭矩必须足够大,以便驱动泵由静止到设计转速。这一过程在任何条件下都应该能进行。

4. 轴密封装置

旋转的泵轴与泵壳间的高压密封装置是主泵的关键部件,轴封泵的特点主要表现在轴密封装置上。在压水堆主泵中,通常采用数级密封串联的结构。西屋公司的 93A 与法国日蒙公司的 93D7 型主泵的密封装置是由三级串联的密封件组成的,见图 2.14。

第一道密封是液体静压密封,它有两个比较宽的密封面,是三道密封中最关键的一道。由于冷却剂在这两个密封面间产生很大的压降,使得这两个密封面间有一层 0.008~0.013 mm 厚的液膜。工作时,这两个密封面相互不接触,因此不会由于磨损而破坏。即使轴不转动,也能产生薄液膜。通过液膜的泄漏量见表 2.1。

表 2.1 三级串联机械密封泄漏

| 密封件 | 密封面进口表压力/MPa | 泄漏量/(L/h) |
|---|---|---|
| 第一道密封 | 15.8 | 680 |
| 第二道密封 | 0.35 | 7.7 |
| 第三道密封 | 0.02 | 0.1 |

第二道密封是普通的接触式机械密封。与主轴一起转动的密封件是一个比较宽的动环,用氧化铝等硬质材料制作。与其相对的是一个比较窄的静环,用石墨等软材料制成。在正常运行工况下,它承受第一道密封泄漏介质的压强,其表压强为 0.35 MPa。经过第二道密封后,表压强降至 0.02 MPa,泄漏量也大大减少。当第一道密封损坏,冷却剂的压力全部作用在其上时,在短

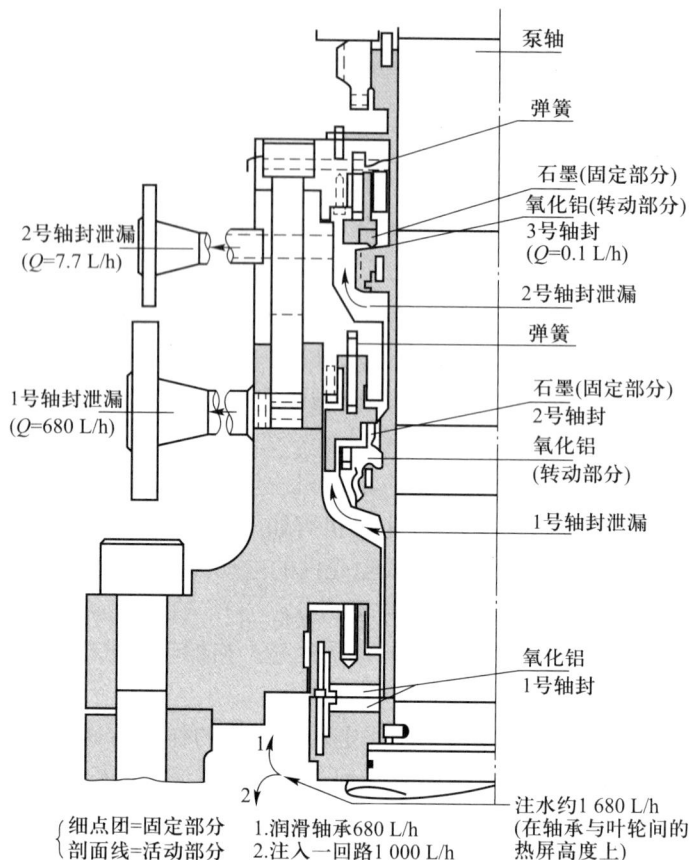

图 2.14　三级串联机械密封结构图

期内也同样能起到密封作用。

第三道密封是一个比较小的低压接触式机械密封,其结构形式和材料与第二道密封相似,它能限制每小时泄漏量在 0.1 L 以内。这样少量的泄漏用来冷却和润滑接触面是足够的。

主泵轴密封部件不可能直接在约 290 ℃的高温冷却剂中工作,工程中用一股 50 ℃左右的稍高于冷却剂压强的高压水注入轴密封部件上游(见图 2.12 中的序号 15)。

5. 径向轴承与止推轴承

主泵上采用特殊的径向轴承与止推轴承。常用的径向轴承是中心支撑瓦块式结构,它是自调的,轴颈上覆盖了一层强化的酚醛树脂,自调衬套或不锈钢支撑瓦块套在这种轴颈上。这种轴承能产生一层完整的液膜,不易磨损,因而它能承受大于 16 MPa 的压强。

由于这种轴承的圆柱形套筒中采用了特殊的石墨,石墨本身是脆性的,不能承受弯曲载荷,因此一般把轴承安装在电动机的定子内,以避免不均匀的磁拉力。但是,有一个径向轴承安装在泵壳内,用水润滑冷却,称之为水润滑轴承。

主泵在额定条件下运行时,泵轴会传递很大的轴向力,通常向上推力为 600~700 kN,甚至 1 000 kN 以上;低压启动时,向下推力为 100~200 kN。转动部件的重量和泵产生的上述轴向推力由止推轴承承受。

6. 热屏障

水润滑轴承下部装有用奥氏体不锈钢螺旋管制成的冷却器,用来阻止高温冷却剂的热量向上传递,起屏蔽作用,称为热屏障或者热屏蔽、热屏。图 2.12 中的序号 18 及图 2.13 中的相应位置就是这个部件。在正常情况下,螺旋管内流过机械冷却水。由高压密封水进口引入的部分高压密封水由上向下流经管外进入泵体,这时密封水的流量和流速都很低,因此冷却器的热负荷很小。但一旦高压密封水中断,高温冷却剂将由下向上涌进冷却器,这时冷却器的热负荷很大。

高压密封水以比冷却剂稍高的压强注入水润滑径向轴承和冷却器之间,流量约为 1 800 L/h,除了其中 2/3 流量流经冷却器后进入一回路系统外,其余 1/3 流量往上流经水润滑轴承进入机械密封装置。

7. 叶轮

主泵常用混流式叶轮,液体沿与轴线倾斜的方向流出叶轮,这种叶轮流量较大,而扬程又不低。

## 2.2.2 主泵的参数

在设计一台泵之前必须首先确定泵的运行条件和泵的性能,其中最基本的和最主要的参数是扬程 $H$ 和流量 $Q$。这两个参数与转速 $n$ 一起可以确定出要设计的泵的尺寸和主要水力特性(叶轮、蜗壳)。电动机的扭矩和功率,可以利用上述三个参数($H$、$Q$ 和 $n$)再加上预期的效率来确定。效率可以由以往的试验或经验得到。影响泵的特性的其他因素包括泵的稳定性、反向流动特性、净正吸入压头、转动惯量、运行温度范围等。

典型主泵的技术参数见表 2.2。

表 2.2 典型主泵的技术参数

| 公司名 | 美国西屋 | 法国法美 | 德国电站联盟 | 德国电站联盟 |
| --- | --- | --- | --- | --- |
| 核电站的装机容量 | 900 MW | 900 MW | 900 MW | 1 000 MW |
| 形式 | 立式轴封离心泵 93A | 立式轴封离心泵 93D | 单级离心泵 | 单级离心泵 |
| 单堆台数 | 3 | 3 | 3 | 3 |
| 流量/(m³/h) | 21 801~22 391 | 20 988 | 17 660 | 19 051 |
| 扬程/m | 85.04 | 92 | 97.2 | 104 |
| 转速/(r/min) | 1 189 | 1 500 | 1 490 | 1 190 |
| 效率/% | 87 | 79 | — | — |
| 电动机功率/kW | 冷态 7 000<br>热态 5 200 | 7 300<br>5 500 | 9 200<br>6 500 | 9 870<br>7 320 |
| 转动惯量/kg·m² | 4 003.3 | 3 730 | — | — |
| 设计压力/Pa | $1.72 \times 10^7$ | $1.72 \times 10^7$ | $1.76 \times 10^7$ | $1.76 \times 10^7$ |
| 设计温度/℃ | 343 | 343 | 350 | 350 |
| 泵壳材料 | SA302B | ASTM35/CF8 | — | GS18NiMoCr37 |
| 泵及电动机重/t | 93.1 | 89 | — | — |

用于不同装置中的泵的典型的扬程、流量、比转数和泵尺寸列于表 2.3 中。

表 2.3　不同装置中的泵尺寸和性能

| 序号 | 装置 | 功率/MW | 泵制造商 | 转速 n/(r/min) | 流量 Q/(m³/h) | 总压头 H/m | 比转数 $n_2$ | 反应堆类型 | 类型 | 尺寸 制造商设计 | 效率 |
|---|---|---|---|---|---|---|---|---|---|---|---|
| 1 | Big Rock Point | 75 | B-J | 880 | 3 634 | 23 | 84 | B | CL | 20×24×24 | |
| 2 | Nine Mile Point | 600 | B-J | 820 | 8 176 | 37 | 83 | B | CL | 28×28×32 | |
| 3 | Pilgrim Sta. | 687 | B-J | 1 650 | 10 447 | 116 | 79 | B | CL | 28×28×28 | |
| 4 | Brown's Ferry | 1 118 | B-J | 1 650 | 10 265 | 216 | 50 | B | CL | 28×28×35 | |
| 5 | San Onofre | | W | 1 184 | 15 797 | 61 | 114 | P | CL | U-10059-A1 | 88.5% |
| 6 | Oconee | | B | 1 170 | 21 007 | 111 | 82 | P | CL | 28×28×41 RQV | 88% |
| 7 | Palisades | 821 | B-J | 900 | 18 849 | 76 | 77 | P | CL | 35×35×45 | |
| 8 | Duquesne | | W | 1 760 | 4 156 | 104 | 58 | P | C | MM-8000-B1 | 84.5% |
| 9 | Selni(Italy) | | W | 1 476 | 5 564 | 113 | 95 | P | C | MM-8005-A1 | 84% |
| 10 | USN | | W&G.E. | 1 800 | 2 680 | 98 | 50 | P | C | | 70% |
| 11 | Yankee Rowe | | W | 1 775 | 5 360 | 69 | 90 | P | C | M1-8003-A2 | 87% |
| 12 | Combustion Engrg. | | I.R. | 1 800 | 3 179 | 48 | 93 | — | A | | 82% |
| 13 | Combustion Engrg. | | Pac. | 1 200 | 1 658 | 46 | 46 | — | A | | 76% |
| 14 | G.E., Valiecitos | | Peerless | 1 800 | 2 271 | 70 | 59 | — | A | | 86.5% |
| 15 | AEC | | Worth. | 1 200 | 2 271 | 53 | 48 | — | A | | 83% |
| 16 | Du Pont, Dunbarton | | B | 1 800 | 1 090 | 37 | 66 | B | | 10×10×14 RV | 79% |
| 17 | AEC, Fort Greely | | B-J | 1 170 | 1 624 | 14 | 110 | B | | 12×14×18 | 75% |
| 18 | Monticello | | B | 1 645 | 7 381 | 123 | 64 | B | | 28× 28×28 RV | 87% |
| 19 | Donald C.Cook | | W | 1 190 | 20 098 | 84 | 101 | P | CL | W-11001-A1 | 86.5% |
| 20 | Tarapur | 200 | B-J | 1 000 | 7 040 | 43 | 84 | B | CL | 28×28×26 | 88% |
| 21 | | | W | 1 180 | 15 797 | 83 | 90 | P | CL | 28×28×26 | |
| 22 | Crystal River | 850 | B-J | 1 200 | 19 985 | 110 | 83 | P | CL | 33×33×39 | |
| 23 | Maine Yankee | 823 | B-J | 1 200 | 2 453 | 88 | 108 | P | CL | 40×40×49 | |

RV=反应堆泵,立式　　　　　　　　　　A=锅炉循环泵,火力发电　　　　B=沸水堆

RQV=反应堆泵,四涡,立式　　　　　　C=屏蔽电动机　　　　　　　　P=压水堆

CL=控制泄漏（轴封）

核动力装置中主泵的功能是强迫冷却剂循环,使被加热的冷却剂通过蒸汽发生器,再返回反应堆,在这个过程中主泵要给流体加入能量,以平衡由于管路中摩擦引起的能量损失。扬程是泵加给单位质量流体的能量。总的动压头用米来表示。泵在一定转速和流量下运行所产生的扬程与流体密度无关。目前在压水堆和沸水堆中使用的主泵扬程范围为 30~120 m。

主泵的流量由蒸汽发生器的换热量限定。尽管目前已经为小流量场合制造了一些轴封泵,但这里的介绍主要针对大流量($2\ 270\sim22\ 700\ \text{m}^3/\text{h}$)泵。当设计具有一定换热量的蒸汽发生器时,泵的扬程和流量近似成反比关系。即对于一定的换热量,或者由数目较多的小换热管(高摩擦压头)和小流量实现,或者由相反的条件实现。这是一种过分的简化,所要强调的是泵的扬程和流量与蒸汽发生器的设计参数是相互关联的。

扬程、流量曲线的特性影响泵的启动过程。例如,一个高比转数的轴流泵的扬程、流量和效率之间的关系(定转速)是这样的:当流量关闭时,泵所需要的功率比设计工作点的功率大得多。因此,这种泵的启动必须开着出口阀,因为关闭阀门会使电动机过载。相反,低比转数泵有这样一个功率特性,即当出口阀全开时,功率增加。因此,低比转数泵必须关闭出口阀启动。中等比转数泵所需的功率在整个运行范围内几乎为常数,这种泵可以在 $H$-$Q$ 特性曲线的任何一点运行而不会过载。大多数主冷却剂泵都是中等比转数泵(40~100),从具有最大灵活性的观点出发,这对于启动过程和额定(非高峰)运行是有利的。

## 2.2.3 主泵的稳定性

购买离心泵,应检查其运行的稳定性。在启动、瞬态变化甚至正常运行条件下,泵的不稳定性会引起许多意想不到的运行问题。必须区别由于并联运行、水力特性和动力特性引起的不稳定性。

在大多数大型反应堆系统中,主泵都是并联运行的。即使每个回路只有一台主泵,回路也是并联工作的。因此,在评价主泵的适用性时,泵的并联运行必须考虑。三个相同的泵的并联运行如图 2.15 所示。在反应堆主冷却剂系统中,主泵的扬程主要用来克服回路中的摩擦阻力,所以系统的扬程特性曲线将受流量的强烈影响。图 2.15 中的稳定运行工作点即为泵的特性曲线和回路特性曲线的交点。正如图中所示,在一个回路中并联的相同泵数目增加时,流量却不按比例增加(流量小于各泵单独工作时的流量之和)。为了保证在整个运行范围内泵都稳定地运行,泵的特性应该是当扬程增加时流量减小。这些并联泵的特性曲线应当相同以确保各泵能运行在同一个工作点,并均匀分配负荷。两台具有不同特性曲线的泵在同一个回路中并联工作的情况如图 2.15 所示,这两台泵提供的扬程相同,但第二台泵的流量大于第一台。由于功率与压头 $H$ 和流量 $Q$ 的乘积成正比,因此第二台泵所需功率要大于第一台。如果泵运行在不同的但是并联的回路中,那么特性曲线 $H$-$Q$ 的影响不像上述那样显著,因为这时泵不需要产生相同的扬程。由于每一条管路中的阻力是随流量增加而增加的,当扬程保持常数时,第二台泵的流量的增加不像图 2.15 所示那样大。

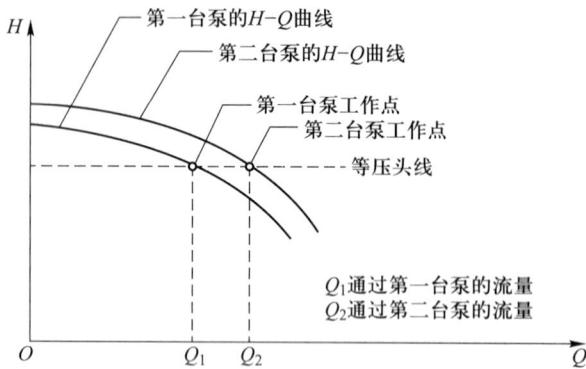

图 2.15　由于不同的压头-流量特性导致的
两泵并联运行的不等负荷

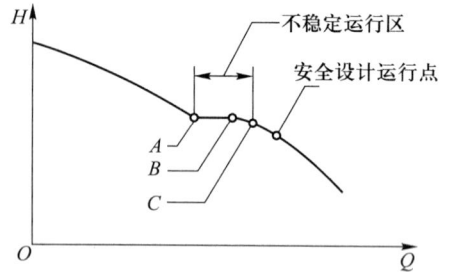

图 2.16　不稳定的压头-流量特性曲线

$H\text{-}Q$ 曲线应单值地增加到关死点,其间不应有如图 2.16 所示的倾斜(驼峰状或马鞍形)出现,除非管路特性曲线能使设计工作点远离不稳定区域(图 2.16 中 $A$、$B$、$C$ 点)。当两台泵在 $C$ 点并联工作时,可能会出现扬程—流量的振荡,如果设计工作点接近 $B$ 点,则单台泵工作时就会出现不稳定。工作点沿着压头—流量 $H\text{-}Q$ 曲线波动会引起功率和转速的波动,继而引起严重的振动问题。

主泵的设计应保证主泵不产生机械不稳定和水力不稳定。这些不稳定问题包括泵的水力、几何和机械特性的复杂的相互作用。为了设计出无振荡的稳定的主泵,下列水力学及动力学机理必须考虑。

① 密封不稳定性;

② 流量突然改变引起的水锤现象;

③ 叶轮失速;

④ 在扩散段和导向段失速;

⑤ 叶轮中和围绕叶轮的二次流;

⑥ 汽蚀,汽蚀的原因有:外界原因引起 NPSH 的降低,或者速度增加引起 NPSH 丧失,或者流动的入射角;

⑦ 由于驼峰状或马鞍形的 $H\text{-}Q$ 特性曲线引起的水力波动;

⑧ 转子不同步导致动力不稳定;

⑨ 转子动不平衡导致的同步响应;

⑩ 控制设备的不稳定性。

所有这些机理都影响泵的稳定性。在 NPSH 较低和瞬态部分负荷时主要由前七条原因引起不稳定,后三条原因主要取决于速度变化,而在某种程度上与流量无关。造成汽蚀损伤的机理是比较大的流动入射角和在过渡区域比较低的汽蚀余量。

为了对主泵进行全面的稳定性分析,必须考虑整个回路。泵的制造者可以不分析稳定性,但他必须清楚在不稳定区域会对泵产生很大的影响。泵的制造者应该提供稳定性分析需要的所有技术数据,包括对泵的特性的影响。这些技术数据可能包括:速度—扭矩关系、转子转动惯量、适宜的管长、叶轮-扩散段面积比以及事故中泵水力通道中的速度大小。速度的突然变化、不良扩散角(最大锥角＝8.5°)以及叶轮和扩散段间的非标准间隙,有可能引起泵的不稳定。几何因素会引起离心泵的流量诱发类振荡、汽蚀和动力不稳定。离心泵的运行不稳定包括叶轮和水力通道中的固有压力跳动,高功率机组中这种压力跳动更大,常出现的后果是叶轮盖板和扩散段榫舌疲劳失效。

## 2.2.4 主泵的反向流动特性

在反应堆回路中,如果有的回路中泵停止,而有的回路中泵(至少一台)运行,如果没有预防措施,例如没有止回阀或者环路隔离阀,那么停泵的回路中有可能出现反向流动(或称倒流、回流)。在压水堆系统中,启动时会产生反向流动,因为泵必须逐次启动,已启动的第一台泵强迫冷却剂在该泵的回路中沿正方向流动,这一向前流动的液流可以引起其他回路中的反向流动,如图2.17所示。

对于多数离心泵,只要无反向流动,则对任何启动方式或者系统特性,所需的扭矩不超过正常扭矩。然而,如果有一个反方向压头,又没有预防反向流动的措施,则启动过程中的扭矩可能会超过正常扭矩。虽然一个标准电动机可以正向加速一个正在反转的泵,但启动时间和启动电流可能增加很多,使电动机发热。当电压低时,电动机可能达不到全速,因为它不能产生所需的

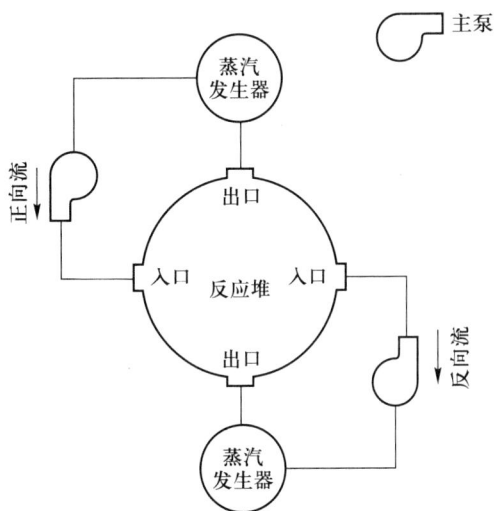

图 2.17　压水堆用单泵启堆时典型的流动情况

扭矩。如果利用一个机械装置,例如一个防反转的棘轮,防止反转,那么从零速度到正的全速这一段扭矩—速度曲线不变,而启动电流可以减小,达到全速的时间也减少,而且由于不需要峰值扭矩,从而使得启动电压小于临界值。因此防反转装置被应用于大多数压水堆系统中的反应堆冷却剂泵。

为了确定一台泵的反向流动特性,必须通过模型试验或全尺寸试验得到流量、扬程、速度和扭矩之间的关系,包括负的扭矩和速度之间的关系。

## 2.2.5 主泵的全特性曲线

在进行核动力装置主冷却剂系统的设计、运行和安全分析时,要考虑主泵的启动过程、工况的过渡过程、事故断电、惰走特性及反向流动特性。研究主泵过渡过程的目的在于揭示主泵及其装置系统在可能经历的各种过渡过程中的动态特性,并寻求改善这些动态特性的措施、合理的运行和控制方式,提高主泵的安全可靠性。

为了分析主泵在变速条件下(例如断电或启动阶段)的
运行问题,需要了解泵的全特性知识。在分析变速运行的一
些瞬态现象、过渡过程时,也需要了解这些特性。下面介绍
叶片式泵的全特性。为了叙述方便,对主要性能参数作如下
规定:对于图 2.18 所示的泵,若叶轮出口处 B 点液体的能量
大于叶轮进口处 A 点液体的能量,则称扬程为正,反之为负。

若液体由 A 点流向 B 点,即离心流动,则称流量为正,
反之为向心流动,流量为负值;

若叶轮顺时针转动,则规定转速为正值,逆时针为负值;

若功率由原动机传给叶轮,则功率为正,反之为负值。
叶片式泵的工作状态可分为水泵工作状态、水轮机工作状态
和制动器工作状态。

图 2.18   离心泵结构示意图

水泵工作状态:电动机为原动机,功率由原动机传给叶轮,$P>0$,液流流过叶轮,能量增加
$H>0$。

水轮机工作状态:这时水泵变成水轮机成为原动机,功率由叶轮传给电动机,$P<0$;水流经叶
轮后,能量减小,$P<0$。

水力制动器工作状态:电动机为原动机,$P>0$,但流经叶轮的水流能量反而减小,$H<0$。输入
的功率被无益消耗,相当于叶轮对水流起制动作用。这种状态也称为耗能工作状态。

综合泵所有可能出现的各种工作状态下的主要性能参数的相互关系曲线,叫作泵的全特性
曲线。其主要表述转速、扬程、流量和扭矩的各种可能组合。当主泵在正常条件下运转时,其特
性曲线位于 $H$-$Q$ 坐标系的第一象限。但在核动力装置中主泵有可能在非正常条件下运行,这时
性能曲线将布满四个象限。因此,全特性也叫做四象限特性。迄今为止,泵的全特性曲线只能由
试验获得。对于一个新泵的设计,这些特性数据无法用理论预测。

由于描述全特性的坐标系和参数不同,可以得到不同的全特性曲线。通常应用比较多的是
以流量 $Q$ 和转速 $n$ 或其相对值为坐标,以扭矩 $M$ 和扬程 $H$ 等作为主要参数的全特性。图 2.19
为通过试验得到的一组以 $Q$ 为横坐标,以 $H$、$M$ 为纵坐标的全特性曲线。其中,图 2.19a 是转
速为正值时的特性曲线;图 2.19b 是转速为零时的特性曲线;图 2.19c 是转速为负值时的特性
曲线。

扬程-流量曲线与纵坐标交点 A 的左面各种工况,其转速为正,扭矩也为正,故功率 $P>0$;扬
程 $H>0$,而流量 $Q<0$,故 $QH<0$。在这种工作状态下,电机为原动机,将功率输送给泵叶轮,而水
流过叶轮后能量反而减小,这种工况为制动工况。所以当转速为正时,流量为负值以及零时的工
况全是制动工况。

扬程-流量曲线 AB 段,$n>0$,$M>0$,故 $P>0$;$H>0$,$Q>0$,故 $QH>0$。即电动机向叶轮输送功率,
流体流过叶轮后能量增加。因此特性曲线上的 AB 段是水泵工况。

特性曲线上的 BC 段,故 $P>0$,功率由叶轮传给原动机;$Q>0$,$H<0$,故 $QH<0$,水流过叶轮能量
减小,这是离心水轮机工况。

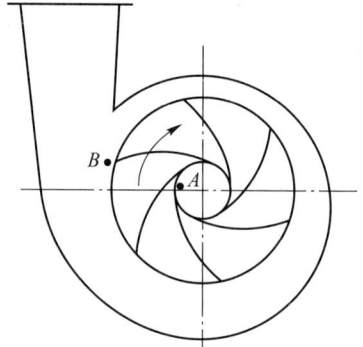

特性曲线上 C 点以右部分 $n>0$,$M<0$,故 $P<0$,功率由叶轮传给原动机;$Q>0$,$H<0$,故 $QH<0$,
水流过叶轮能量减小,这是离心水轮机工况。

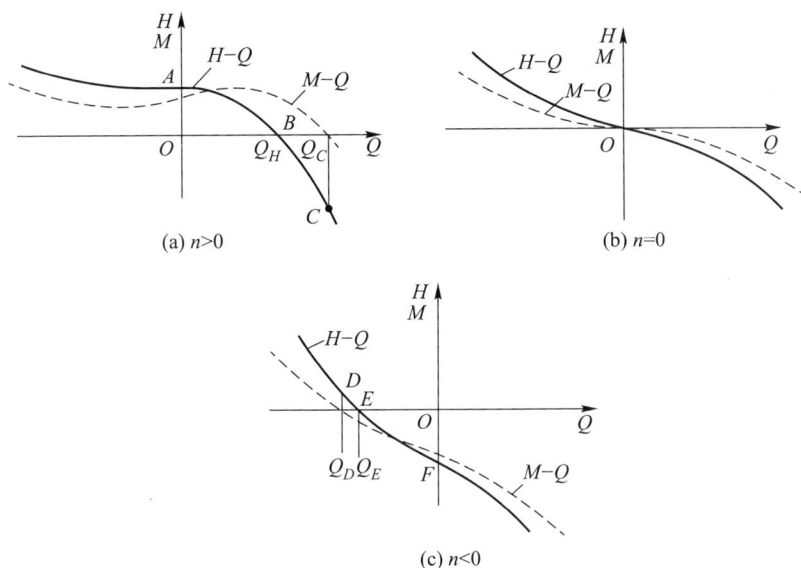

图 2.19 三种转速下泵的全特性曲线

转速等于零时,叶轮不转动,只起阻力作用,$n=0$,故 $P=0$,不管流量为正还是为负,水流过叶轮能量总是减小,故当转速为零时,整个特性曲线上的工况均为制动工况。

用同样的方法可以判断转速为负值时的特性曲线(图 2.19c)各段的工况区域。$D$ 点以左为水轮机工况,$DE$ 段为制动工况,$EF$ 段为向心式水泵工况,$F$ 点以右部分为制动工况。

通过以上分析获得了水泵的八个工况区域,其中有两个水泵工况区、两个水轮机工况区、四个制动工况区。

水泵的全特性曲线也可以绘在以流量为横坐标,转速为纵坐标系中,根据流量、转速、扬程和扭矩的正负,同样也可以划出八个工况区。

表 2.4 给出各工况下各参数的正负值,图 2.20 表示泵可能运行的八个工况区。

| 表 2.4 主泵的可能运行工况 | | | | | | | | |
|---|---|---|---|---|---|---|---|---|
| 工况区序号 | 1 | 2 | 3 | 4 | 5 | 6 | 7 | 8 |
| 转速 $n$ | + | + | − | − | − | − | + | + |
| 扭矩 $M$ | + | + | + | − | − | − | − | + |
| 流量 $Q$ | + | − | − | − | + | + | + | − |
| 扬程 $H$ | + | + | + | + | − | − | − | − |
| 工况 | 离心泵 | 制动 | 向心水轮机 | 制动 | 向心水泵 | 制动 | 离心水轮机 | 制动 |

第 1 工况区:由于 $n>0,M>0$,故 $P>0$,电动机向叶轮输送能量;
$Q>0,H>0$,故 $QH>0$,水流过叶轮,能量增加,离心泵工况。

第 2 工况区:由于 $n>0,M>0$,故 $P>0$,电动机向叶轮输送能量;

Q<0,H>0,故 QH<0,水流过叶轮能量反而减小,制动区,输给叶轮的能量无益消耗。

第 3 工况区:由于 n<0,M>0,故 P<0,叶轮向电动机输送功率;

Q<0,H>0,故 QH<0,水流过叶轮能量减少,向心水轮机工况。

第 4 工况区:由于 n<0,M<0,故 P>0,电动机向叶轮输送功率;

Q<0,H>0,故 QH<0,水流过叶轮能量减少,制动工况。

第 5 工况区:由于 n<0,M<0,故 P>0,电动机向叶轮输送功率;

Q<0,H<0,故 QH>0,水流过叶轮能量增加,向心水泵工况。

第 6 工况区:n<0,M<0,故 P>0,电动机向叶轮输送功率;

Q>0,H<0,故 QH<0,水流过叶轮能量减少,制动工况。

第 7 工况区:由于 n>0,M<0,故 P<0,叶轮向电动机输送功率;

Q>0,H<0,故 QH<0,水流过叶轮能量减少,离心水轮机工况。

第 8 工况区:由于 n>0,M>0,故 P>0,电动机向叶轮输送功率;

Q>0,H<0,故 QH<0,水流过叶轮能量减少,制动工况。

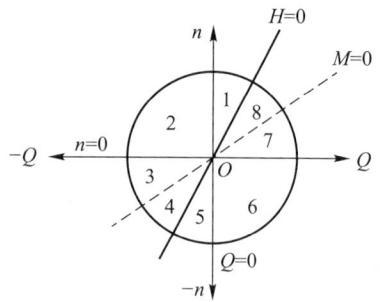

图 2.20　泵可能运行的八个工况区

为了对比各种尺寸和结构泵的运转特性,常用相对值表示全特性曲线。曲线上各点的值是其参数值与设计工况参数的比值。某双吸泵($n_s$ = 127)的全特性曲线如图 2.21 所示。

如果想把图 2.21 中所画的资料用于主泵,则只有正转部分可以用,因为在这些泵中采用了防反转的机械装置,以防电动机断电,泵作为水轮机工作而出现反向流动。从泵的特性曲线得到的最重要的信息可能是没转动但承受反向流动的泵的启动扭矩。这一反向流动是由与它并联运行的其他泵所引起的。例如一台具有图 2.21 所示曲线的泵,假设该泵有防反转的装置,并且电动机断电,在断电时刻和转子停止时刻之间的时间点,经过叶轮的流体将转变其方向。假设 100% 的额定压头都由其他泵产生,则反向流量将会稳定在额定的向前设计流量的 120%。这是从图中沿着 100% 扬程曲线画到曲线与流量轴(转速为零)相交点得到的。在这一点,水力扭矩(图 2.21 中的虚线)大约为正常运行扭矩的 120%。这样大的扭矩,在确定电动机可能的最大启动扭矩时必须加以考虑。准确预见电动机断电时泵的惰走时间也需要泵的全特性曲线。

## 2.2.6　主泵的汽蚀

在离心泵运行期间,入口平均压强必须足够高,以防止液体汽化及随之而来的汽蚀现象。必需汽蚀余量 NPSHR(最小必需净正吸入压头)是单位质量流体可以遏制汽蚀现象所必需的能量(高于汽化压强的能量)的最小值。因此泵入口的有效汽蚀余量 NPSHA 必须大于必需汽蚀余量 NPSHR。对于确定的泵在定转速下运行而言,必需汽蚀余量 NPSHR 与流量 Q 的平方成正比。

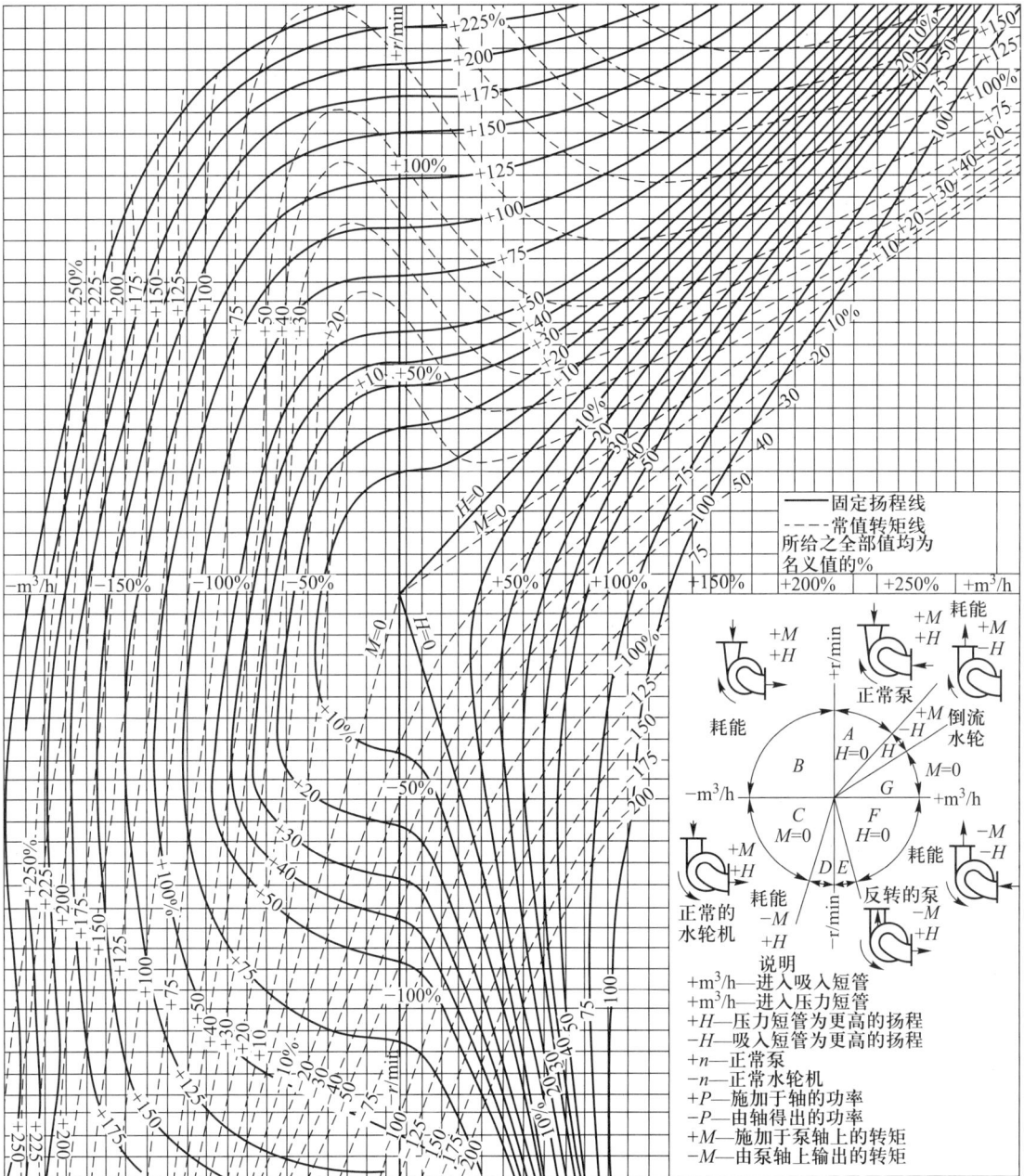

**图 2.21** 某双吸泵($n_s = 127$)的全特性曲线

考虑到管道摩擦压头曲线,非常大的流量是不可能的,所以吸入口处的有效汽蚀余量 NPSHA 取设计流量下的值。在压水堆系统中由于压强很高,所以汽蚀问题一般不存在。

在沸水堆系统中,如果失去过冷度,则汽蚀可能发生。在沸水堆中,沸腾发生在反应堆压力容器中,仅有的过冷度来自比较冷的给水。所以,无论出于何种原因导致给水供应不上,过冷度都可能丧失。过冷度丧失会引起有效汽蚀余量 NPSHA 减小,因为水温的增加会引起汽化压强的增加。为了保证任何时刻都能使有效汽蚀余量 NPSHA 保持最大值,沸水堆的主泵一般安装在安全壳内较低的位置,以此增加静压和有效汽蚀余量。

通常,沸水堆系统丧失过冷度的情况不会维持很长时间,因此,汽蚀损伤不会很严重。因为这种损伤是一个比较慢的过程,只有汽蚀维持比较长的时间,损伤才会比较严重。如果允许出现严重汽蚀(在汽蚀余量不足的情况下长期运行),一般仅仅是泵的叶轮受到损伤,泵壳的完整性并不受到威胁。通常,必需汽蚀余量 NPSHR 在启动时是达不到临界值的,因为沸水堆的循环泵有一个变速驱动系统,允许泵在低速下启动。

虽然汽蚀的损伤不是立即就看得出来,但对泵的外特性的影响是立即可见的。汽蚀使水力效率降低,汽蚀越剧烈,效率下降越严重。最终结果是发生严重汽蚀,导致比较少的流量通过蒸汽发生器。泵的排量急剧降低会引起不良后果,因为系统中的压头和流量的平衡会受到干扰。图 2.22 给出了泵的流量—汽蚀余量 NPSH 曲线。必需汽蚀余量 NPSHR 的最小值在曲线的转弯处给出。此处,汽蚀发生并引起泵的流量急剧降低。流量达到正常流量的 98% 的点,被定义为汽蚀发生点。

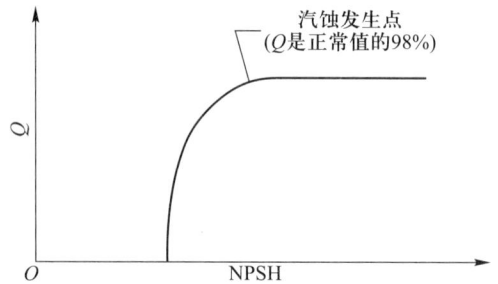

图 2.22　确定最小必需汽蚀余量
(最小必需净正吸入压头)

没有一个简单的分析方法能够预测高比转数泵的汽蚀发生点。必需汽蚀余量(最小必需 NPSH)应在模型试验时确定,并且在全尺寸的产品试验中进行检验。应当指出,由模型试验所确定的必需汽蚀余量不能直接应用到实际泵中去。因为对于一个给定的泵,吸入口和管系的尺寸及结构影响必需汽蚀余量。将模型试验获得的必需汽蚀余量数据应用于全尺寸泵的一种方法是使用汽蚀系数——托马斯常数。该常数在模型试验中试验确定,它定义为汽蚀余量与总动压头的比值,即

$$\sigma = \frac{\text{NPSH}}{H} = \frac{H_a + h_s - h_v - h_i}{H} \tag{2.1}$$

式中,NPSH——净正吸入压头,m;

　　　　$H$——总动压头,m;

　　　　$H_a$——流体的绝对压强,m;

　　　　$h_s$——泵的叶轮基准线以上的管路静压头,m;

　　　　$h_v$——主流水温度对应的汽化压强,m;

　　　　$h_i$——吸入管和叶轮的压头损失,m。

式 2.1 表明,对于一个给定的总动压头,较小的汽蚀系数导致较低的汽蚀余量 NPSH 值。在模型试验中,测量不同条件下的泵效率和构成汽蚀系数的因子,然后对不同的试验条件算出汽蚀系数,画出泵效率对汽蚀系数的函数曲线,得到一条类似于图 2.22 的曲线。汽蚀发生点的汽蚀系数就可以用于预测在预期装置中的全尺寸泵的必需汽蚀余量。

预测的必需汽蚀余量应该在全尺寸泵试验中,采用离心泵试验规范中的某一种方法检验核实。这些方法包括:①固定流量、转速和温度,改变吸入压头;②固定转速、温度和吸入压头,改变流量。这两种方法,必需汽蚀余量均为总动压头急剧下降的点。

在一些泵的设计中,尤其是合并有控制泄漏的轴封系统的设计,最小压强是由轴封系统所需要的压强决定的,而不是由泵的必需汽蚀余量决定的。例如,一个轴封系统的正常运行可能需要 2.07 MPa 的系统压强。当最小压强取决于轴封系统的运行需要时,低于这个压强的必需汽蚀余量就是次重要的了。

应当对启动工况、非正常工况以及正常工况所需要的最小汽蚀余量进行分析,以决定在特定泵的说明书中应当列出的有效汽蚀余量的最小值,或者必需汽蚀余量的值。

## 2.2.7 主泵的转动惯量

极不寻常的高转动惯量是主冷却剂泵的一个内在特性。这个特别的惯量是由一个装在泵电动机中的巨大飞轮提供的,用以延长泵在断电时的惰转时间。

主泵的惰转时间曲线如图 2.23 所示,普通泵的样本中没有这条特性曲线。

这个转动惯量只是一个相关的系统参数,对它进行优化,以减小断电危害的严重程度。基于所有的主泵会同时断电的假设,这些泵的典型流量下降曲线示于图 2.24。然而,连续失流情况在某些动力装置中可能比这里图示的情况更严重。因此,确定最优转动惯量应基于在特定动力装置中能够引起最严重情况的断电模式。

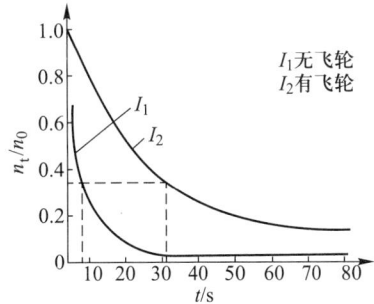

图 2.23　主泵的惰转时间曲线

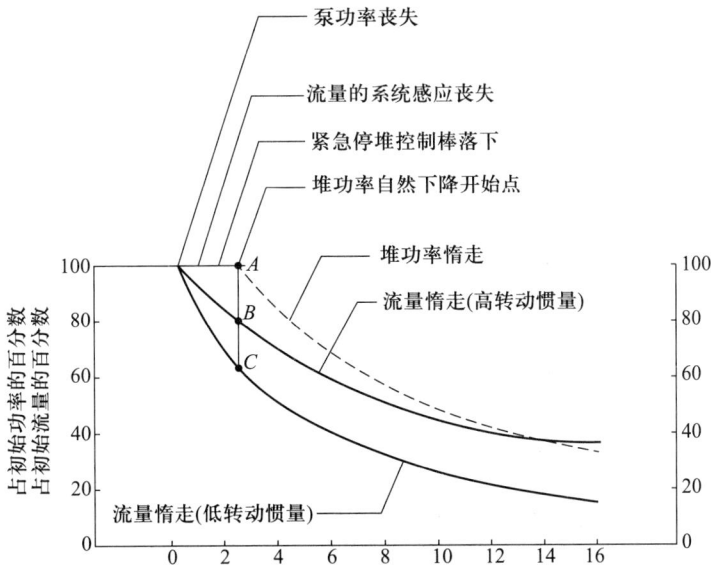

图 2.24　主泵的典型的流量惰走曲线

AB—高转动惯量时所需的流量余量

AC—低转动惯量时所需的流量余量

如图 2.24 所示,在泵初始断电时刻和反应堆功率开始真正减少时刻之间有一时间延迟。既然流量下降而堆芯功率保持不变,那么在发出的功率开始降低之前,流量富余量就在减少。反应堆冷却剂系统必须有足够的惯性来保证流量足够大,以保持一个高于最低允许值的流量余量。如图 2.24 所示,转动惯量高的泵需要流量余量较低,如 AB 线;转动惯量低的泵需要的流量余量则较高,如 AC 线。

在流动瞬变过程中,准确预估作为时间函数的流量是非常重要的。为了检查所做的分析预测的正确性,在美国宾夕法尼亚州的希平港,为一个四条主回路的压水堆电站建立了分析模型,编写了数字计算机程序,进行模拟连续失流事故的实际试验,并且将计算预测的流量下降与实际测量结果进行比较,所用的方程和试验方法的细节都有报道。

可用如下公式计算转动惯量:

$$I = 9\,300\,\frac{P_0 t}{n_0^2\left(\dfrac{n_0}{n_t}-1\right)} \tag{2.2}$$

式中,$I$——主泵机组转动惯量,$kg \cdot m^2$;

$P_0$——额定工况下泵轴的功率,kW;

$n_0$——额定工况下转速,r/min;

$n_t$——$t$ 时刻泵轴轴速,r/min;

$t$——主泵断电时间,s。

根据安全分析要求,应断电 30 s 时做到 $n_t \geqslant 0.3 n_0$。而常规泵未设飞轮时,在断电后 30 s 时,有 $n_t = (2\% \sim 4\%) n_0$。因此,应根据安全分析的要求,在主泵上安装飞轮,以确保机组具有所要求的转动惯量。

(1)温度范围

主泵的设计和运行温度范围必须在泵的说明书中给出。主冷却剂的典型温度是 288 ℃。对这一运行温度,接触冷却剂的泵部件的设计温度为 343 ℃。除热屏蔽以外,接触注射水的部件设计温度为 149 ℃。接触高温冷却剂的泵部件的允许加热和冷却的速率为 38 ℃/h。环境温度一般取 49 ℃,在正常条件下,设备冷却水最高入口水温为 38 ℃。

(2)布置和热备用

泵装置必须能够在部分充满水的系统中静置,而不需要任何特殊程序来防止会引起故障的反向流动。游离氧和湿气可能接触那些在正常情况下暴露于主冷却剂或设备冷却水中的泵表面。

在泵壳中长时间充满着符合运行条件的冷却剂的情况下,泵装置必须能够静置而不受损坏。在此期间会一直给泵提供注射水和冷却水。

## 2.2.8 主泵的瞬态和紧急状态

主泵必须能够承受任何瞬态机械载荷或水力载荷。这些瞬态载荷可能出现在规定的运行条件下或事故工况下。泵的技术要求中,除了包括正常运行条件外,也应该包括在所有正常和非正常的较大瞬态变化过程中都可能存在的压强、温度和流量的变化。还应该详细说明每种预期瞬态变化的数目。每个瞬态变化的数目应该根据类似装置的经验和装置的预期运行方式来确定，如表 2.5 所示。

**表 2.5 瞬态变化的数目**

| 瞬态变化 | 预期发生数目 | 瞬态变化 | 预期发生数目 |
|---|---|---|---|
| 装置预热 | 150 | 单台泵失流 | 60 |
| 装置冷却 | 150 | 双台泵失流 | 60 |
| 装置加载 | 11 000 | 功率丧失 | 60 |
| 装置卸载 | 11 000 | 稳态波动 | 无限 |
| 负载 10% 递增 | 1 500 | 完全失流事故 | 5 |
| 负载 10% 递减 | 1 500 | 快速降压 | 60 |
| 反应堆从全功率停堆 | 300 | | |

稳态波动规定为主冷却剂温度在一分钟内最大增加或者减少 14 ℃，相应的主冷却剂压强波动规定为在一分钟内变化小于 0.69 MPa。通常假设不超过 ±14 ℃，±0.69 MPa 的稳态波动会发生无限多次。

除了机械和水力瞬态变化载荷外，轴封式主泵必须设计成能够承受不同强度的地震载荷。由于地震载荷以及机械和运行载荷引起的泵的应力必须加以估计，因此，在泵的说明书中应该阐明预期的载荷组合。例如，应当说明主泵必须设计成能够承受水平和竖直方向的地震载荷，非地震载荷引起的应力和地震应力之和应当限制在泵材料应力的 0.9 倍。更进一步，可说明为：泵组必须能够承受由于设计基础地震引起的地震载荷。在这些条件下，泵组不能发生灾难性的故障，允许发生变形，但泵必须能够运转。

**1. 反应堆满功率紧急停堆**

一些压水堆动力装置设计成即使在失去一台或多台（不是全部）主泵时，装置还能继续运行。其条件是装置的功率水平在失去泵前为：如果失去泵，装置能够继续运行而不产生任何危害。如果装置功率水平过高，以至于失去一台泵就没有足够的安全余量，那么这时就得紧急停堆。失去一台主泵后，允许的实际功率水平随各装置不同而不同。例如，对有四台泵的反应堆冷却剂系统，可有以下几种情况。

① 如果功率水平在 75% 以上，则失去一台主泵就得停堆。

② 如果功率水平在 50% ~ 75% 之间，则失去一台主泵，堆继续运行；失去两台主泵，就应停堆。

③ 如果功率水平在 25% ~ 50% 之间，失去两台主泵，堆继续运行；失去三台主泵将停堆。

④ 如果功率水平在 25% 以下，失去三台主泵，堆继续运行；失去四台主泵将停堆。

**2. 泵断电**

轴封式主泵必须能够承受全动力装置断电而不受损伤。在断电期间，没有办法启动泵及其附属系统。断电后，假定存在下列典型情况。

① 主冷却剂系统还是正常运行时的温度和压强。

② 注射水和冷却水都丧失,之后一分钟内,两者之一或者两者都恢复正常。

③ 在断电时,泵只靠惰走。

④ 泄漏量在断电之前靠压力损坏套管来控制。在注射水丧失后 3 s 内,位于排放管线上控制泄漏的密封和第二道密封之间的阀门关闭,因此整个压差全作用在第二道密封上。

3. 注射水和冷却水丧失

在注射水丧失或者设备冷却水丧失的情况下,假设其他辅助系统不受干扰,那么主泵必须能够连续运行。而且,在注射水和设备冷却水同时丧失的情况下,主泵必须能够运行一定时间而不产生有害影响,当这段时间过去以后,主泵必须停止运行。然而,当主泵空转时,密封系统必须提供泵组的保护。注射水丧失必须使注射系统的入口阀和出口阀自动关闭,密封系统必须被隔离。机械密封的表面将阻止主冷却剂向大气泄漏。重新启动机组,必须重新建立冷却水和注射水的流动和循环,直到达到正常的温度平衡。

如果在密封系统中,除冷却水之外,使用密封注射水,那么,此系统在没有注射水或者冷却水的情况下,应该能够连续运行。应该设有预防措施,以保证在注射水和冷却水都丧失的情况下,密封和轴承不受热损伤。实现这一点的一条途径是,准备一个紧急的有限容积冷却系统,使它在装置完全丧失电功率的情况下能够运行。

4. NPSH 丧失、给水丧失、压力丧失

每台主泵在出现由于 NPSH 暂时下降而引起的汽蚀时至少应能运行 30 min 而不发生机械损伤。在此情况下,泵的转速应减小,如果在 30 min 内正常运行不能恢复,则应该将泵停止。

正常运行时有效汽蚀余量 NPSHA 一般不是最小值。任何使冷却剂温度升高的非正常情况都使 NPSHA 减小,例如汽轮机停转或蒸汽发生器给水供应不上。因此,所有使冷却剂在冷管段的温度高于正常运行温度的瞬态变化和非正常情况都必须加以分析,以确定 NPSHA 是否在说明书中给出的最小值以上。

如前述,在沸水堆系统中,当由于给水供应不上而使过冷度失去时,主泵汽蚀是可能发生的。这种情况持续较长时间是不大可能的,而且汽蚀腐蚀也不会很严重,除非泵在很低 NPSH 下长时间运行。

每个泵组都必须能够承受连续的反向流动而不产生任何不利的影响。主泵必须能够承受水击压力波而不损坏。泵组能够运行的吸入口处的最小压强必须给定。

## 2.2.9 主泵水化学

在泵的说明书中应该给出在正常和非正常运行过程中反应堆冷却剂的水化学成分和性质,以便确保那些会受水化学不利影响的材料在主泵中不予使用。主冷却剂化学性质的变化与反应堆的运行条件有关。例如,在装置正常运行条件下,水的化学性质与长时间停堆和事故停堆期间是不同的。虽然主冷却剂的化学性质有一定程度的变化,但主冷却剂的成分主要是含有执行一定功能的添加剂的除盐水。

典型的压水堆装置中的水的化学性质在表 2.6 中给出。如果堆芯是新的,则它具有过剩的反应性,在冷却剂中加入硼酸作为中子毒物以降低反应性。随着燃料的消耗,堆芯反应性降低,

硼酸的含量也相应地降低,以保持期望的通量水平。加入碱性添加物,例如加入钾-铵溶液及氢氧化锂以控制 pH 值。在所有运行条件下,氯离子的含量控制在 $2.5×10^{-7}$ 以下,以防止奥氏体不锈钢的氯离子应力腐蚀。如果不锈钢应力过大,则这一点就尤其重要,因为氯离子可使奥氏体不锈钢产生晶间应力腐蚀破裂。冷却剂中绝对不允许含有铅,尤其当冷却剂系统中含有因科镍合金时。因为哪怕有一点点铅存在,在有氧的情况下,因科镍合金的晶粒边界会被腐蚀而引起破裂。氧含量应尽可能低,以减少腐蚀的可能性。

表 2.6 典型压水堆装置主冷却剂的化学性质

| | |
|---|---|
| 不含添加剂时电阻率 | $>1.0 \text{ mΩ/cm}$ |
| 除添加物以外总固体 | $<2×10^{-3}‰$ |
| 302 ℃时的 pH 值 | $5.5~10.5$ |
| 正常运行时氢含量(标准温度和气压) | $15~35 \text{cm}^3/\text{kg}$ |
| 氯离子(卤族元素) | $<0.25×10^{-3}‰$ |
| 正常运行时溶解氧 | $<0.25×10^{-3}‰$冷停堆期间除外 |
| 硼酸(冷态) | $<15\ 000×10^{-3}‰$ |
| 硼酸(热态) | $<12\ 000×10^{-3}‰$ |
| 添加物($LiOH$,$KOH$,或 $NH_4OH$) | $<25×10^{-3}‰$ |
| 铅 | 0.0 |

在换料和长时间停堆时,水的化学特性与正常运行时的特性有所不同。氧含量相当高,因为一部分冷却剂与大气接触,并吸收氧。氢含量很低,因为系统没有加压,并且中子吸收剂保持在比正常运行高的水平,以防止反应性事故的发生。在事故停堆期间,大量的中子吸收剂注入到主冷却剂系统中。在维修之前可能需要向主冷却剂里加入一些去污溶液,用于减少主冷却剂系统部件的放射性水平。

必须在泵的说明书中给出设计泵的正常和非正常条件下的水化学特性(主冷却剂、冷却水、注射水)。由于加入去污溶液等会引起水化学特性的瞬态变化,因此也必须在说明书中对去污溶液及加入后引起的水化学特性的变化加以描述。这些资料可以用各种方法在说明书中给出,可以用包括各种情况的单独表格(类似表 2.6),或者只用一个表格,而把水化学性质变化情况用注释来说明。这些资料应包括:

① 加入调节 pH 值添加物以前的电阻率(或电导率);
② 氢含量;
③ 溶解氧的含量;
④ 氯化物和氟化物;
⑤ 可溶的中子吸收剂(如果使用了);
⑥ 二氧化碳;
⑦ 总固体;
⑧ 防腐蚀剂。

## 2.2.10    主泵的维护和保养

轴封式主泵的一般维护知识应该在泵的说明书中给出,内容应包括泵的设计寿命、泄漏控制标准、泵的预期受辐射水平、抗腐蚀要求、结构要求和安全因素。

1. 泵的设计寿命

主泵的设计寿命一般定为 30 年。这一设计寿命不包括轴封、轴套和轴承。泵的说明书中列出的设计寿命准则应包括:

① 泵的启停总次数;

② 在冷却剂密度为 1 000 kg/m³ 的条件下,泵按设计转速运行,运行总小时数;

③ 在冷却剂密度为 1 000 kg/m³ 的条件下,连续运行总小时数。

例如,用密度为 1 000 kg/m³ 的冷却剂,泵应该能够比设计寿命多运行 8 000 h。在这 8 000 h 中,对 0 到 2 400 h 的时间范围,泵装置必须能够连续运行。

控制泄漏的密封的最小设计寿命是 20 000 运行小时,第二道密封和第三道密封的最小设计寿命也是 20 000 运行小时。压力轴套的最小设计寿命是 100 000 运行小时。油润滑的轴承的最小设计寿命必须是 100 000 运行小时。水润滑的泵轴承的最小设计寿命是 40 000 h。

2. 泄漏控制标准

轴封泵必须装备控制泄漏的密封以限制主冷却剂沿泵轴泄漏。作为设计目标,在正常系统压强下(约 15.18 MPa)运行时,不论泵转或者不转,通过泄漏控制密封的泄漏量不应超过 454 L/h。第一备用密封(通常为摩擦表面类型)压降约为 0.35 MPa,通过的泄漏量应为 7.6 L/h。如果第一道密封失效,则第一备用密封(即第二道密封)应该能够承受全部 15.18 MPa 的压降。第三道密封允许通过的主冷却剂的量为允许进入环境的量,即压降约为 0.04 MPa,泄漏量为 0.1 L/h。这类密封的改进形式有所应用,但泄漏控制要求是一样的。

此处提到的泄漏控制标准是 20 世纪 70 年代美国的标准,与表 2.1 的泄漏量稍有差别。

3. 辐射水平

泵说明书中应该给出主泵可以承受的放射性水平。主泵和电动机运行时,受到的放射性水平约为 $1.33 \times 10^9$ Bq/(kg·s)。这是个典型值,在一些装置中,可能会大于这个值。

4. 抗腐蚀

泵能够正常运行的水化学性质必须专门定义,如前面所讨论的。

通常,高铬合金已经能够抵御高纯水的直接腐蚀,但是必须警惕由于不同的金属浸入电解液中而引起的电化学腐蚀。有些金属,单独使用时能够表现出足够的抗腐蚀性,但由于电解液的作用,可能不适合组合使用。例如,碳是一种表面密封的常用材料,对于各种镍合金和铬合金,碳是不易腐蚀的,然而经过长时间,碳密封的配合表面会发生电解液腐蚀。因此,评价用于泵中的材料组合时,电解液腐蚀是十分重要的。

5. 结构要求

泵壳、压力室、法兰和螺栓的结构设计必须满足相应的压力容器规范。在泵及泵的支撑件的应力分析中,必须在各种应力源引起的应力中附加上地震的影响。

6. 安全因素

泵装置的主要安全因素是在任何正常和紧急情况下,保证主冷却剂不能泄漏。保证这种可靠性只能通过对所有泵组件进行完整而恰当地设计。显然在任何条件下,结构的完整性和密封件的有效性是重要的。其他例如管道的布置和适当的屏蔽也是重要的。

其他的安全因素包括用于提升主要组件的附加装置的特性,这些附加装置的设计必须保证任何失效都不会引起泵装置的过度动作或者威胁人员安全。

7. 维护要求

泵维护对泵设计提出的基本要求是:能够进入泵进行泵检查和泵维护,不需要破坏泵就能检查泵;螺钉、螺栓、螺母等零件应该易于更换,泵电动机应该易于拆除;任何非全寿命期部件,如轴封、轴承、垫圈等,都应有备件,这些备件应该易于获得;轴封应该可以快速方便地更换,简化轴封更换的一个方法是将轴封装于一个特殊装置中,该装置无需拆除电动机或电动机座就可拆除或更换,这可以通过在泵与电动机间加联轴节来实现;泵轴和电动机轴应准确对中,这对轴封和径向轴承的正常运行极其重要。

购买泵时,随泵应附带对泵进行必要的检查和维护所需要的整套程序文件、设备和工具。所提供的文件应指明哪些部分和表面在安装时或者拆卸后,不能进入进行检查;哪些是正常可拆除部分;能进入的部分怎样进入;周期性检查的方法;轴封装置、叶轮密封环、泵电动机的更换程序和更换周期;泵轴和电动机轴对中的程序。随泵应附带需要的任何特殊工具。

# 2.3 核动力用屏蔽泵

## 2.3.1 概述

屏蔽泵是屏蔽电动机泵的简称。在核动力装置中用屏蔽泵做主冷却剂泵是 20 世纪 50 年代才开始的。1953 年,美国将其用于核潜艇,后来推广到小型动力堆。我国也有这种产品,而且已有系列标准,在某些方面已接近或达到国际水平。表 2.7 列举了几种核电站使用的屏蔽泵的基本参数。

表 2.7 屏蔽泵的基本参数

| 核电站 | 堆电功率/MW | 主泵台数 | 泵流量/(m³/h) | 扬程/m | 吸入压强/MPa | 吸入口水温/℃ | 转速/(r/min) | 电动机功率/kW |
|---|---|---|---|---|---|---|---|---|
| 印第安角-1 | 275 | 8 | 3 000 | 108 | 9.8 | 249 | 1 800 | 1 270 |
| 杨基罗 | 185 | 4 | 5 400 | 72 | 13.43 | 260 | 1 800 | 1 360 |
| 新沃罗涅 H-1 | 196 | 6 | 5 250 | 50 | 6.8 | 250 | 1 460/360 | 1 530 |
| 新沃罗涅 H-3 | 410 | 6 | 6 500 | 58 | 12.25 | 270 | 1 450 | 1 970 |

屏蔽泵通常是一台立式离心泵,其主要部分为水力部件、电动机、承压壳体、热交换器和轴承。图 2.25 是屏蔽泵的典型结构,从图中看出,泵在下端,电动机在上端。电动机转子和泵的叶轮构成一个整体转子,电动机的转子与定子之间用屏蔽套隔开,下端相当于一般工业用的悬臂式单级泵。叶轮上方设有隔热屏,起热屏障作用,防止冷却剂的热量向电动机方向传导。电动机的定子、转子及叶轮全部封闭在高压壳体内。高压壳体外部盘绕螺旋管热交换器。螺旋管外部通流二次冷却水,螺旋管内部通流一次冷却水。一次冷却水与一回路冷却剂相通,所以螺旋管内的压强就是一回路的压强。一次冷却水从泵的上方进入辅助叶轮,从辅助叶轮流出后,沿定子与转子的间隙向下流动,同时将转子与定子上的热量带走,并润滑下部径向轴承和推力轴承,再流到螺旋管,由下而上沿螺旋管流回顶部,构成一次冷却水循环。低压二次冷却水从泵中间向下流,冷却螺旋管后,从下部出口流出,构成二次冷却水循环,实现热交换。

屏蔽泵的轴颈、推力盘均由奥氏体不锈钢制造,表面堆焊耐磨的硬质合金。轴承一般由浸渍树脂制成,选用的树脂必须耐辐照。转子、定子之间的屏蔽套,过去用 18 - 8 不锈钢,现在用哈斯特洛依钼基合金(Hastelloy alloy)材料制造,它的厚度不到 1 mm,国外已达到 0.127 mm。屏蔽套耗功较多,它的厚度越薄,电动机效率越高。屏蔽套上、下两端再与电动机的定子焊接,它不能承压,只能起屏蔽和密封作用。

这种屏蔽泵效率低,无惯性飞轮提供惰走特性,只能用在小型核电厂,目前已很少使用。

与轴封泵相比,屏蔽泵有下列特点:

① 由于没有旋转轴的动密封,只有静密封,所以可保证不泄漏;

② 体积小,质量轻,结构紧凑;

③ 没有风扇,所以噪声、振动小;

④ 可以在无人看管的情况下运行;

⑤ 检修比较简单,如果将推力轴承放在电动机上端,则更方便;

⑥ 效率比轴封泵低 10%~15%;

⑦ 造价较高,一般是轴封泵的 1.5~2 倍。

先进的 AP600 压水堆核电站中使用了湿定子泵。这种泵的电动机定子与转子之间没有屏

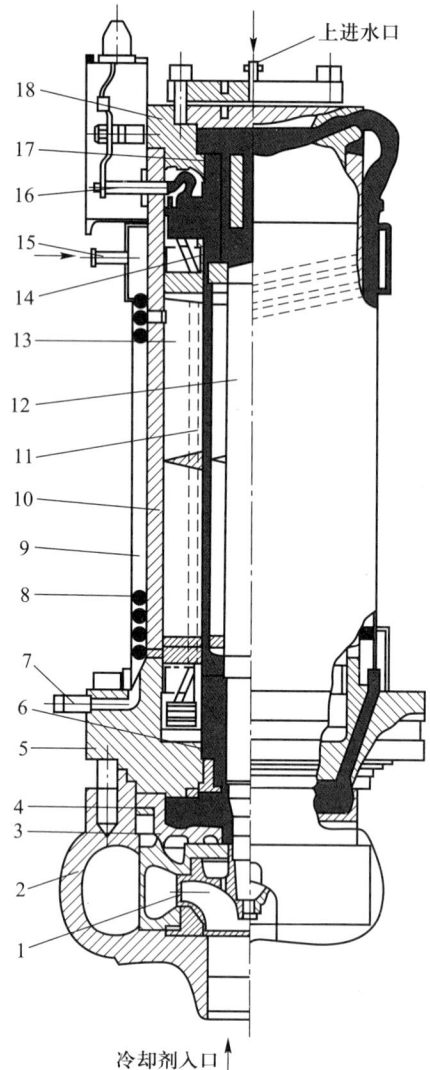

图 2.25    屏蔽泵

1—叶轮;2—泵壳;3—隔热屏;4—推力轴承;5—法兰;6—径向轴承;7—冷却水出口;8—螺旋管;9—冷却套;10—承压壳体;11—屏蔽套;12—电动机转子;13—电动机定子;14—辅助叶轮;15—冷却水进口;16—电缆管;17—径向轴承座;18—顶盖

蔽套,这就克服了上述屏蔽泵中屏蔽套耗功多的缺点。

## 2.3.2 AP1000 屏蔽泵

我国非能动安全先进核电厂 AP1000 反应堆冷却剂屏蔽泵(主泵),为主泵制造商美国 EMD 公司制造。它由水力部件和电动机部件组成,其结构如图 2.26 所示。水力部件主要是由泵壳、叶轮和导叶等零部件组成的混流式泵。泵与电动机之间由热屏隔离堆芯冷却剂的高温。AP1000 冷却剂屏蔽泵的电功率为 5 500 kW,额定转速为 1 800 r/min。启动和运行时,通过变频器来提供电源。其电动机是一种专门设计的单绕组、四级、三相屏蔽套式感应电动机,采用 60 Hz 电源,经变频器启动和运行。以前的屏蔽电动机泵均没有飞轮,而 AP1000 反应堆冷却剂的屏蔽电动机有上、下两个飞轮,这是二者最显著的差别。由飞轮带来的能量消耗大约 1 000 kW。由于屏蔽电动机的耗能较高,冷却措施及升温控制是关键。电动机绕组绝缘采用级别较高的"N"级(200 ℃)。

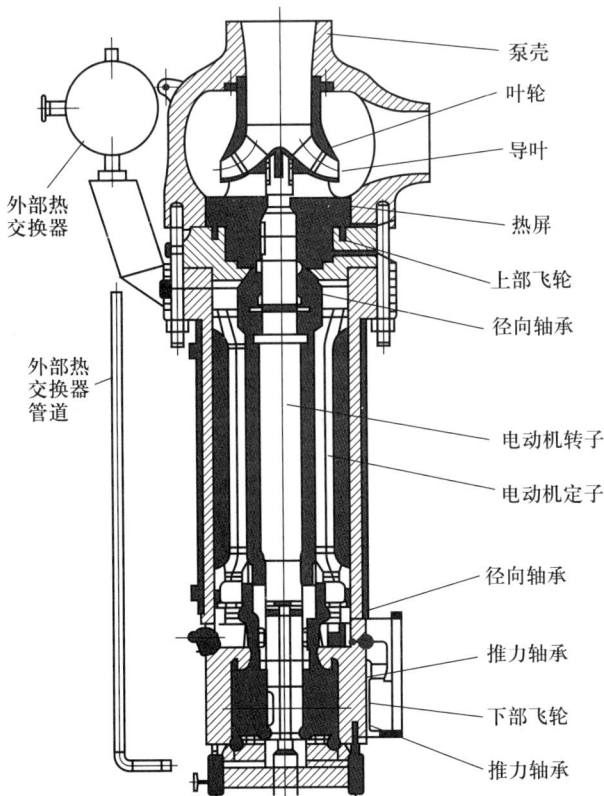

**图 2.26** AP1000 屏蔽电动机泵

AP1000 屏蔽电动机主要部件如下。

1. 轴承

AP1000 屏蔽电动机泵装有三个轴承,两个径向轴承和一个双向推力轴承,都在电动机一侧,采用水润滑方式。在转速达到 20 r/min 时,轴和轴承之间就会形成水膜,水膜使轴和轴承不会受到磨损。轴向推力的平衡通过改变叶轮平衡孔的尺寸来调节。

在泵启停过程中和正常运行时,冷却系统使轴承冷却剂温度保持在 8 ℃ 以下,保证轴承的安全和寿命。

2. 屏蔽套

屏蔽套分为定子屏蔽套和转子屏蔽套,其作用是使一回路冷却剂与定子和转子完全隔绝开。屏蔽套是耐腐蚀、非磁性金属材料,采用了哈斯特洛伊 C276 合金。定子屏蔽套与转子屏蔽套之间的间隙为 4.83 mm,定子屏蔽套的厚度为 0.39 mm。屏蔽套只承担密封功能。

3. 飞轮

两个飞轮分别装在电动机的上、下部位。飞轮的材料采用重钨合金。在有限体积实现高转动惯量,以保证主泵足够的惰走特性。

上飞轮组件采用热套装预应力法,用外套环将 12 块扇形重钨合金固定在不锈钢内轮毂上,其外部包有屏蔽套以防止应力腐蚀,最后将飞轮固定在屏蔽电动机泵的主轴上。下飞轮组件采用与推力盘的组合结构。

4. 定子绕组及冷却

由于屏蔽电动机耗能高,发热量大,定子屏蔽套使定子成为一个封闭区域,造成定子铁芯和绕组的冷却只能靠热传导散热。为此,需通过有效冷却来降低电动机各部分的温度。除了设置在转子与热屏之间的迷宫式密封来阻隔泵壳腔内的高温冷却剂和电动机腔内的低温冷却进行热交换外,电动机的冷却由两个冷却回路来完成。

① 外置热交换器冷却回路。外置热交换器的壳侧为屏蔽电动机腔内的反应堆冷却剂水,管侧为设备冷却水,以此来冷却电动机腔内的反应堆冷却剂水。

② 通过流经电动机定子冷却外套的设备冷却水来冷却电动机定子绕组发出的热量。

通过冷却回路的有效工作使电动机腔内的冷却剂温度保持在 80 ℃ 以下,定子绕组中的最高温度不大于 180 ℃,以此保绕组的绝缘性和寿命。

AP1000 屏蔽泵主要技术参数见表 2.8。

表 2.8  AP1000 屏蔽泵主要技术参数

| 参数 | 单位 | 数值 |
| --- | --- | --- |
| 设计压力 | MPa(表压) | 17.1 |
| 设计温度 | ℃ | 343 |
| 设计流量 | m³/h | 17 886 |
| 设计扬程 | m | 111.3 |
| 额定功率 | kW | 5 500 |
| 总高 | m | 6.69 |
| 总重 | kg | 83 687.8 |
| 设备冷却水流量 | m³/h | 136.3 |
| 冷却水入口温度 | ℃ | 35 |

# 2.4 给水泵

## 2.4.1 给水泵的功能

核电站二回路给水泵的功能是将二回路除氧器内的凝结水升压并送至蒸汽发生器。

一套给水泵装置包含一台增压泵和一台压力级泵,这两台泵都是离心泵,由同一台原动机带动。根据原动机形式的不同,给水泵有汽动和电动两种形式,汽动给水泵由汽轮机带动,电动给水泵由电动机带动。

大亚湾核电站的每一台汽轮发电机组都设置三套(其中有一套备用)各自承担50%负荷的给水泵装置。其中两套由凝汽式汽轮机驱动,一套由电动机拖动。原则上,两台汽动给水泵装置连续运转,电动给水泵作为备用。

## 2.4.2 汽动给水泵装置

每套汽动给水泵装置由串联布置的增压泵(即升压泵或前置泵)、减速齿轮箱、汽轮机和压力级泵组成,如图 2.27 所示。上述各项设备安装在各自的基础台板,并固定在钢筋混凝土基础上。

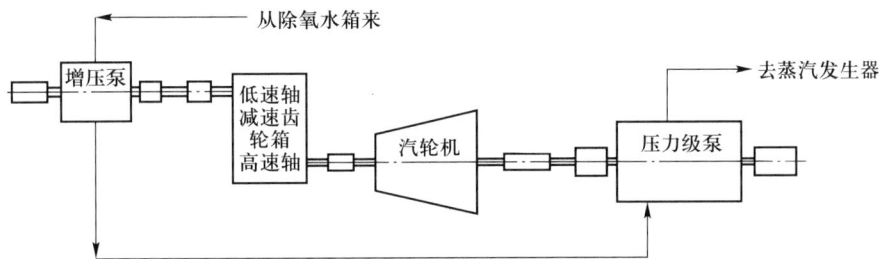

**图 2.27 汽动给水泵装置示意图**

所有泵装置,无论单独运行,还是并联运行,在引漏流量和极限流量之间的任何一个工作特性点上,均能稳定运行,并且都设有低流量保护系统——引漏系统,即再循环系统。当泵的流量降至低于某一预定值时,保护系统立即投入运行。

汽动给水泵的增压泵以 1 489 r/min 转速运行,而压力级泵以 5 100 r/min 转速运行时,能以 840 m 的扬程输送 813.5 kg/s 流量。在这种运行工况下,驱动汽轮机的功率应为 7 908 kW。

每套汽动给水泵装置能承担表 2.9 所列各种负荷时的流量的 50%。

表 2.9 给水泵各种负荷时的流量

| 负荷 | 流量 | | 扬程/m | |
|---|---|---|---|---|
| | kg/s | L/s | 设计 | 包括裕量 |
| A | 1 627 | 1 810 | 840 | 860 |
| B | 1 708 | 1 900 | 837 | 857 |
| C | 1 543 | 1 717 | 890 | 910 |

上述流量值包括送往蒸汽发生器排污系统的排污流量 14 kg/s。

当汽动给水泵与电动给水泵联合运行时,即使电动泵的供电频率低至 47 Hz,负荷 A 仍能满足。在这种运行条件下,电动泵将供给约 820 L/s 流量,其余 930 L/s 流量由汽动泵供给。

汽动给水泵能适应蒸汽发生器和汽轮发电机负荷发生变化时所施加于给水泵系统的各种运行工况,并且所有有关机械设备均能在这种工况下运行。

增压泵设有轴封冷却系统,该系统也向电动给水泵的增压泵提供轴封冷却水。冷却水取自凝结水泵的出口,轴封出水回至主凝汽器。

汽动泵不需要另外的暖机系统。因为泵的预热与启动汽轮机的预热是同时进行的。

增压泵的给水来自除氧水箱,是饱和水,通过单独的下降管供给。下降管上装有一只隔离阀,并有用于安装临时过滤器的设施。临时过滤器的过滤等级相当于 20 目,仅用于系统调试过程,正式运行前会被拆除。

增压泵放在压力级泵之前,以提高给水的压强,防止汽蚀。

给水从增压泵排出后,通过跨越管向压力级泵供水,在跨越管上装有永久性螺丝网筐式过滤器,其过滤等级相当于 80 目。在跨越管的两个最高点装有手动和自动放气阀。

增压泵和压力级泵的组合,把给水压头从除氧器原有的压头提高到不仅能克服高压给水系统和各加热器的压头损失,并能保证在核岛蒸汽发生器出口处所需的压强。

压力级泵的出口管线上装有一只止回阀和一只隔离阀。

汽轮发电机组配有两台相应的 50% 负荷的单缸、单流、可变速凝汽式汽轮机,分别驱动两台汽动给水泵。

具有七级叶片的轴流式汽轮机装有双重进汽系统,用压强为 0.702 MPa 的抽汽和压强为 6.43 MPa 的新蒸汽作为汽源,可以用上述任何一种蒸汽运行或用两种蒸汽组合运行。

抽汽进口系统有两条并列的流道,每条流道流经一个截止阀和抽汽环管。各抽汽环管与抽汽调速阀相连接。装在阀室内的两只调速阀使蒸汽进入汽缸上半部的喷嘴组。

新蒸汽通过装在一个汽室内的截止阀和调速阀流经新蒸汽环管,进入汽缸下半部的喷嘴组。抽汽和新蒸汽各有独立的流道流经第一级叶片,但在以后的六级,两个汽源的蒸汽混合用一个公用的流道,在第七级后进入排汽构件。由此,乏汽垂直向上进入排汽管,排放到主汽轮机的凝汽器。

给水泵汽轮机在汽轮发电机负荷降至约 70% 时,仍能单独依靠抽汽汽源运行。低于这个负荷时,要求供给新蒸汽,以补充抽汽的不足。给水泵汽轮机能够按照蒸汽发生器对给水流量变化的要求来改变泵的转速。给水泵汽轮机的最低和最高转速分别为 4 300 r/min 和 5 230 r/min。给水泵汽轮机的转速由一个同步液压机械调速器调节,其转速整定点可根据给水需求的模拟信号按比例调整。正常运行时,调速器通过可变的信号油压和调速阀的开度来调节给水泵汽轮机的进汽流量。转速低于最低调节转速时,给水泵汽轮机可用启动阀控制,该阀也调节信号油压。给水泵汽轮机设有盘车装置。在汽轮机启动和停机时,该装置以 126 r/min 的转速盘动汽轮机。

汽动泵设有一套程控系统,以保证在机组启动前满足"启动前检查"要求。可以手动或自动启动该泵。两种启动都以缓慢的速率进行,会在几分钟内完成。汽动泵还设有一套完整的自动保护系统和控制设备,以保护给水泵系统正常运行或在必要时使机组脱扣。

倒转保护设备执行某些基本控制功能。这些功能可以保证盘车装置脱开、润滑油泵启动和泵出口隔离阀关闭。

为了尽可能降低压力级泵发出的噪声,设置了分段紧配合的消音罩。

## 2.4.3 汽动给水泵的结构

汽动给水泵装置由水泵和驱动汽轮机组成。水泵包括增压泵和压力级泵。在增压泵与汽轮机之间有减速齿轮箱。增压泵、减速齿轮箱、汽轮机和压力级泵依次串联布置,并由不同的联轴器连接。

1. 增压泵

增压泵为卧式单级双吸入口筒壳型,易于就地拆卸而不需要拆开任何主要管路。

大亚湾核电站增压泵的性能参数是:

| | |
|---|---|
| 吸水温度 | 167.8 ℃ |
| 吸入压强 | 0.972 MPa |
| 排出压强 | 3.392 MPa |
| 扬程 | 274.5 m |
| 额定排量 | 3 260 m³/h |
| 转速 | 1 489 r/min |
| 轴功率 | 2 549 kW |
| 泵效率 | 86% |

该泵和压力级泵的主要不同点在于转速较低,以改善其抗汽蚀性能。所以用汽轮机带动时是经过减速齿轮箱减速的,减速比为 3.424∶1。而用电动机带动时则为直接带动。这些传动所用的联轴器都是膜片式挠性联轴器,便于对中。

增压泵的结构如图 2.28 所示。下面介绍增压泵的各个部件。

(1) 泵壳

泵壳由马氏体不锈钢铸造,为双蜗壳型。进口和出口法兰接管均位于壳体的上半部。进口与垂直面成 50°,出口是垂直向上的。泵壳、支撑柱和底板的设计,能使泵的对中不受接管载荷或运行参数变化的影响。

泵的支撑柱整铸在泵壳中心线的一侧。泵支撑柱内的各横向键和泵壳下面的一个纵向键,布置在底板键台的滑动垫块之间,以保证泵正确对中。

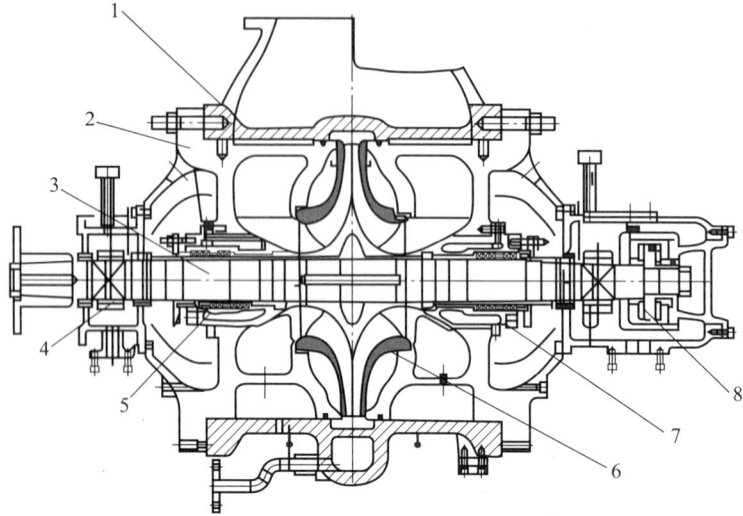

图 2.28 增压泵结构
1—泵壳;2—端盖;3—轴;4—轴承;5—轴封填料;6—叶轮;7—冷却夹套;8—轴承

接管载荷通过这些键由泵传递给底板,但仍允许泵自由胀缩,同时保证轴的中心不变。

(2)端盖

端盖的材料与泵壳相同。端盖装在泵壳环上,形成一个进入叶轮的平滑的进水流道。端盖带有支撑法兰,在泵中心线的上下形成两个 90°的扇形块,从而允许从泵的任何一侧接近轴封填料。进口和出口通道之间的密封依靠一个滑动的径向密封件,允许在热冲击或冷冲击时由任何部件热胀冷缩引起的各种移动。

(3)轴

轴由马氏体不锈钢锻件制造,表面镀铬淬火以使轴颈耐磨。轴的刚性大。

轴的临界转速比最高运行转速高 20%以上,并有足够的轴向间隙,允许全范围的热效应而不致有内部碰撞的危险。

(4)叶轮

叶轮由马氏体不锈钢制成,为双面进水型。按严格的精度要求加工,并做动平衡试验。叶轮两侧的密封环(磨损环)直径不同,保证在所有运行工况下,有一个向泵的驱动端的正向推力。叶轮的轴向定位方式有两种,一侧依靠定位套筒和轴肩,另一侧依靠定位套筒和圆螺母,用双螺母锁紧。叶轮用过盈配合和键做径向固定。装在叶轮任一侧的定位套筒的形状,要保证提供一个平滑的进水流道,以便水流平稳地进入叶轮,有利于改善该泵的抗汽蚀性能。

该泵叶轮两侧的进口设计成不同直径的,有联轴器一侧的直径稍大一些,目的是使泵的回转部存留着指向传动端的轴向力。

(5)泵壳密封环

泵壳密封环由马氏体不锈钢锻造,位于端盖内,在冷冻收缩后装配,并用平头螺钉固定,以防旋转。密封环和叶轮进口的外圆平面形成密封间隙,阻挡泵内液体从压出室漏向吸入室。

(6)轴封填料

轴两端出口处的泵密封处设有五圈填料,其中三圈在套筒内侧,两圈在套筒外侧。

来自凝结水泵的凝结水,以适当的压强输入套筒,对填料进行润滑冷却,并可减少泵泄漏的热水。通过外面两圈填料涌出的水是污水,应排入废液系统。

(7)冷却夹套

冷却夹套用铸钢制成,位于轴出口端的轴封填料周围,以防止热量侵入填料,保证轴封填料处的水温不超过 100 ℃。冷却夹套的冷却水来自常规岛闭式冷却水系统,它通过环形夹套腔回至回流总管。

(8)驱动端轴承和非驱动端轴承

泵轴的两端分别装有向心轴承,轴瓦浇有白色合金。在非传动端还有推力轴承,推力环的两面都有推力块,所以可承受两个方向的推力。这些轴承都是压力润滑方式。在推力轴承的润滑油出口处有一孔板,用来控制轴承的供油量。三个轴承上都装有热电偶,以监测轴承温度。在每端的轴承体上各装互成 90°的两只位移传感器,以监测轴承的振动。

2. 压力级泵

该泵的转速较高,所以用汽轮机带动时是直接带动的,用电动机带动时是通过液力耦合器加速的。

大亚湾核电站压力级泵的性能参数是:

| | |
|---|---|
| 吸水温度 | 167.8 ℃ |
| 吸入压强 | 3.352 MPa |
| 排出压强 | 8.377 MPa |
| 扬程 | 565.5 m |
| 额定排量 | 3 260 m³/h |
| 转速 | 5 200 r/min |
| 轴功率 | 5 313 kW |
| 泵效率 | 85% |

压力级泵的结构如图 2.29 所示。该泵的主要结构及其材料都与增压泵基本相同,也是圆筒式泵壳、半螺旋形吸入室、双吸式叶轮,这些部件的材料都是不锈钢。泵的支柱以及与底板的连接方式、泵轴的材料,也都和增压泵相同。泵轴的临界转速也比最高运行转速高 20%以上。

该泵的进水接管位于壳体上方,但出水接管是在壳体底部的,在进水接管和出水接管的端头焊有软钢过渡段,过渡段应保证过渡段材料与管路材料之间的相容性,并用对接焊连接。

该泵是导叶式压出室,所以在叶轮外圆装有导流器,在导流器外周还有蜗形壳体。这样的压出室,除汇集液体外,能更好地进行转能,把一部分动能有效地转化成压能。

该泵有两个不锈钢锻制的密封环,分别装在双吸叶轮两侧进口外周边的端盖内。这两个密封环直径相同,所以叶轮上的轴向力在理论上得到自然平衡。但该泵仍装有双向推力轴承来承受剩余轴向力。

该泵的轴封机构为两个机械密封,是盒式结构,便于更换。动密封环的材料是烧结碳化硅,静密封环的材料是浸渍锑石墨。有液体对密封环进行润滑、冷却和冲洗,该液体有压送机构(唧水环)保证其循环流动。循环液流经过热交换器的冷却以及磁过滤器的过滤成为封闭回路中的液体。热交换器的冷却水由常规岛闭路冷却水系统的低温水进行冷却,以减少泵内热水热量向轴封的传入,把轴封处的温度降至 55 ℃。

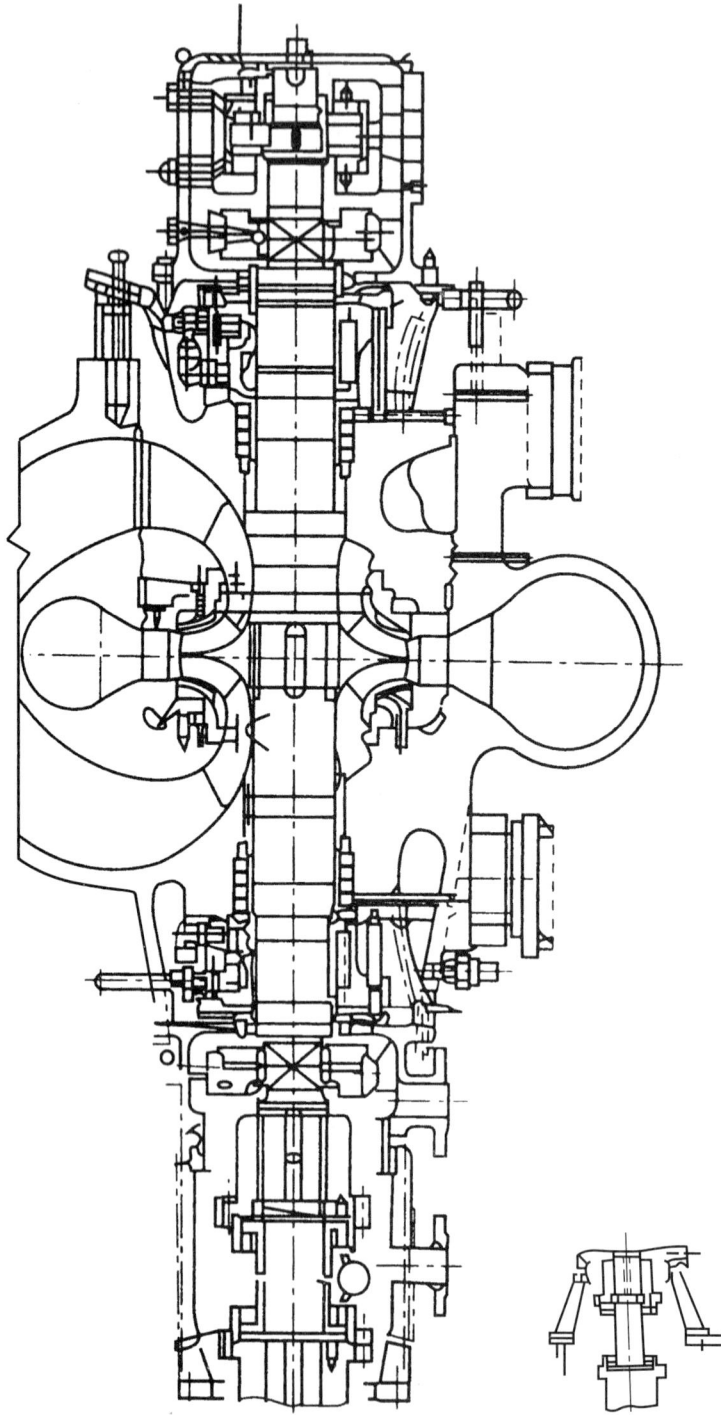

图 2.29 循环水泵的结构

泵轴的两端都装有向心轴承。在非传动端还有推力轴承,推力环的两面都有推力块,所以可承受两个方向的推力。这些轴承都采用压力润滑方式。三个轴承上都装有热电偶,以监测轴承温度。在每端的轴承体上各装互成90°的两只位移传感器,以监测轴承的振动。

该泵通过挠性齿轮联轴器驱动,由压力油进行润滑。联轴器装在密封的防护罩内。

## 2.4.4 引漏系统

该系统从给水管的止回阀前接出管路,通向除氧器。其任务为:在给水泵启动或停运过程中,或在低速运转情况下,当蒸汽发生器的给水要求低于整定值时,把泵的部分流量引回到除氧器中,以防给水泵因排量过低而造成损坏。

该系统的管路上装有两只独立的引漏阀。这些阀门是气动操作的,压缩空气压力使阀门关闭,阀门靠弹簧力开启。失去气源会导致引漏阀开启。

在增压泵和压力级泵之间的连接管路上装有流量测量孔板。引漏阀的开启和关闭由给水泵的流量决定。

# 2.5 凝结水泵

## 2.5.1 概述

核电站常规岛内的凝结水泵一般是三级立式沉箱型水泵,见图2.30。

大亚湾核电站常规岛内安装了三台50%容量的凝结水泵。每台泵的转速为1 482 r/min,扬程为215 m,流量为552.67 kg/s。凝结水泵通过一个管道系统从凝汽器内抽取凝结水,该管道系统装有管子导向支架和膨胀波纹管组件。

凝结水泵的各级叶轮垂直地悬挂在地面标高以下的沉箱内部,并能取出进行大修。

凝结水经过吸入喇叭口进入泵的第一级。吸入喇叭口(进口分叉管)与沉箱做成一体。每台泵都能按系统的特性曲线连续运行。在设计工况下运行时,计算得到的凝结水泵转子的第一临界转速为3 270 r/min。在长期工作以后,当密封间隙为正常值的三倍时,临界转速会降到1 830 r/min。因此,建议在密封间隙为三倍设计间隙时应更换密封件。所以凝结水泵在任何时间都在转子临界转速以下运行。

## 2.5.2 凝结水泵的结构

凝结水泵主要由吸入喇叭口,第一级叶轮,泵的第二、三级,支撑管及排水弯头,机械密封,轴

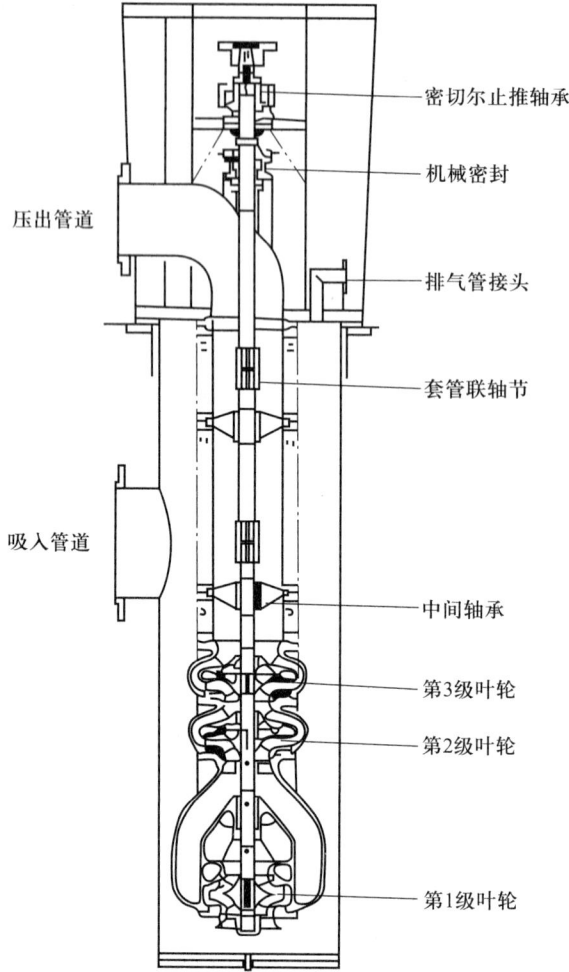

图 2.30 三级立式沉箱型凝结水泵

承和电动机等部分组成。

1. 凝结水泵吸入口和泵的第一级叶轮

凝结水泵第一级采用双侧吸入设计,以满足吸入比转速的规定要求,而不需要过多地增加泵的长度。由一个喇叭口引导水流以稳定和最佳的流速分步进入各叶轮孔。从第一级叶轮周缘排出的水,由双蜗壳引入第二级。在双蜗壳的结合面处,在下部喇叭口内,由凝结水润滑的轴承,为泵轴提供支撑。为了便于维修,轴颈和叶轮颈部的运行间隙设有可更换的套筒和内衬。

2. 泵的第二、三级

泵的第二、三级均为单侧进水,故每级都有一个在扩散型壳中运转的单侧进水叶轮。叶轮的吸入口朝下对着前一级,还装有一个逆向颈环和平衡室以尽量减少水力载荷。扩散器通道将水流从每个叶轮的周缘引向下一级叶轮的吸入口。每级泵壳都设有一套凝结水润滑的轴承,用于支撑泵轴。叶轮用键固定在轴上,并由端部与轴肩紧贴的套筒进行轴向定位。

3. 支撑管及排水弯头

从水泵最后一级排出的凝结水,通过一根垂直管流出水泵,这根管子也叫支撑管,同时支撑着水泵的重量。一个钢制的排水弯头和电动机支座联合结构,既起排水口的作用,又悬挂着整个泵体,并在其顶部法兰上支托着驱动水泵的电动机。

4. 机械密封

在泵轴穿过排水弯头处一个填料盒里,设置了机械密封,以防止沿泵轴的泄漏。密封压板上开孔,用于接上密封水管。从凝结水泵出口母管引来的凝结水,通过减压装置后供运转时冷却密封,并在水泵停运时阻止空气进入。

5. 轴承

装在凝结水泵电动机托架上的止推轴承和径向轴承,承受转动部件的重量和所施加的水力载荷。轴承设有整装一体的油润滑系统。轴承的设计负载能力很大,能在一定的超载情况下运行。

6. 电动机

凝结水泵由一台立式的鼠笼式感应电动机驱动。

# 2.6 循环水泵

100 MW 级压水堆核电站的常规岛内,汽轮机满载运行时,凝汽量约为 100 kg/s。这么大的凝汽量需要多少冷却水可想而知。循环水泵就是给冷凝器提供循环冷却水的大流量泵。

循环水泵也是一种叶片式泵。本节介绍英国 NEIAllen 公司生产的垂直布置混流式水泥蜗壳水泵。其结构如图 2.31 所示。

此泵的流量为 22.482 $m^3/s$,扬程为 16.0 m,转速为 161.2 r/min,效率为 92%,电动机功率为 4 500 kW。

由图 2.31 看出,齿轮减速箱内有水泵推力轴承和径向轴承,齿轮箱内部和电动机轴承由循环水泵润滑系统进行润滑并冷却。

1. 转动部分

不锈钢闭式离心泵叶轮用螺栓固定在泵轴上,泵轴也是不锈钢的。叶轮进口装有前密封环,以减少泵的内部泄漏。后盖板上还有后密封环,减少外漏。

2. 固定部分

该泵的吸入室和蜗壳都是水泥浇制的。吸入室是锥形管式。蜗壳的出口管径为 3 000 mm。在叶轮进口处的泵壳上有密封环,和叶轮上的密封环相配合。

3. 轴承

该泵有上下两个轴承。下部是滑动向心轴承,轴瓦上镶有白合金,有储油室靠飞溅润滑,并有冷却器对滑油进行水冷。油位和轴承温度都有仪表指示。

上部轴承包括向心轴承和推力轴承。推力轴承有八个推力块,和固定在轴上的推力环相配合,承受泵转动部分向下的轴向力。向心轴承有八块白合金轴瓦。这两个轴承由储油箱进行润滑。

4. 轴封机构

该泵的轴封机构是机械密封。动环和静环组成主要密封,静环受弹簧和液体压力压紧,并有

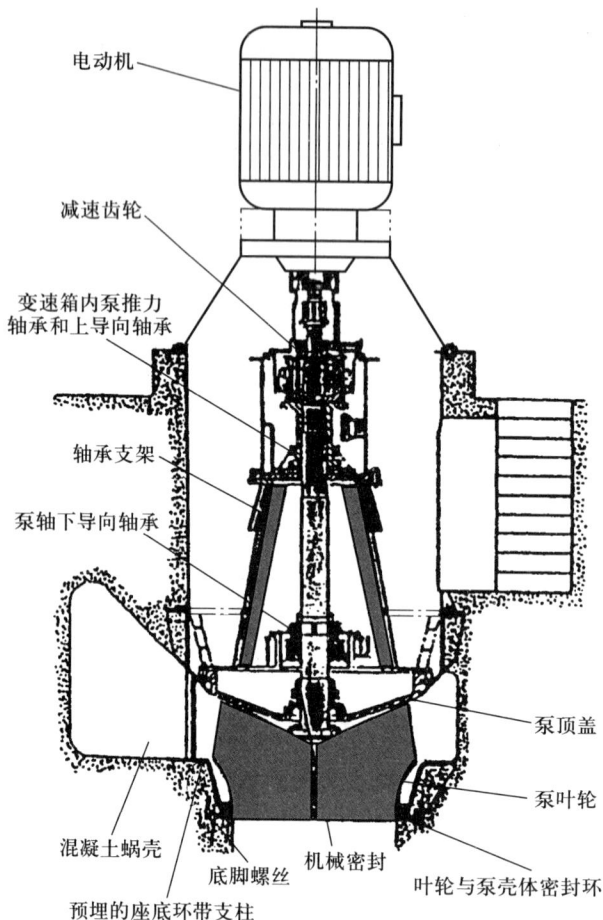

图 2.31 循环水泵的结构

压力水通入两环之间进行润滑冷却。辅助密封元件是密封圈和两个可膨胀的座圈,该可膨胀座圈有压缩空气通入,使座圈膨胀压向泵轴的表面,防止沿轴表面的漏泄。有冲洗冷却和压缩空气两个辅助系统为此机械轴封服务。

5. 减速齿轮

该减速齿轮主要由一个主动齿轮、四个行星齿轮、行星齿轮支撑体和内齿轮环组成,如图 2.32 所示。主动齿轮通过花键轴、联轴器和电动机轴相连,由电动机带着转动。内齿轮环固定在齿轮箱壳体上,是不转动的。每个行星齿轮都同时和主动齿轮、内齿轮环相啮合。因此,当主动齿轮带着行星齿轮转动时,行星齿轮将一方面围绕主动齿轮公转,一方面又进行自转。又因行星齿轮的心轴是支持在行星齿轮支撑体上的,所以该支撑体将随之转动,不过其转动速度是小于主动齿轮的。泵轴则通过联轴器和行星齿轮支撑体相连,所以泵轴将慢速转动,如此达到减速的目的。

与国产金属蜗壳 50ZLQ-50 型循环水泵相比,立式水泥蜗壳型水泵具有下列特点。

① 水泵蜗壳与进口通道均为混凝土浇筑。从鼓形旋转滤网出口到水泵叶轮进口处形成进水通道,整个通道的型线和尺寸由制造厂通过模型试验确定。施工中,制造厂按照绘制的木模图

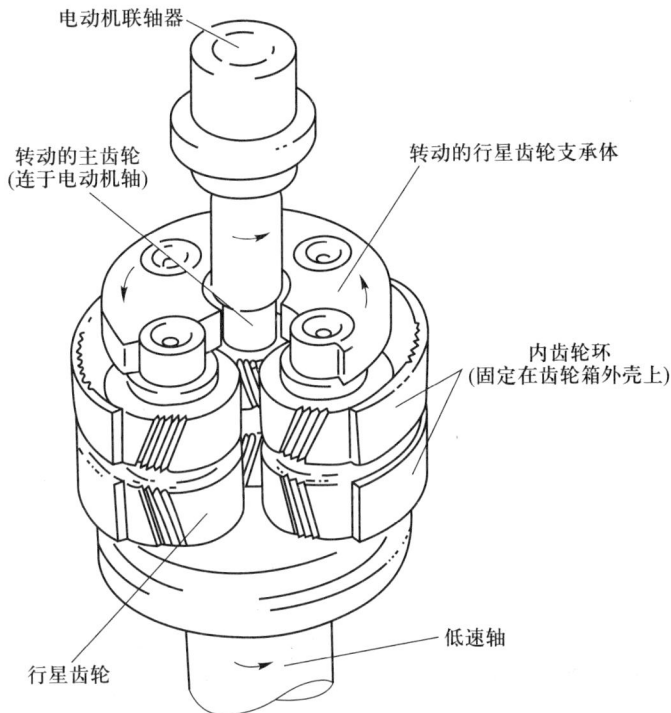

**图 2.32** 行星减速齿轮简图

纸加工木模部件,运到工地组装成整个木模后,才进行安装和浇灌混凝土,因此能保证良好的进水水力特性。需要指出的是:在循环水泵的进水通道上,通过断面由方形收缩变为圆形,形成收敛形混凝土弯头。此种结构可消除滞流区及旋涡,因而可避免带入空气造成的振动及海洋生物的沉积和污染。

② 水泥蜗壳无腐蚀、无振动,不需要大量的维修工作。

③ 水泵轴承与海水隔离,用油润滑磨损小,检查温度方便,使用寿命至少 10 年。

④ 泵轴在机械密封处装有轴套,不与海水接触,无腐蚀。

⑤ 检查维修方便简单,无重载,检查时不需要解体。一般 5~7 年大修一次。

⑥ 与海水接触的金属部件均用不锈钢制作,结构较简单,转速较低,运行可靠性较高。

循环水泵的效率为 92%,泵组的综合效率为 87.8%,较国产的 125 MW 和 300 MW 机组配套使用的 50ZLQ-50 型立式轴流循环水泵效率约高 10%。

# 2.7 上充泵

上充泵是化学和容积控制系统的一部分。其有三台相同的泵并联布置。在担负正常的化学和容积控制系统上充和冷却剂泵密封水注入功能时,一台泵投入使用,另一台泵备用,而第三台泵解除供电。高压安注时则两泵并联工作。

## 2.7.1　概述

上充泵是卧式多级离心泵,如图 2.33,由电动机驱动。泵组包括:离心泵、电动机、异径接头/齿轮箱/联轴器及润滑装置、空气油冷却器、底座等,主要部件外形及连接如图 2.34。泵底座与齿轮箱和润滑系统的底座分开。

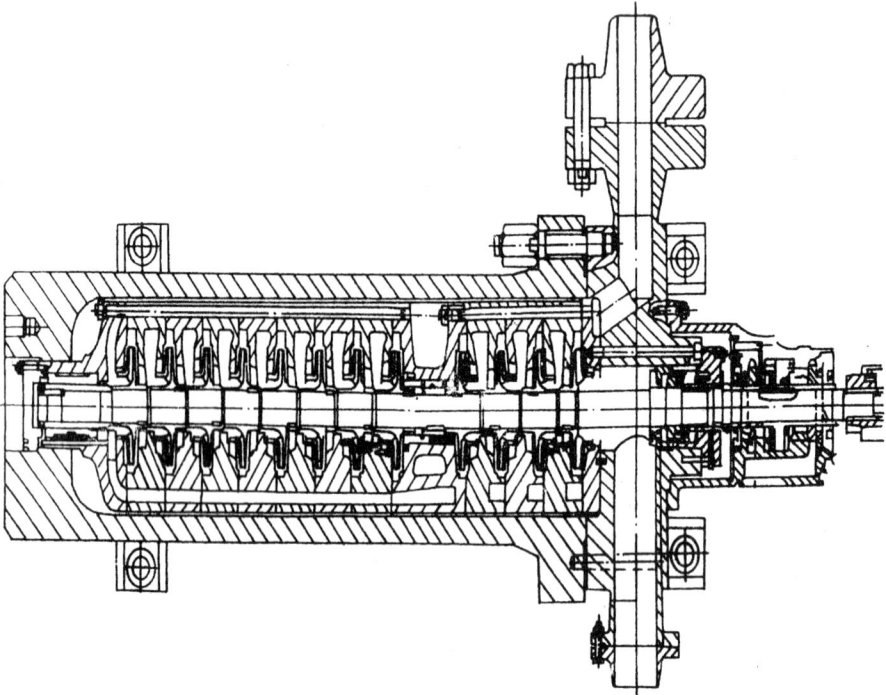

图 2.33　化学和容积控制系统的上充泵

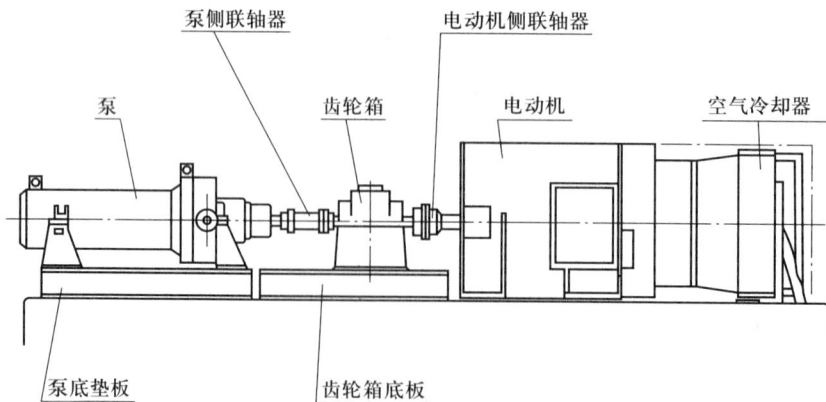

图 2.34　上充泵泵组连接

1. 主要说明

电动机通过一个带有两个(高速和低速)联轴器的异径接头/齿轮箱驱动泵。

液体通过吸入管路(径向安装在泵头)流到泵体中,再通过泵筒到达吸入叶轮,由它把液体离心送到扩散器。扩散器再把液体送到第一级叶轮、第二级叶轮等,最终由排出管路(径向装在泵头)把液体输送出去。

泵运行时,两个潜水静压轴承磨损泵轴。

润滑装置润滑齿轮和异径接头的止推轴承、泵外止推轴承。

一个空气油冷却器,装配在带有挠性护罩的电动机上,位于电动机风扇的后面,用来冷却润滑油。

2. 主要功能

在下列情况下使用上充泵。

实现化学和容积控制系统的上充功能:保持稳压器中恰当的水位,向反应堆冷却剂系统注水。该上充泵从容积控制箱或从贮水箱抽吸水。

密封水注入功能:向三台主冷却剂泵注入第一级密封用的冷却水。

在这两种情况下,只有一台上充泵运行,每台泵都可输送最大上充流量水,同时,把小流量管线打开。

高压安全注入功能:用作安全注入泵,可防止失水事故(LOCA)时堆芯裸露,这时关闭最小流量管线。

在这种情况下,两台泵并联运行,两台泵的流量随一回路压力而变化。

泵经硼注入箱注水到主回路系统冷段,并向主泵注入密封用水。

由低压安全注入泵供水给上充泵,而低压安全注入泵本身从贮水箱抽吸水。

在贮水箱中出现低水位时开始再循环。低压安全注入泵自动转换抽吸安全壳地坑水。地坑水的温度为 120 ℃。

3. 主要性能参数

该泵的特性曲线如图 2.35。

该泵的主要性能参数如下:

正常/最高吸水温度:46 ℃/100 ℃;

吸入压力(最低/最高):0.5 bar/4.5 bar;

排量:34 m³/h;

压头:1 860 m;

功率:650 kW。

## 2.7.2 上充泵结构

上充泵的部件包括:高压室、水力部件、泵轴、密封装置及其旋流分离器、潜入所泵送液体中的静压轴承(潜水轴承)、外止推轴承。

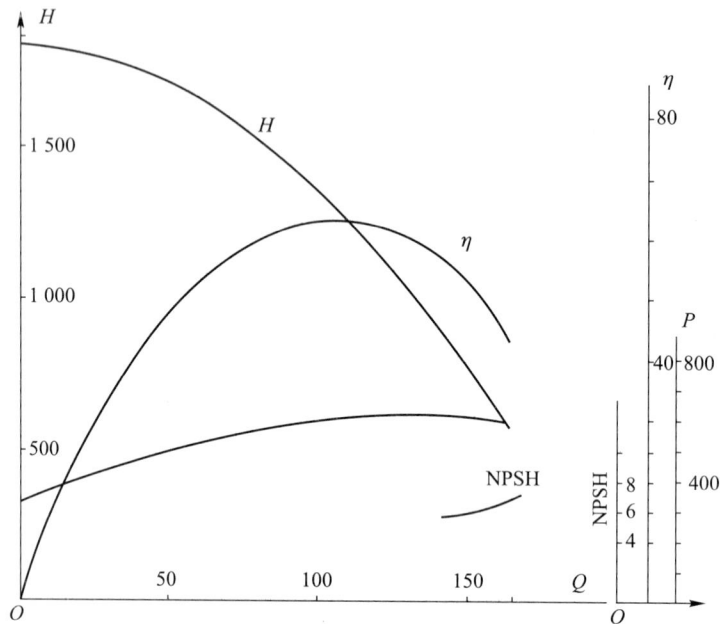

图 2.35　上充泵特性曲线

1. 高压室

高压室包括泵头、吸入和排出管、泵筒体等。泵头上面装有带法兰和对接法兰的吸入和排出短管，吸入和排出管位于两侧，在同一水平面上。此外在泵头还有旋流分离器系统（见图 2.36）。

泵筒体或高压室（在有排出压力时）有液压部件、两个紧固部件和一个膨胀滑板，筒体的端部装有隔离板。

高压室设计成可使泵在热膨胀时仍能运行正常，实际上，泵筒体和泵头对称转动，即围绕中心线对称变形。轴向膨胀由泵筒上的滑道导向系统补偿。

高压室的所有部件是用不锈钢制造的，用核级耐辐射 $EP$ 弹性 $O$ 形环密封。

2. 水力部件

整个水力部件是用螺钉连接在泵头，热膨胀时滑向泵筒后侧。用双涡壳达到径向平衡。组装两个相对的叶轮组达到轴向平衡，一个叶轮组在泵一侧，共有四个叶轮，另一个叶轮组在泵筒后侧，包括高叶轮，剩余推力被带有振动推力块的双作用推力盘吸收。靠扩散器金属面之间的接触密封扩散器。

3. 泵轴

泵轴由三个轴承支承，在泵轴上用键固定住叶轮、轴承和机械密封转子，叶轮是用半环轴向固定在轴上，轴的伸出端与半联轴器是套筒式连接。

4. 轴密封装置

轴密封装置是一种平衡式装置，主要由机械接触密封件组成，有单向作用热水动力补偿。该密封装置由固定密封座、石墨座、夹紧装置、后盖、弹簧和密封盖等组成。石墨节流衬套可减少流体的泄漏。泄漏的流体先流经机械密封盖，然后流经泵头由一根外置管回收。

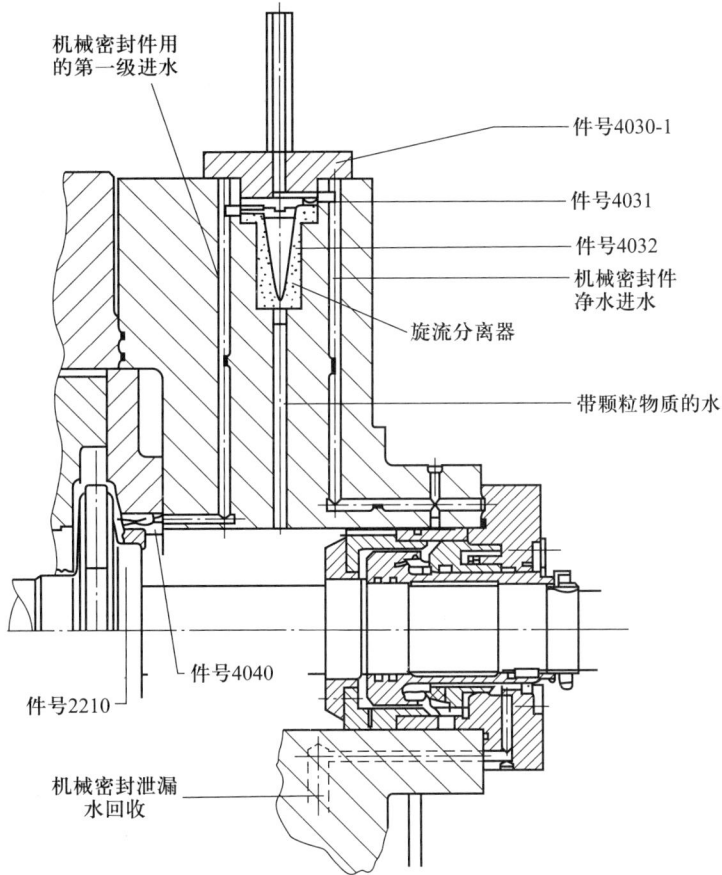

图 2.36　带水力旋流分离器的机械密封水进水路线

密封进水流经位于泵头的旋流分离器,分离器径向注入,饱和水通过分离器底部注入到泵吸入区,过滤水通过密封盖(件号 4031)注入到密封面,最终排到泵的吸入区。

5. 潜水轴承

中心静压轴承和筒侧静压轴承用于支承泵轴,这两个轴承均由泵送的液体润滑。中心静压轴承第四和第五级之间的压差径向给水,筒侧静压轴承靠第 12 级的压差横向供水。中心静压轴承为筒式流体静力轴承,而筒侧静力轴承带泄漏储存器。

6. 外止推轴承

外止推轴承包括推盘、轴承和润滑系统。

止推盘为带振动推力块的双止推盘,盘上有 11 个推力块和配对法兰 9 个推力块,每个推力块涂有抗摩擦的合金。止推盘用油润滑,设计成对异径接头有一推力。

轴承上有五个振动推力块,承受任何方向的轴向荷载。

润滑油来自润滑装置,直接注入到轴承箱,同时注入到轴承和止推盘,对轴承和止推盘润滑。整个润滑油的循环由从动泵驱动。

### 2.7.3 上充泵泵组部件

1. 联轴器

联轴器由低速和高速两个异径联轴器组成,低速为电动机和齿轮箱之间的嵌齿式联轴器,高速为泵和齿轮箱之间的带隔套嵌齿联轴器。

两个联轴器上油密封通过以下途径得到:

在顶盖和轮毂之间加 O 形环;

在顶盖及隔套法兰中心环之间加 O 形环;

在轮壳和密封连接板(为防止经键的位置泄漏)加 O 形环用温度为 50 ℃、黏度为 40~80 °E 的油润滑两个联轴器。

2. 齿轮箱

齿轮箱由齿轮组、壳体、轴承和润滑系统组成,变速比为 3.029 2,效率为 98%。

壳体为铸铁标准半开式壳,目的是为了减少噪声和振动。每个轴承分为两部分,为流体动力式,且有抗摩擦涂层。位于轴衬里的止推轴承是油膜式的,它们承受螺旋嵌齿内部及嵌齿联轴器外部的力。

3. 空气冷却系统

空气冷却系统是带扁平散热片的管子,装在电动机空气吸入口、冷却泵和齿轮油箱处。用一个挠性罩与电动机相连,靠电动机的风机驱动空气流过空气冷却系统。

### 2.7.4 启动前的检查

上充泵的启动一定要遵守以下操作细则:

检查泵是否充注了水和正确排气;

检查吸入管和排出管上的隔离阀是否打开;

检查吸入管是否密封和气密;

尽可能以最小流量启动泵组;

双壳体过滤器排气;

如需要,向油箱内加油。

---

**思考题**

2-1  反应堆冷却剂泵的功能是什么?

2-2  压水堆主泵按密封形式可分为哪两类?

2-3  主泵上安装飞轮的作用是什么?

2-4  简述轴封式主泵的轴密装置。

2-5　简述轴封式主泵的热屏障。

2-6　屏蔽式主泵有什么特点,和轴封式泵相比有哪些不同?

2-7　与常规泵相比,核动力装置主泵有哪些特殊要求?

2-8　核电站二回路给水泵的功能是什么?

2-9　核电站二回路给水泵根据原动机形式的不同,有哪两种形式? 各在什么情况下使用?

2-10　简述核电站二回路汽动给水泵装置的组成。

2-11　核电站二回路给水泵装置中的引漏系统有什么作用?

2-12　核电站二回路凝结水泵的功能是什么,主要结构如何?

2-13　核电站二回路循环水泵的功能是什么,主要结构如何?

2-14　立式水泥蜗壳型水泵的特点有哪些?

2-15　核电站上充泵的功能是什么,主要结构如何?

2-16　比较压水堆冷却剂泵、上充泵的轴向力的平衡方法。

## 习题

2-1　已知主泵的额定功率为 5 500 kW,额定转速 1 500 r/min,主泵断电 20 s 时,转速降为额定转速的一半,估算此主泵的转动惯量。如果没有飞轮,主泵断电 1 s,转速就降为额定转速的一半,估算没有飞轮时,主泵的转动惯量是多少。在这两种情况下,断电 30 s 时主泵的转速各为多少?

答:有飞轮时,$I = 454.7$ kg·m$^2$,$n_{30 s} = 600$ r/min;

　　无飞轮时,$I = 22.7$ kg·m$^2$,$n_{30 s} = 48.4$ r/min。

2-2　已知主泵的额定功率为 7 000 kW,额定转速为 1 200 r/min,转动惯量是 4 000 kg·m$^2$,求主泵断电后,转速降为 1 000 r/min,600 r/min,500 r/min,100 r/min 的时间。

答:$t = 17.7$ s,88.5 s,124 s,973 s。

2-3　已知主泵的额定功率为 5 500 kW,额定转速 1 500 r/min,转动惯量是 400 kg·m$^2$,求主泵断电后,主泵惰转的半流量时间(半流量:流量降为额定流量的一半)。

答:$t = 17.6$ s。

# 第3章 其他类型的泵

## 3.1 其他类型泵的工作原理

在 1.1 节中,我们介绍了泵的种类,下面介绍离心泵以外的其他几种类型泵的工作原理。

### 3.1.1 轴流泵

轴流泵的工作原理是利用高转速叶轮上的叶片对流体做功,使其压能和动能得到升高。与离心泵不同的是,在轴流泵内,流体经过导流叶片沿泵轴方向流出泵外,流体主要沿与转轴平行的方向流动,即轴向流动;而离心泵内,流体的流动方向与转轴垂直,即径向流动。

轴流泵结构如图 3.1 所示,叶轮 1 安装在圆筒形泵壳 3 内,当叶轮旋转时,流体轴向流入,在叶道内获得能量后,经过导流器 2 轴向流出。

轴流泵比离心泵结构紧凑,适用于大流量、低压头的场合,在核电站中可作为循环泵使用。

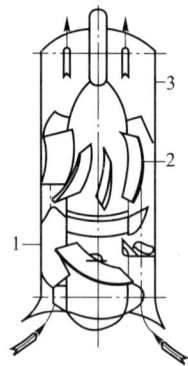

图 3.1　轴流泵示意图
1—叶轮;2—导流器;3—泵壳

### 3.1.2 活塞泵

活塞泵的工作原理是利用活塞在泵缸内做往复运动来吸入低压流体,排出高压流体。如图 3.2 所示,当活塞 1 在泵缸 2 内开始自左位置向右移动,工作室 3 的容积逐渐扩大,室内压强降低,流体顶开吸水阀 4,进入活塞所让出的空间,直至活塞移动到极右端为止,此过程为泵的吸液过程。当活塞从右开始向左移动时,充满泵的流体受挤压,将吸水阀关闭,并打开压水阀 5 而排出,此过程称为泵的压水过程。活塞不断往复运动,泵的吸水和压水过程就连续不断地交替进行。

活塞泵适用于小流量、高压头的情况。

核电站中常用作加药泵使用。

如图 3.2 所示的泵称为单作用泵,其特点是当活塞在泵缸内往复运动时,只以一个面吸排液体。

如图 3.3 所示为单作用阀门式活塞泵,这种活塞泵通常作为冷凝装置中的湿空气泵。当活塞 1 向上移动时,活塞下部工作空间逐渐增加而压强相继降低,吸入阀 2 被打开,空气和凝结水的压强增高,开启阀 3 而进入 B 室中。活塞再向上移动,活塞上部的压强增高,排出阀 4 被打开,空气逸出,水则从排出管排至热水井或给水柜中。

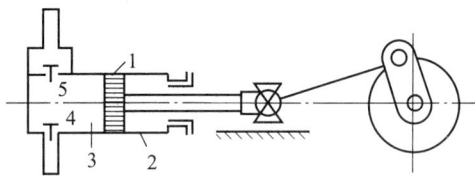

**图 3.2 活塞泵示意图**
1—活塞;2—泵缸;3—工作室;
4—吸水阀;5—压水阀

如图 3.4 所示为差动泵,它的活塞杆面积约为活塞面积的二分之一。当活塞 A 向上移动时,液体自吸入阀 1 进入活塞下部空间,同时活塞 A 将上部空间的液体压入排出管中。当活塞 A 向下移动时,液体压强增高,因此阀 2 被打开,液体经过通道 C 进入泵缸上部空间,由于上部空间比下部空间小一半,因此一部分多余液体通过排出阀 3 排出。由此可见,这种单作用泵虽然吸入过程是在一个行程内完成的,但排出过程却是在两个行程内完成的。

图 3.5 为双作用泵的简图。双作用泵是指当活塞在泵缸内往复运动时,活塞两面部能吸排液体。其工作原理与上述单作用泵相同,只不过活塞在一个双行程内所吸排的排量约等于单作用泵的二倍。其工作原理分析如下:当活塞 5 向右移动时,液体从吸入阀 1 进入工作空间 A,而工作空间 B 内的液体则从排出阀 3 排至泵外。当活塞返程时,其吸排过程完全相反。

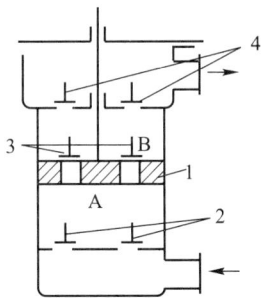

**图 3.3 阀门式活塞泵**
1—活塞;2—吸入阀;
3—阀;4—排出阀

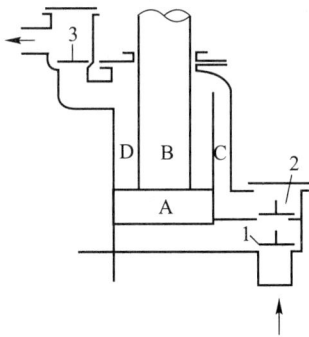

**图 3.4 差动泵**
1—吸入阀;2—阀;
3—排出阀

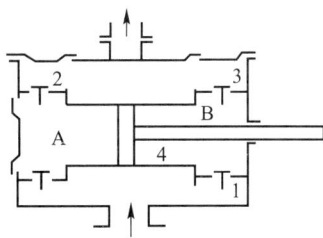

**图 3.5 双作用泵装置简图**
1—吸入阀;2,3—排出阀;
4—活塞

## 3.1.3 齿轮泵

齿轮泵的工作原理是利用互相啮轮不断旋转来吸入与排出液体。

齿轮泵具有一对互相啮合的齿轮,如图 3.6 所示,图中齿轮 1(主动轮)固定在主动轴上,轴的

一端伸出泵壳外由原动机驱动,另一个齿轮 2(从动轮)装在另一根自由
轴上。当主动轴旋转,经齿轮带动从动齿轮旋转时,液体沿吸入管 3 进
入吸入空间,进入齿隙与泵间的空间中,然后沿上下壳壁被两个齿轮
分别挤压到排出空间汇合(齿与齿啮合前),最后进入压出管 4 排出。由
于齿轮做等速度旋转,则每转过一齿就有一部分液体排出,所以它的排
理较为均匀。两齿轮啮合处把吸排空间分开,并起着密封的作用。齿轮
与泵壳间的间隙很小,约为 0.01 mm,能阻止高压液体沿着泵壳表面漏回
吸入空间。

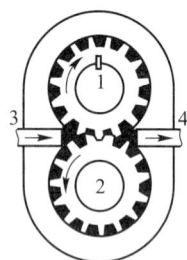

图 3.6 齿轮泵示意图
1—主动轮;2—从动轮;
3—吸入管;4—压出管

　　齿轮泵的结构轻便紧凑,制造简单,工作可靠,在润滑系统中应用广
泛,一般具有输送液体流量小而输出压强高的特点。在核动力装置的滑
油分离机中采用齿轮泵来输油。

## 3.1.4 螺杆泵

　　螺杆泵的工作原理是利用互相啮合的螺杆来吸入与排出液体。
　　如图 3.7 所示,螺杆泵的转子由主动螺杆 1 和(有一根、二根、三根或四根的)从动螺杆 2 组
成,主动螺杆与从动螺杆做相反方向转运,螺纹互相啮合,液体从吸入口进入,随着螺杆的旋转就
进入螺纹间的空隙内,被螺旋轴向推进增压至排出口。

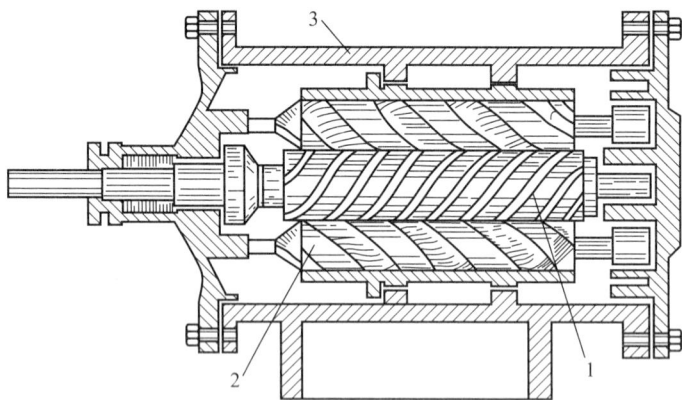

图 3.7 螺杆泵示意图
1—主动螺杆;2—从动螺杆;3—泵壳

　　此泵适用于高压头、各种流量的情况。核动力装置中常用来作为输送润滑油及调节油的
油泵。
　　如图 3.7 所示的螺杆泵中,液体仅向单方向流动,因而产生轴向力,轴向力的方向指向吸入
口,由主动螺杆的推力轴承承受。为了平衡螺杆泵的轴向力,一般螺杆都做成左右螺纹,如图 3.8
所示。主动螺杆 2 由原动机带动后经左端小齿轮 3 和 4 再传动从动螺杆 1,液体由吸入管 6 进入
长方形吸入空间 5,沿此空间向螺杆左右两端流动,然后被螺杆带至中间,最后经排出管 7 排出。

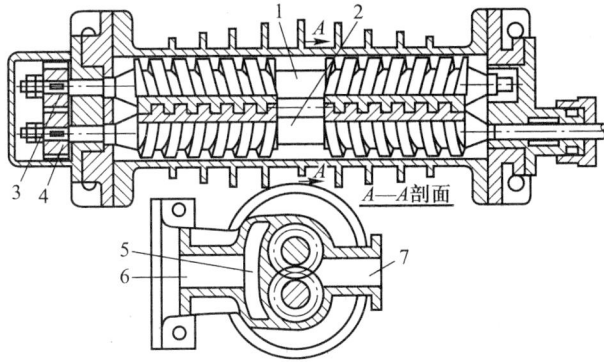

图 3.8 双螺纹的螺杆泵

1—从动螺杆;2—主动螺杆;3,4—小齿轮;5—吸入空间;6—吸入管;7—排出管

液体从两端进入,因而使轴向力得以平衡。螺杆与泵壳之间的间隙为 0.5~0.8 mm。

## 3.1.5 滑片泵

滑片泵的工作原理是利用泵内的偏心转子上的滑片来限制油液的运动,并通过它的作用对油液做功。

滑片泵一般用作输送滑油。图 3.9 为一台内滑片泵的结构示意图,当泵壳里的转子循箭头方向转动时,嵌入转子中的滑片在离心力的作用下顺序滑向泵壳内壁,由于转子和泵壳的偏心结构,使油液自进口压向出口。图 3.10 为一台外滑片泵的结构示意图,这种泵里滑片在转子以外,它依靠出口的高压与偏心转子紧紧接触,以阻隔油液的返流。滑片泵也可与高速原动机直接连接。滑片泵具有结构轻便,尺寸小的优点。

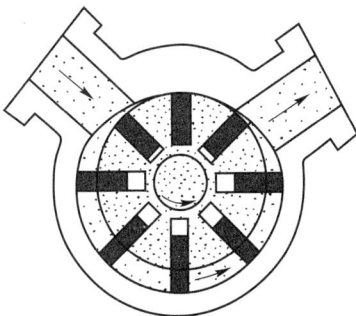

图 3.9 内滑片泵

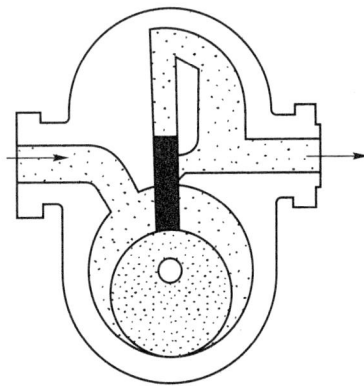

图 3.10 外内滑片泵

## 3.1.6 真空泵

常用的真空泵是水环式真空泵,也称水环泵。

水环泵的工作原理是利用泵内偏心旋转的星形叶轮与水环之间的气室容积的变化来吸入与排出气体。

图 3.11 为水环泵的示意图。有 12 个叶片的星形叶轮 1 偏心地装在圆柱形泵壳 2 内。泵内注入一定量的水,但不充满泵。叶轮旋转时,水在离心力的作用下被甩至泵壳,形成一个带自由表面的旋转水环。星形叶轮的叶片浸在水环中的深度是不断变化的,水环的内表面与叶轮轮毂相切,这就导致相邻的叶片和水环面之间形成了充满气体的气室。由于泵壳与叶轮不同心,右半轮毂与水环间的进气空间 4 逐渐扩大,从而形成真空,使气体经进气管 3 进入泵内进气空间 4。随后气体随叶轮旋转进入左半部,由于轮毂、水环之间的气室容积被逐渐压缩而增大了压强,于是气体经排气空间 5 及排气管 6 被排至泵外。

水环泵在工作时应不断补充水,用来保证形成水环并带走摩擦产生的热量。

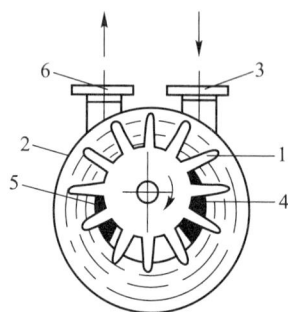

图 3.11　水环式真空泵示意图
1—叶轮;2—泵壳;3—进气管;
4—进气空间;5—排气空间;
6—排气管

水环泵具有很强的自吸能力,可用作离心泵的自吸机,在有吸升式吸入管段的大型泵装置中,可用作水泵启动时抽气充水的真空泵。水环泵还可在化学工业中用作真空泵和压气机。

## 3.1.7 喷射泵

喷射泵的工作原理是利用高速运动的工作流来吸排另一种流体,用工作流体的能量使被输送的流体增加能量。

图 3.12 是喷射泵示意图。高压的工作流体 7,由压力管送入喷嘴 6,经喷嘴后压能变成高速动能,因此,使喷嘴附近的液体(或气体)被带走。此时喷嘴出口的后部吸入室形成真空,被抽吸流体 8 与工作流体混合,然后通过扩散室 2 将压强稍升高输送出去。由于工作流体连续喷射,吸入室继续保持真空,于是得以不断地抽吸和排出流体。

喷射泵的工作流体通常为高压蒸汽或高压水,而被吸排的流体可能是水、蒸汽、空气和汽水混合物,有时还可输送固态物质,如炉灰、煤渣,甚至鱼类等。用蒸汽作为工作流体的称为蒸汽喷射泵,用水作为工作流体的称为水喷射泵。射水抽气器是一种水喷射泵,射汽抽气器

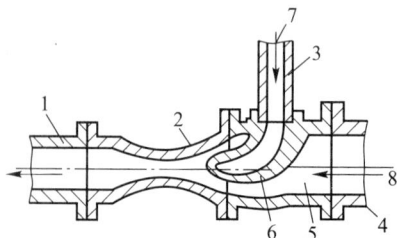

图 3.12　喷射泵示意图
1—排出管;2—扩散室;3—管子;
4—吸入管;5—吸入室;6—喷嘴;
7—工作流体;8—被抽吸流体

是一种蒸汽喷射泵,在核动力装置中常用来抽除凝汽器中的空气。

喷射泵结构简单,没有任何运动部件,启动迅速,运转简便,管理容易,可以输送任何流体,如能输送含有杂质的液体等。吸入能力较强又能达到高度真空,排量均匀,质量尺寸较小。其缺点是效率较低。

# 3.2　往复式泵的性能曲线

往复式泵是最早发明的提升液体的机械。目前由于离心泵具有显著优点,往复式泵的应用范围已逐渐减小。但由于往复式泵具有在压头剧烈变化时仍能维持几乎不变的流量的特点,故往复式泵仍有所应用。它还特别适用于小流量、高扬程的情况下输送黏性较大的液体,例如应用在机械装置中的润滑设备和水压机等处。在核动力装置中,一回路补给水泵和安全注射泵常采用柱塞泵。

往复泵属于容积式泵,往复泵的优点之一是能自行排出和吸入管内的气体,而吸排液体。往复泵的另一优点是其排出压强取决于排出管内的压强,可达很高的数值。这是因为液体是不可压缩的,不论泵排出管中有多高的压强,只要原动机有足够的功率,各部件有足够的强度,往复泵都可以把液体压到相应的压强而把液体排出去。

活塞(或柱塞)式往复泵主要包括泵缸、活塞(或柱塞)、连杆、吸水阀和压水阀等。图 3.13 是双作用活塞式往复泵的工作原理图。当活塞 1 与连杆 2 受原动机驱动做往复运动时,左右两工作室 3 的容积交替发生变化。左工作室容积受压缩时,其中液体推开压水阀 6 被排向排水管 7;与此同时,右工作室膨胀形成真空,打开右吸入阀 5 从进水管 4 吸水。活塞向右运动,两工作室交替进行上述工作过程,完成吸水、排水的输水过程。

活塞式往复泵的理论流量与活塞面积 $A$、活塞行程 $S$ 及活塞在单位时间内往复次数 $n$ 有关。单作用往复泵的理论流量为

$$Q_T = ASn$$

双作用泵的理论流量是单作用泵的两倍。

往复泵的实际流量会因为液体的漏损和吸水阀与压水阀动作的滞后而有所减少,通常用容积效率乘以理论流量得出。$\eta_v$ 值大约在 85% ~ 99% 之间。

理论上来说,往复泵的扬程与流量无关,这就是说这种泵可以达到任意大的扬程,它的 $Q_T$-$H_T$ 曲线是一条垂直于横坐标 $Q$ 轴的直线(见图 3.14 中的虚线)。实际上由于受到泵的部件机械强度和原动机功率的限制,泵的扬程不可能无限增大。同时在较高的增压下,漏损会加大,以致实际 $Q$-$H$ 曲线向左略有偏移。应当指出,往复泵的流量是不均匀的,因为活塞在一个行程中的

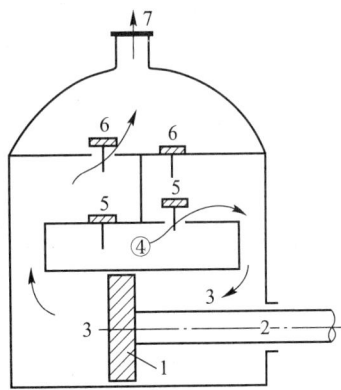

图 3.13　双作用活塞式往复泵的工作原理

1—活塞;2—连杆;3—泵缸或工作室;
4—进水管;5—吸水阀;6—压水阀;
7—排水管

位移速度总是从零到最大再减少到零,然后重复,如此往返循环。而图 3.14 中的 $Q$-$H$ 曲线是按平均流量绘制的。

往复泵在一定的往复次数下工作时,理论流量 $Q_T = ASn$ 为定值,理论轴功率 $P_T = \rho g Q_T H_T$ 只与 $H_T$ 有关,故 $H_T$-$P_T$ 是一条通过原点 $O$ 的直线。实际的 $H$-$P$ 曲线因高压头下流量有所减少而稍微向下弯曲,如图 3.14 所示。注意该图 $P$ 和 $\eta$ 尺度都标注在横坐标轴上。

效率曲线一般随 $H$ 值的增加而下降。此外,当 $H$ 很小时,由于有效功率很小而机械损失基本未变,以致效率下降很快。$H$-$\eta$ 曲线也绘于图 3.14 中。

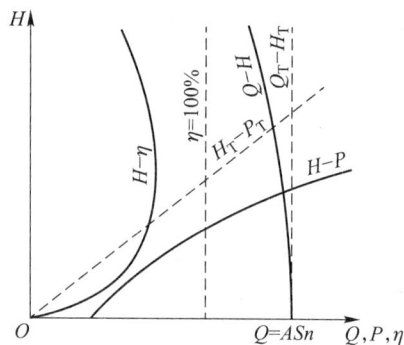

图 3.14　往复泵的性能曲线

往复泵的吸入性能应当考虑流量实际上的非恒定性带来的附加损失,所以它的允许几何安装高度较离心式泵低。

启动时应注意,往复泵以及所有容积式泵必须开着出口阀,以防排出压强过高而损坏管道和设备。往复泵以及各种容积式泵的出口压头要用定压阀进行整定,如核动力装置二回路的滑油泵(螺杆泵),其整定压头为 0.49 MPa。

# 3.3　喷射泵设计计算

喷射泵,也称为引射器、射流泵。本小节对它再做较详细的介绍。

## 3.3.1　喷射泵的工作原理和构造

喷射泵是一种输送流体的装置,它依靠高压流体流经喷嘴后所形成的高速流,引射另一种低压流体,并在装置中进行能量交换与物质掺混,最后达到输送的目的。

喷射泵可以用来加压流体,可以使两种不同相态的流体混合而加以输送,甚至还可以输送混有固态物质的流体,有的喷射泵还可将特定的空间抽制成真空。因此在功能上来说,喷射泵与泵或风机相似,但在作用原理上完全不同。

喷射泵的工作原理见图 3.15a,它的主要部件有工作喷嘴 1、吸入室 2、混合室 3 和扩压管 4。

高压强的工作流体流经喷嘴后获得高速度,进入吸入室 2,与吸入室 2 内低压流体进行动量交换,并将其带走。被带走的低压流体叫作被引射流体。两种流体在混合室 3 内继续进行动量交换和充分混合,然后流向扩压管 4。在扩压管 4 内混合流体的流速下降,压强升高。

在吸入室 4 中,由于被引射流体被大量带走,使室内压强有所下降,于是不断有被引射流体补充进来。被引射流体的补充、掺混和带走,并在扩压管内升压,完成了加压输送的功能。图 3.15b 是蒸汽喷射制冷系统中引射装置的安装简图。其中主喷射泵 7 用来抽取蒸发器 5 中的蒸汽,蒸发

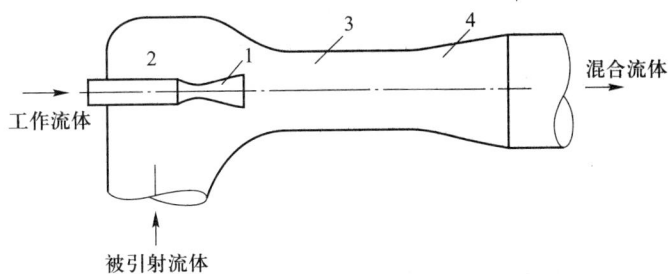

(a) 喷射泵的构造示意图

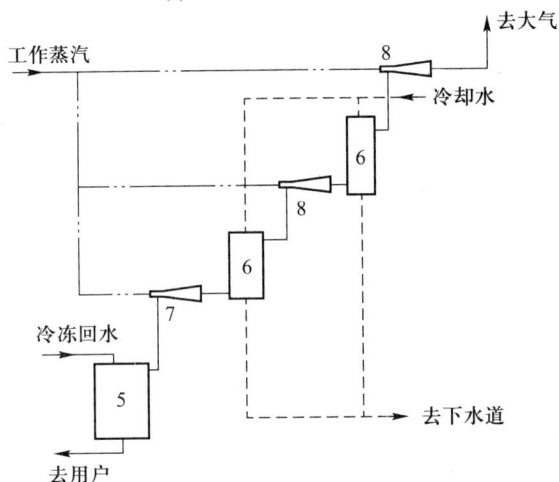

(b) 蒸汽喷射制冷系统中的引射装置简图

**图 3.15  喷射泵的构造与引射装置简图**
1—工作喷嘴;2—吸入室;3—混合室;4—扩压管;5—蒸发器;
6—冷凝器;7—主喷射泵;8—辅助喷射泵

器 5 中的压强下降从而使其中的水在较低的温度下蒸发并使剩余水的温度降低以供给空气调节系统。两个辅助喷射泵 8 逐级提高冷凝器 6 中的压强,最后使废汽略高于大气压而排向大气。

## 3.3.2  喷射泵的特点和种类

提高被引射流体的压强和输送被引射流体,只消耗工作流体的能量而无需外加动力是喷射泵最突出的性质。加之喷射泵本身结构简单,制造容易,与管网的连接也很方便,所以日益广泛地应用于各个工业领域中。当不允许具有运动机件的系统,例如输送具有爆炸性流体时,喷射泵特别适用。但通常喷射泵的效率是很低的,大约只有 30%。

根据喷射泵的工作流体与被引射流体的相态不同,可将喷射泵分为以下数种。

① 工作流体和被引射流体的相态相同的喷射泵,如通风系统的诱导排风装置及制冷装置中的蒸汽喷射泵等;

② 工作流体的相态与被引射流体的相态不相同的喷射泵,在混合过程中仍保持原有相态,

如气力输送系统中送料用的喷射器、水-空气喷射泵等;

③ 流体相态发生改变的喷射泵,这种喷射泵在两种流体混合后就成同一相态,如汽-水喷射泵及采暖系统引入口的蒸汽喷射泵等。

在实际工程中,还可以遇到其他类型的喷射泵。如用于锅炉补给水的喷射泵、输送炉渣的水力除灰器等都是利用喷射泵来工作的。

### 3.3.3 喷射泵的设计计算

1. 喷射泵的流动特点

尽管喷射泵的名称有所不同,流体种类各异,但在工作原理上是一致的。在设计计算时,因客观要求和流体参数等条件各不相同,所以具有各自的设计计算特点。下面以气态介质为例来分析喷射泵的流动特点。

如图 3.16 所示的喷射泵下方依次绘有工作流体和被引射流体的压强变化和流速变化图。

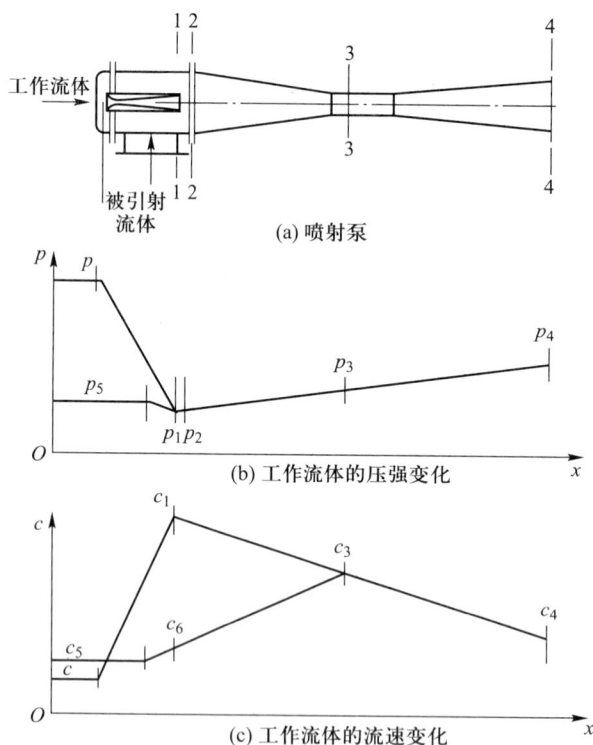

图 3.16 喷射泵及其压强与流速的变化

工作流体在喷嘴前的压强为 $p$。通过喷嘴时,其压力能转化为动能,压强降低到 $p_1$,而流速由 $c$ 增加到 $c_1$。被引射流体在吸入室前的压强为 $p_5$,到达吸入室后的压强为 $p_1$,$p_1$ 略低于 $p_5$。被引射流体的流速则由 $c_5$ 增至 $c_6$。两种流体在断面 1-1 处开始混合并随即进入混合室。在混合室中,两流体加强动量交换,压强逐渐升高,流速渐趋均匀。到混合室出口处压强升到 $p_3$,

混合流体的流速变为 $c_3$。以后混合流体在扩压室中增压减速直至喷射泵的出口,压强为 $p_4$,流速为 $c_4$。

从以上介绍可以看出,工作流体在进入喷嘴前的流动显然遵循一般管内流动规律。在流经喷嘴时,应根据是否要求达到超声速和吸入室内的压强大小来选择喷嘴形状,有的只需采用渐缩喷嘴,有的要用拉瓦尔型喷嘴。

被引射流体在吸入室前的流动和混合流体进入扩压室后的流动与一般管流无异。但是工作流体和被引射流体的混合过程中要进行动量交换。有的要涉及两种流体的相态变换以及是否可压缩等条件,情况是复杂的。目前还缺乏准确的计算方法。通常先按理想情况进行计算,再用经验数据加以校正。而且,用途不同的喷射泵都具有自身设计计算上的特点。

2. 喷射泵设计计算基本定律

在所有喷射泵的设计计算中,都毫不例外地可以用以下三个定律来描述。

(1)能量守恒定律

可以由下式表示:

$$h_p + \mu h_H = (1+\mu) h_c \tag{3.1}$$

式中,$h_p$——喷射泵前工作流体的焓,kJ/kg;

$\quad h_H$——喷射泵前被引射流体的焓,kJ/kg;

$\quad h_c$——喷射泵后被引射流体的焓,kJ/kg;

$\quad \mu$—— $\dfrac{Q_{mH}}{Q_{mP}}$,引射系数,即被引射流体的质量流量 $Q_{mH}$ 与工作流体的质量流量 $Q_{mP}$ 之比,质量流量的单位为 kg/s。式 3.2 中已将喷射泵前后诸流体的动量略去不计。

(2)质量守恒定律

由下式表示:

$$Q_{mC} = Q_{mP} + Q_{mH} \tag{3.2}$$

式中,$Q_{mC}$——混合流体的质量流量,kg/s。

(3)动量定律

任意形状的混合室的动量定律可写为

$$Q_{mP} c_{P1} + Q_{mH} c_{H1} - (Q_{mP} + Q_{mH}) c_3 = p_3 A_3 + \int_{A_3}^{A_1} p dA - (p_{P1} A_{P1} + p_{H1} A_{H1}) \tag{3.3}$$

式中,$c$——流体的流速,m/s;

$\quad p$——流体的静压强,pa;

$\quad A$——混合室各截面的面积,m²;

$\int_{A_3}^{A_1} p dA$——在截面 1-1 和 3-3 间作用于混合室壁面上力的积分,N。

式中各符号的下标:

P——工作流体的参数;

H——被引射流体的参数;

1——喷嘴出口开始混合处截面上的参数;

3——混合室出口处截面上的参数。

3. 喷射泵性能参数

通常采用如下的参数表示喷射泵的性能。

（1）引射系数

又称喷射系数，$\mu = \dfrac{Q_{mH}}{Q_{mP}}$，根据被引射流体的流量及引射系数可以确定所需的工作流体的质量流量。

（2）喷射泵的效率

被引射流体通过喷射泵后所获得的能量对工作流体所损失的能量的比值，用来表明喷射泵工作的完善性。

（3）工作流体的膨胀比

工作流体在喷嘴前的压强对喷嘴后的压强的比值。

（4）被引射流体的压缩比

喷射泵出口处混合流体的压强对吸入室前被引射流体的压强之比值。

4. 喷射泵设计计算的主要内容

在大多数情况下，设计计算喷射泵包括解决以下几个问题。

① 已知进入喷射泵前工作流体的参数（压强、温度）以及被引射流体的参数（压强、温度），在给定的喷射泵出口处的压强下，要求确定喷射泵可以获得的引射系数，从而确定被引射流体的流量。

② 在上述两流体参数已知的条件下，给定引射系数，要确定喷射泵出口处可以达到的压强。

③ 喷射泵几何尺寸的确定，其中包括各横截面的几何尺寸和形状以及喷射泵的轴向尺寸。喷射泵主要横截面的几何尺寸中，一是喷嘴喉部面积和出口面积，二是混合室出口截面面积和进口截面面积。当混合室采用锥体形状时，它的出口截面往往成为混合室和扩压管之间的喉部（图3.16 中的截面3—3）。除此之外，还有喷射泵出口截面面积和吸入室被引射流体进入口的截面面积。在大多数情况下，计算可以简化为只确定喷嘴喉部与混合室出口（即喉部）截面面积。其他各部分面积可以根据喷射泵的要求按两喉部面积的倍数由经验决定。

5. 影响喷射泵性能的因素

喷射泵的轴向尺寸中，喷嘴出口到混合室入口之间的距离对喷射泵的工作性能有直接影响。从喷嘴流出的高速流体的流动规律基本上符合自由射流的规律，而喷嘴出口的位置应当遵守自由射流的中截面积与混合室入口的截面面积相等的条件来确定。

试验研究表明，喷嘴出口位置与引射系数 $\mu$ 及喷嘴出口直径有关。一般将喷嘴位置做成可调的，以便在实践中调节到理想位置。至于其他轴向尺寸，包括喷嘴部分和混合扩压部分，也可以按喉部尺寸的倍数按经验决定。

主要影响喷射泵性能的是混合室喉部与喷嘴喉部截面面积比 $A_3/A$。当 $A_3/A$ 不大时，喷射泵是高压缩比、低引射系数的，这时喷射泵出口压强比被引射流体的压强大许多，而引射带走的被引射流体量较少。随着 $A_3/A$ 的增加，相对地压缩比降低而引射系数增加。

喷射泵的性能可以用出口压强 $p_C$ 与引射系数 $\mu$ 的关系来表示，并以被引射流体压强 $p_H$ 为变参数整理成性能图，如图 3.17 所示。该图所用的喷射泵具有如下的几何尺寸：混合室喉部直径 $d_3 = 59.5$ mm，喷嘴喉部与出口直径 $d = d_1 = 21.6$ mm，喷射泵的工作流体为八个大气压的蒸汽。

图 3.17 中纵坐标为喷射泵的出口压强 $p_C$,横坐标是引射系数 $\mu$。四条曲线代表被引射流体的压强分别为 1.2、1.5、2.0 及 2.5 个标准大气压时的性能曲线。

图 3.17 中表明在提高压缩比 $\dfrac{p_C}{p_H}$ 时,将减少引射系数 $\mu$ 达到某一 $\dfrac{p_C}{p_H}$ 值时,$\mu$ 将降为零。相反,降低压缩比会增加引射系数,直到引射系数不变的极限状态为止。在这以后,即使再降低压缩比,引射系数仍保持不变,也就是不再能增加引射流体的被带走的流量。

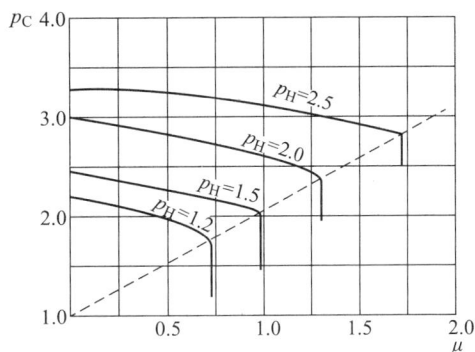

图 3.17 蒸汽喷射泵的性能图

有关各种类型的喷射泵具体的设计计算和实际要求,可参阅有关文献。

## 3.3.4 核动力装置中的喷射泵

在核动力装置二回路凝水系统中,采用射汽抽气器(如图 3.18 所示)建立并保持凝汽器中的真空。

射汽抽气器是一个二级喷射泵结构,如图 3.19 所示,工作蒸汽分别进入第一级喷嘴 10 和第二级喷嘴 18,引射凝汽器中的蒸汽空气混合物。工作流体——工作蒸汽和被引射流体-汽气混合物混合后,依次通过第一级扩压管 5、冷却水管、混合式冷却室 23、第二级扩压管 20、冷却水管 21。来自凝结水泵的凝结水从冷却水入口 6 进入射汽抽气器,从冷却水出口 19 排出,作为冷却水,将混合气体冷却冷凝。混合气体中的不凝气体——空气和少量没有凝结的蒸汽从射汽抽气器上部空气出口 15 排出,混合气体中的蒸汽凝结下来的水(称为疏水)从下部疏水阀 1、24 和 22 排出,返回凝汽器。

图 3.18 射汽抽气器外形

射汽抽气器与凝水系统的连接如图 3.20 所示,各工质的流程由该图可以看出。

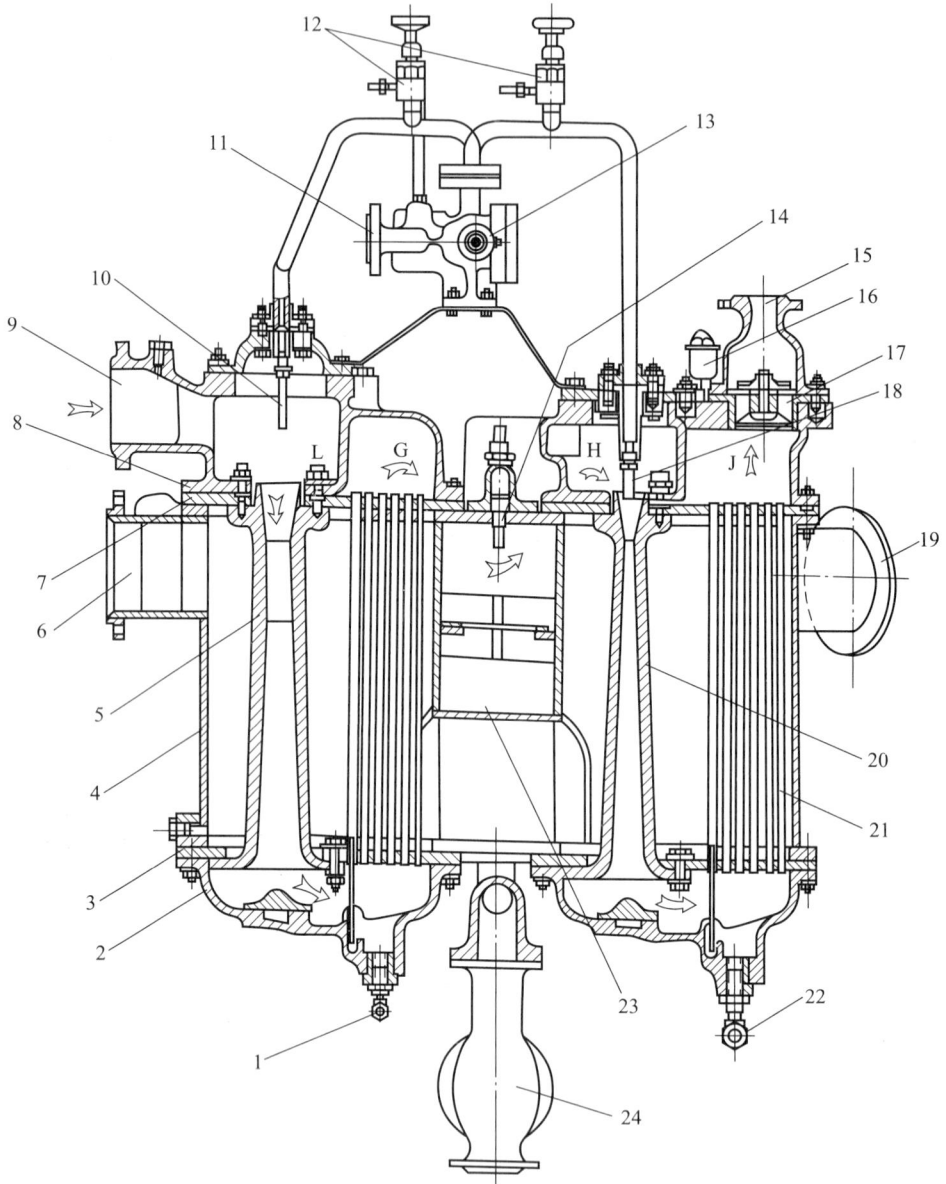

图 3.19 射汽抽气器纵剖图

1—第一级疏水阀;2—底盖;3—下管板;4—外壳;5—第一级扩压管;6—冷却水入口;7—上管板;
8—上盖;9—汽水混合物入口;10—第一级喷嘴;11—进汽支管;12—通压力表阀;
13—第二级进汽阀;14—水喷嘴;15—空气出口;16—安全阀;17—止回阀;
18—第二级喷嘴;19—冷却水出口;20—第二级扩压管;21—冷却水管;
22—第二级疏水阀;23—混合式冷却室;24—冷却室疏水阀

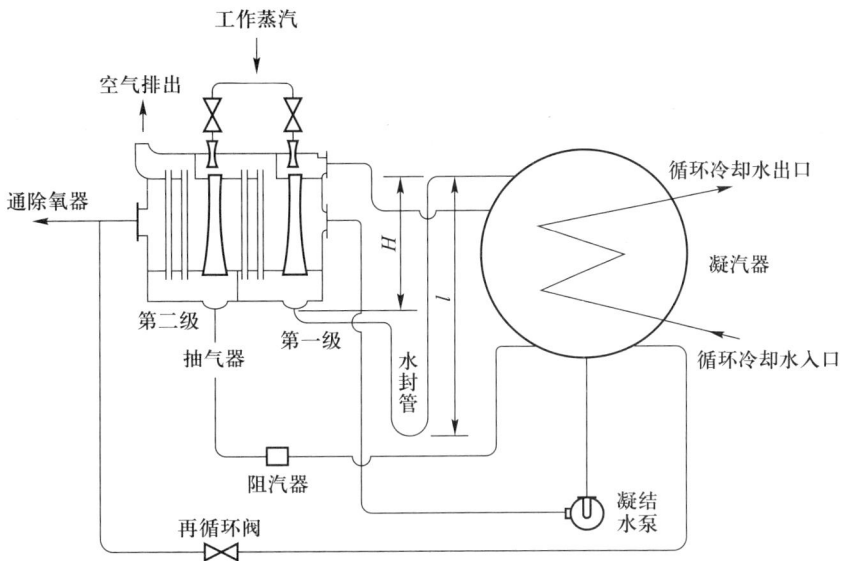

图 3.20　射汽抽气器与凝水系统

<br>

**思考题**

3-1　轴流泵的工作原理是什么？轴流泵与离心泵有何不同？

3-2　活塞泵的工作原理是什么？什么是单作用活塞泵？什么是双作用活塞泵？

3-3　齿轮泵的工作原理是什么？

3-4　螺杆泵的工作原理是什么？

3-5　滑片泵的工作原理是什么？

3-6　水环泵的工作原理是什么？

3-7　喷射泵的工作原理是什么？

3-8　往复泵的性能曲线是什么？往复泵扬程、流量变化各有什么特点？

3-9　喷射泵可用于哪些场合？核动力装置中什么地方可以采用喷射泵？

3-10　描述喷射泵性能的参数主要有哪些？

3-11　根据泵的特性曲线,分析容积式泵的启动应注意什么。

<br>

**习题**

3-1　某单作用活塞泵的活塞面积为 0.02 $m^2$,活塞行程为 15 cm,单位时间往复次数为 200 r/min,容积效率为 90%,这台泵每小时的实际流量是多少？

答:$q_V = 32.4$ $m^3/h$。

3-2　图 3.17 所示的蒸汽喷射泵,出口压强 $p_C$ 为 2.0 个标准大气压,被引射流体的压强 $p_H$ 为 1.2 个标准大气压,试确定该喷射泵的排量为 $Q_{mC} = 1.2$ kg/s 时所需的工作流体的质量流量。

答:$Q_{mP} = 0.8$ kg/s。

# 第4章 核动力装置中的阀

## 4.1 阀门概述

### 4.1.1 阀门的作用

阀门是通过改变其内部流通截面积而控制管路内介质流动的管路附件。阀门、阀、门都是对它的称呼。它在动力装置中有如下基本作用：

① 接通或截断介质；

② 防止介质倒流；

③ 调节介质的压力、流量等参数；

④ 分离、混合或分配介质；

⑤ 防止介质压力超定值，保证管路或设备安全。

输送流体介质离不开管路，而控制介质流动则离不开阀门。管路阀门在核电站的所有回路、管道、动力设备、储液箱、各种容器和水池，以及利用或传送液体、气体介质有关的部件上均有设置。因此，在核电站中，阀门的数量很大，而且种类繁多，是很重要的设备。阀门的安全与核电站的安全运行关系紧密，从以往的核电站所发生的事故的统计材料来看，因阀门故障而引起的事故占相当大的比例，美国三里岛核电站(Three Mile Island-2)的事故就是例证。

### 4.1.2 阀门的基本参数

阀门的基本参数包括公称通径、公称压力和适用介质等。它们一般与表示介质流动方向的箭头等组合，以钢号、铭牌等方式标识在阀体上，是阀门使用者必须了解的基本数据。

① 公称直径 DN：阀门与管道连接处通道的名义直径，单位为 mm。它是阀门最主要的尺寸参数，表示阀门规格。

② 公称压力 PN：阀门在基准温度下允许的最大工作压力，它是阀门最主要的性能参数，说明阀门承压能力。

③ 适用介质：按照选用材料和结构形式不同，各种型号的阀门都有一定的适用介质范围，在使用中应予考虑。

④ 强度试验压力：对阀门进行水压强度和材料紧密性试验的压力，与 DN 值有关。

⑤ 密封试验压力:对阀门密封面密封性检验时的压力,一般等于公称压力。

## 4.1.3 阀门的类别

对阀门的分类,可按阀的作用、驱动方式、公称压力、工作温度、介质形式等几个方面进行,因而也就有截断阀、安全阀、高压阀、高温阀、气阀、电动阀等种种称谓。此外,还可按阀体的材料、使用部门、阀门启闭部件运动方式等进行区分。

为统一起见,我国按驱动方式、作用和结构特点把通用阀门分为 11 类,如图 4.1 所示。

而根据阀门基本参数系列的规定,可划分阀门等级如下。

(1) 按压力划分

真空阀:绝对压力<0.1 MPa

低压阀:公称压力<1.6 MPa

中压阀:公称压力<2.5~6.4 MPa

高压阀:公称压力<10~80 MPa

超高压阀:公称压力≥100 MPa

(2) 按温度划分

普通阀门:适用于介质温度为-40~450 ℃

高温阀门:适用于介质温度为450~600 ℃

耐热阀门:适用于介质温度为 600 ℃ 以上

(3) 按通径划分

小口径阀门:公称通径<40 mm

中口径阀门:公称通径为 50~300 mm

大口径阀门:公称通径为 350~1 200 mm

特大口径阀门:公称通径>1 400 mm

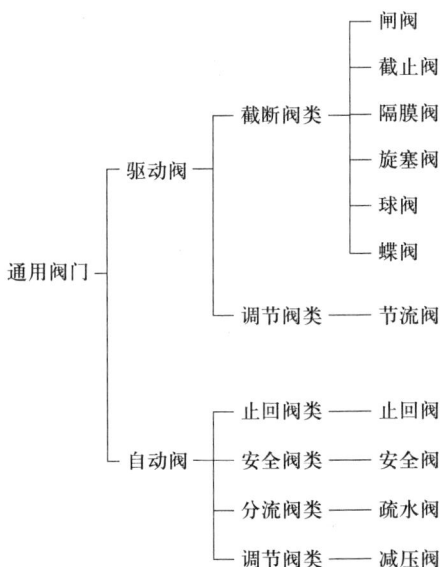

图 4.1 通用阀门的分类

## 4.1.4 阀门的型号

阀门型号通过编码表示,我国国产阀门型号表示方法目前仍采用 JB/T308—2004“阀门型号编制方法”的规定,使用者通过铭牌便可知阀门的结构、材质和特性等。JB/T308—2004 规定的阀门型号表示分为七个单元,各单元代表的含义如图 4.2 所示。

其中单元①、⑤、⑦以汉语拼音字母作代号,而单元②、③、④为数字代码。在单元⑤与⑥之间用横线连接。

我国阀门型号中七个单元的具体代号见第 4 章附录。

每个国家均有自己的阀门编码,核电站有专用的阀门编码。

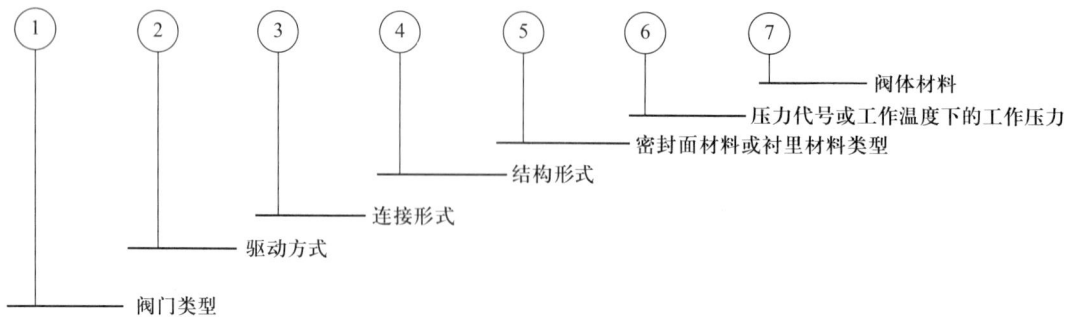

图 4.2 阀门符号的含义

核电站中,大部分阀门所用钢材与设备承压部件相同,核蒸汽供给系统中的设备和管道上一般采用不锈钢阀门,基本不允许使用铸铁阀门,而常规岛则可使用。

## 4.1.5 阀门的结构

尽管各种阀门结构形式千差万别,但其基本的结构形式是相同的,都有驱动和执行两大部分。驱动部分包括驱动装置、传动部件、阀杆等,其作用是输入和传递启闭阀门所需的力矩;执行部分包括阀体、阀盖和启闭件等,其作用是完成阀门的启闭或调节。

1. 阀体和阀盖

阀体、阀盖是阀门的主要承压部件。阀体和阀盖通常采用法兰或螺纹连接。阀体和阀盖被连接在一起,其内部构成一个空间,容纳阀杆、启闭件等,并形成介质的流动通道。

不同类型阀门的阀体形状不同,与其有关的因素是阀门的使用要求、阀体的强度及介质流动特性。

阀盖位于阀体上方,与阀体连接在一起。阀盖多半呈半椭球状或圆盘状。阀盖上加工了填料函,以便在内部充填密封填料,保持阀杆密封。

2. 启闭件与阀座密封结构

启闭件与阀座是阀门的关键零件,阀门对流动介质的控制是通过改变启闭件与阀座的相对位置来实现的。当启闭件与阀座紧密接触时,阀门处于关闭状态,截断介质流动;当启闭件离开阀座时,阀门处于开启状态,接通通道中的介质;当启闭件处于中间位置时,阀门处于调节状态。

各类阀门的启闭件形式不同,其运动方式也不同。启闭件主要由截止型、闸门型、旋塞型、旋启型和蝶形等形式。

启闭件与阀杆的连接不仅应牢固可靠,而且要保证它的对中。

阀门处于关闭状态时,启闭件与阀座紧密接触的两个表面称为密封面。启闭件密封面与阀体密封面构成一对密封副。

根据密封面的形状,阀门的密封结构形式主要有以下四种。

① 平面密封 启闭件密封面与阀体密封面均为平面。对截止阀来说,其优点是两密封面之

间在启闭时无擦伤现象,且维修方便。缺点是关闭时用力大,密封面上易积存杂物而影响密封性能。

② 锥面密封　启闭件密封面与阀体密封面均为锥面。它在关闭时用力较小,密封面上不易积存杂物,密封性能较好;但关闭时两密封面易产生擦伤,且维修不方便,阀瓣与阀座的对中也较困难。

③ 球面密封　阀瓣与阀体密封面中有一个是球面。它的密封性能好,但维修困难。

④ 刀形密封　在相接触的两个密封面中有一个呈刀口形。由于它的接触面积小,同样的密封力可以得到较高的密封比压,因而密封性能好;这种密封形式因密封面易于损坏,所以较少应用,仅适用于真空阀。

第①、②种密封形式较常见,但在核电站阀门中也出现了不少球面密封结构。

3. 阀杆与阀杆密封结构

阀杆是圆形截面的细长杆,上端接驱动装置,下端与启闭件相连。其作用是传递驱动装置输入的力矩,使启闭件动作。

阀杆的运动方式有如下几种。

① 旋转升降式　阀杆做旋转和升降复合运动,例如波纹管截止阀;

② 升降式　阀杆仅做升降运动,例如闸阀;

③ 旋转式　阀杆仅做旋转运动,例如旋塞阀等。

阀杆是阀门的主要受力部件。在启闭过程中阀杆承受压缩和扭转作用。

通过阀盖与阀杆之间的间隙的介质泄漏为外漏。外漏严重时会影响管路和设备的正常运行,特别是有放射性的介质的泄漏会引起放射性污染,对人身安全造成威胁。因此必须设置密封防止介质外漏。

最常用的阀杆密封结构是填料函密封,在阀盖填料函内填充具有一定弹性的密封填料,用填料压盖压紧,使填料与阀杆外表面和填料函内侧紧密接触,并形成一定的密封比压。这样即使在阀内较高介质压力作用下,也不会在阀盖与阀杆配合处产生间隙,从而防止介质外漏。

填料函的结构形式有多种,应用场合也有所不同。不同结构形式填料函的区别在于填料压盖。

4. 阀门驱动装置

手动是最基本的驱动方式。它包括用手轮、手柄或扳手直接驱动和通过传动机构进行驱动两种。当阀门启闭力矩较小时,可采用直接驱动方式;而当阀门启闭力矩较大时,可通过齿轮或涡轮传动机构进行驱动,以达到省力的目的。

由于核电站的工质具有放射性、高温、高压的特点,许多场合要采用远距离操纵方式,因此电力驱动、电磁驱动、气动、液压驱动等方式采用较多。在大亚湾核电站中,电动和气动是主要的两种驱动方式。

电力驱动系统一般由专用电动机、减速器、转矩限制机构、行程控制机构、手-电切换、开度指示器和控制箱等组成。

电磁驱动是以电磁线圈通电后产生的磁力吸合或释放阀杆来启闭阀门的。其特点是阀门启闭迅速,阀杆行程短,驱动力小。它在核电站中主要用于需急开急关的小管道,及作为控制器件使用。

5. 阀体与管道的连接

阀体与管道的连接应满足如下条件。在内压作用下以及与管道相邻部分的力和力矩作用下的强度要求、在整个运行期间的密封要求、拆卸阀门的可能性以利于检修及更新的要求。在核电站,阀体与管道的连接有两种主要连接方式:焊接连接和法兰连接。

焊接连接是阀体与管道的最重要的连接方式之一,其缺点是当拆卸或更换阀门时,必须切割阀门,费工又费时。除此之外,焊接连接能满足上述所有要求。为了采用焊接连接,在阀体上要有供焊缝使用的相应尺寸和形状的管接头。在进行对接焊时,为了防止金属熔化影响光滑的流道,需要在对接焊缝时采用一个衬环。

在要求快速更换损坏了的阀门的场合,法兰连接则被采用。法兰连接常用于安全阀、节流阀、液位调节器、垂直式止回阀等场合。

## 4.1.6 阀门的基本性能

阀门的各项基本性能是衡量阀门产品设计水平和加工质量的主要指标,也是对阀门的使用、检修情况进行判断的基本依据。

阀门的基本性能包括:强度性能、密封性能、流动阻力、动作性能和使用寿命五个方面。

1. 强度性能

阀门的强度性能是指阀门承受介质压力的能力。阀门是承受内压力的机械产品,因此必须有足够的强度和刚度,以保证长期使用而不发生破裂或产生变形。对一回路系统用阀在运行工况下强度性能的评价,应依据适当的强度理论,按照有关规范中的规定进行。

2. 密封性能

密封性能是指阀门各密封部位阻止介质泄漏的能力,它是阀门最重要的性能指标。阀门密封部位有三处:启闭件与阀座两密封面间的接触处,填料与阀杆和填料函配合处,阀体和阀盖的连接处。其中前一处的泄漏叫内漏,也就是通常所说的"关不严",它将影响阀门截断介质的能力。对于截断阀类来说,内漏是不允许的。后两处的泄漏叫外漏,即"跑、冒、滴、漏",它影响装置的正常运行,严重时还会造成事故。对一回路系统用阀,外漏更是不能允许的,否则相当于小破口失水事故。因此阀门必须具有可靠的密封性能。

3. 流动阻力

介质流过阀门后会产生压力损失,即阀门对介质的流动阻力。介质为克服阀门的阻力就要消耗一定的能量,阀门的局部流动损失用介质流过阀门的压力损失来表示。

阀门流动阻力的大小用局部阻力系数来表示,它与阀门类型、结构形式、阀内通道的尺寸、通道内表面加工状况等因素有关,要通过实验来确定它的数值。

4. 动作性能

(1) 启闭力和启闭力矩

启闭力和启闭力矩是指开启或关闭阀门所必须施加的作用力和力矩。它用于克服阀杆与填料间、启闭件与阀体间等处的摩擦力;保证密封面形成一定的密封比压等。在启闭过程中,启闭力和启闭力矩是变化的,其峰值在启闭的瞬时出现,因此要注意阀门的启闭操作方式,避免损伤密封结构,拉断阀杆。

(2)启闭速度

启闭速度用阀门完成一次开启或关闭动作所需的时间来表示。一般对阀门的启闭速度无严格要求,但有些工况对启闭速度有特殊要求,如有的要求迅速开启或关闭,以防发生事故;有的要求缓慢关闭,以防产生水击。

(3)动作灵敏度和可靠性

动作灵敏度和可靠性指阀门对于介质参数变化做出反应的敏感程度。对节流阀、减压阀、调节阀等用来调节介质参数的以及安全阀、疏水阀等具有特定功能的阀门来说,其动作的灵敏度与可靠性是十分重要的性能指标。

5. 使用寿命

它表示阀门的耐用程度,是阀门的重要性能指标,有很大的经济意义,通常以能保证密封要求的启闭次数来表示,也可以用使用时间来表示。

6. 其他

如耐久性、耐蚀性、可靠性、工艺性能等。

## 4.1.7 核级阀门

1. 核级阀门的安全分级

国家标准 GB/T 17569—2021《压力堆核电厂物项分级》规定,核电站的构筑物、系统和部件分为:安全一级、安全二级、安全三级和安全四级。

(1)安全一级(相当于 ASME 第Ⅲ卷 NB 分卷或 RCC-M 第Ⅰ卷 B 册中的 1 级设备)

安全一级的要求是核电站部件的最高要求。安全一级适用于其事故会引起反应堆失水事故的系统设备。这些设备在反应堆正常运行期发生事故时,如果仅由正常补给系统补给,将使反应堆不能正常地停堆和冷却。安全一级包括反应堆冷却剂压力边界主要设备及其支承件,还包括主管道延伸到第二个隔离阀在内的连接管道、管件和阀门。

(2)安全二级(相当于 ASME 第Ⅲ卷 NC 卷或 RCC-M 第Ⅰ卷 C 册中的 2 级设备)

安全二级的要求比安全一级规定的那些要求的限制程度要低一些。安全二级包括为减轻某一事故后果所必需的那些部件,还包括为防止预计运行事件发展为事故工况所必需的那些部件。

(3)安全三级(相当于 ASME 第Ⅲ卷 ND 卷或 RCC-M 第Ⅰ卷 D 册中的 3 级设备)

安全三级的要求比安全二级规定的那些要求的限制程度又要低一些;除其对安全的重要性增加一些要求外,其余均与对安全四级的要求相似。

安全三级包括对安全一、二、三级中的安全功能起支承作用所必需的那些部件,且这些支承功能的失效不会直接引起放射性照射增大的后果,安全三级包括不属于安全重要系统的一些设备,这些设备发生故障会引起正常时需贮存待衰变的放射性气体向环境作不受控制的排放。

(4)安全四级

安全四级的要求与常规电厂中最高的规范和标准一致,同时还要增加与安全重要性相适应的补充要求。

安全四级适用于不属于安全一级、安全二级、安全三级的核电站系统设备。

2. 核级阀门的抗震分类

国家标准 GB/T 17569—2021《压水堆核电厂物项分级》的规定,核电站抗震要求分为抗震Ⅰ类和抗震Ⅱ类。

(1) 抗震Ⅰ类

要求在发生安全停堆地震时,仍能保持其安全功能的设备。安全一级、安全二级设备都属于抗震Ⅰ类,安全三级设备原则上按抗震Ⅰ类要求,但符合下列条件的设备除外:即事故不会直接引起工况Ⅲ(一般事故)或工况Ⅳ(极限事故也称为假想事故)的设备;不执行减轻工况Ⅲ或工况Ⅳ事件后果,其失效也不妨碍使工况Ⅲ(重大事故)或工况Ⅳ后果减轻的设备;在工况Ⅲ发生期间或以后,其故障不会引起比Ⅲ所容许的更为严重的设备。阀门一般不只使用于某一部位,因此,安全一、二、三级阀门均属抗震Ⅰ类。

抗震Ⅰ类的设备必须按安全停堆地震和运行地震的抗震要求来设计和制造。

(2) 抗震Ⅱ类

要求在发生运行基准地震时,仍能保持其安全功能,在发生超过规定的强度地震后,须作检查的设备。安全三级中除抗震Ⅰ类以外的所有设备均属抗震Ⅱ类。

抗震Ⅱ类的设备必须按照运行基准地震的抗震要求来设计和制造。

(3) 抗震要求设备

核电站中属抗震Ⅰ类和抗震Ⅱ类的设备(含阀门),可按国家现行的抗震设计规范进行设计和制造。

## 4.1.8 阀门、型号编制方法

1. 阀门类型代号

① 阀门类型代号用汉语拼音字母表示,按表 4.1 的规定表示。

表 4.1　阀门类型代号

| 阀门类型 | 代号 | 阀门类型 | 代号 |
| --- | --- | --- | --- |
| 弹簧载荷安全阀 | A | 排污阀 | P |
| 蝶阀 | D | 球阀 | Q |
| 隔膜阀 | G | 蒸汽疏水阀 | S |
| 杠杆式安全阀 | GA | 柱塞阀 | U |
| 止回阀和底阀 | H | 旋塞阀 | X |
| 截止阀 | J | 减压阀 | Y |
| 节流阀 | L | 闸阀 | Z |

② 当阀门还具有其他功能作用或带有其他特异结构时,在阀门类型代号前再加注一个汉语拼音字母,按表 4.2 的规定。

表4.2　具有其他功能作用或带有其他特异结构的阀门表示代号

| 第二功能作用名称 | 代号 | 第二功能作用名称 | 代号 |
|---|---|---|---|
| 保温型 | B | 排渣型 | P |
| 低温型 | D<sup>a</sup> | 快速型 | Q |
| 防火型 | F | (阀杆密封)波纹管型 | W |
| 缓闭型 | H | — | — |

a 低温型指允许使用温度低于-46 ℃以下的阀门。

### 2. 驱动方式代号

① 驱动方式代号用阿拉伯数字表示,按表4.3 的规定。

表4.3　阀门驱动方式代号

| 驱动方式 | 代号 | 驱动方式 | 代号 |
|---|---|---|---|
| 电磁动 | 0 | 锥齿轮 | 5 |
| 电磁—液动 | 1 | 气动 | 6 |
| 电—液动 | 2 | 液动 | 7 |
| 蜗轮 | 3 | 气—液动 | 8 |
| 正齿轮 | 4 | 电动 | 9 |

注:代号1、代号2及代号8是用在阀门启闭时,需有两种动力源同时对阀门进行操作。

② 安全阀、减压阀、疏水阀、手轮直接连接阀杆操作结构形式的阀门,本代号省略,不表示。
③ 对于气动或液动机构操作的阀门:常开式用 6K、7K 表示;常闭式用 6B、7B 表示;
④ 防爆电动装置的阀门用 9B 表示;

### 3. 连接形式代号

① 连接形式代号用阿拉伯数字表示,按表4.4 规定的。
② 各种连接形式的具体结构、采用标准或方式(如:法兰面形式及密封方式、焊接形式、螺纹形式及标准等),不在连接代号后加符号表示,应在产品的图样、说明书或订货合同等文件中予以详细说明。

表4.4　阀门连接端连接形式代号

| 连接形式 | 代号 | 连接形式 | 代号 |
|---|---|---|---|
| 内螺纹 | 1 | 对夹 | 7 |
| 外螺纹 | 2 | 卡箍 | 8 |
| 法兰式 | 4 | 卡套 | 9 |
| 焊接式 | 6 | — | — |

### 4. 阀门结构形式代号

阀门结构形式用阿拉伯数字表示,按表4.5~4.15 规定。

表 4.5　闸阀结构形式代号

| 结构形式 | | | | 代号 |
|---|---|---|---|---|
| 阀杆升降式（明杆） | 楔式闸板 | 弹性闸板 | | 0 |
| | | 刚性闸板 | 单闸板 | 1 |
| | | | 双闸板 | 2 |
| | 平行式闸板 | | 单闸板 | 3 |
| | | | 双闸板 | 4 |
| 阀杆非升降式（暗杆） | 楔式闸板 | | 单闸板 | 5 |
| | | | 双闸板 | 6 |
| | 平行式闸板 | | 单闸板 | 7 |
| | | | 双闸板 | 8 |

表 4.6　截止阀、节流阀和柱塞阀结构形式代号

| 结构形式 | | 代号 | 结构形式 | | 代号 |
|---|---|---|---|---|---|
| 阀瓣非平衡式 | 直通流道 | 1 | 阀瓣平衡式 | 直通流道 | 6 |
| | Z 形流道 | 2 | | 角式流道 | 7 |
| | 三通流道 | 3 | | — | — |
| | 角式流道 | 4 | | — | — |
| | 直流流道 | 5 | | — | — |

表 4.7　球阀结构形式代号

| 结构形式 | | 代号 | 结构形式 | | 代号 |
|---|---|---|---|---|---|
| 浮动球 | 直通流道 | 1 | 固定球 | 直通流道 | 7 |
| | Y 形三通流道 | 2 | | 四通流道 | 6 |
| | L 形三通流道 | 4 | | T 形三通流道 | 8 |
| | T 形三通流道 | 5 | | L 形三通流道 | 9 |
| | — | — | | 半球直通 | 0 |

表 4.8　蝶阀结构形式代号

| 结构形式 | | 代号 | 结构形式 | | 代号 |
|---|---|---|---|---|---|
| 密封型 | 单偏心 | 0 | 非密封型 | 单偏心 | 5 |
| | 中心垂直板 | 1 | | 中心垂直板 | 6 |
| | 双偏心 | 2 | | 双偏心 | 7 |
| | 三偏心 | 3 | | 三偏心 | 8 |
| | 连杆机构 | 4 | | 连杆机构 | 9 |

**表 4.9　隔膜阀结构形式代号**

| 结构形式 | 代号 | 结构形式 | 代号 |
|---|---|---|---|
| 屋脊流道 | 1 | 直通流道 | 6 |
| 直流流道 | 5 | Y 形角式流道 | 8 |

**表 4.10　旋塞阀结构形式代号**

| 结构形式 | | 代号 | 结构形式 | | 代号 |
|---|---|---|---|---|---|
| 填料密封 | 直通流道 | 3 | 油密封 | 直通流道 | 7 |
| | T 形三通流道 | 4 | | T 形三通流道 | 8 |
| | 四通流道 | 5 | | — | — |

**表 4.11　止回阀结构形式代号**

| 结构形式 | | 代号 | 结构形式 | | 代号 |
|---|---|---|---|---|---|
| 升降式阀瓣 | 直通流道 | 1 | 旋启式阀瓣 | 单瓣结构 | 4 |
| | 立式结构 | 2 | | 多瓣结构 | 5 |
| | 角式流道 | 3 | | 双瓣结构 | 6 |
| — | — | — | 蝶形止回式 | | 7 |

**表 4.12　安全阀结构形式代号**

| 结构形式 | | 代号 | 结构形式 | | 代号 |
|---|---|---|---|---|---|
| 弹簧载荷弹簧封闭结构 | 带散热片全启式 | 0 | 弹簧载荷弹簧不封闭且带扳手结构 | 微启式、双联阀 | 3 |
| | 微启式 | 1 | | 微启式 | 7 |
| | 全启式 | 2 | | 全启式 | 8 |
| | 带扳手全启式 | 4 | | — | — |
| 杠杆式 | 单杠杆 | 2 | 带控制机构全启式 | | 6 |
| | 双杠杆 | 4 | 脉冲式 | | 9 |

**表 4.13　减压阀结构形式代号**

| 结构形式 | 代号 | 结构形式 | 代号 |
|---|---|---|---|
| 薄膜式 | 1 | 波纹管式 | 4 |
| 弹簧薄膜式 | 2 | 杠杆式 | 5 |
| 活塞式 | 3 | — | — |

**表 4.14　蒸汽疏水阀结构形式代号**

| 结构形式 | 代号 | 结构形式 | 代号 |
|---|---|---|---|
| 浮球式 | 1 | 蒸汽压力式或膜盒式 | 6 |
| 浮桶式 | 3 | 双金属片式 | 7 |
| 液体或固体膨胀式 | 4 | 脉冲式 | 8 |
| 钟形浮子式 | 5 | 圆盘热动力式 | 9 |

**表 4.15　排污阀结构形式代号**

| 结构形式 | | 代号 | 结构形式 | | 代号 |
|---|---|---|---|---|---|
| 液面连接排放 | 截止型直通式 | 1 | 液底间断排放 | 截止型直流式 | 5 |
| | 截止型角式 | 2 | | 截止型直通式 | 6 |
| | — | — | | 截止型角式 | 7 |
| | — | — | | 浮动闸板型直通式 | 8 |

5. 密封面或衬里材料代号

① 除隔膜阀外,当密封副的密封面材料不同时,以硬度低的材料表示。阀座密封面或衬里材料代号按表 4.16 规定的字母表示。

**表 4.16　密封面或衬里材料代号**

| 密封面或衬里材料 | 代号 | 密封面或衬里材料 | 代号 |
|---|---|---|---|
| 锡基轴承合金(巴氏合金) | B | 尼龙塑料 | N |
| 搪瓷 | C | 渗硼钢 | P |
| 渗氮钢 | D | 衬铅 | Q |
| 氟塑料 | F | 奥氏体不锈钢 | R |
| 陶瓷 | G | 塑料 | S |
| Cr13 系不锈钢 | H | 铜合金 | T |
| 衬胶 | J | 橡胶 | X |
| 蒙乃尔合金 | M | 硬质合金 | Y |

② 隔膜阀以阀体表面材料代号表示。

③ 阀门密封副材料均为阀门的本体材料时,密封面材料代号用"W"表示。

6. 压力代号

① 阀门使用的压力级符合 GB/T 1048 的规定时,采用 GB/T 1048 标准 10 倍的兆帕单位(MPa)数值表示。

② 当介质最高温度超过 425 ℃时,标注最高工作温度下的工作压力代号。

③ 压力等级采用磅级(lb)或 K 级单位的阀门,在型号编制时,应在压力代号栏后有 lb 或 K 的单位符号。

④ 公称压力小于等于 1.6 MPa 的灰铸铁阀门的阀体材料代号在型号编制时予以省略。

⑤ 公称压力大于等于 2.5 MPa 的碳素钢阀门的阀体材料代号在型号编制时予以省略。

7. 阀体材料代号

阀体材料代号用表 4.17 的规定字母表示。

**表 4.17　阀体材料代号**

| 阀体材料 | 代号 | 阀体材料 | 代号 |
|---|---|---|---|
| 碳钢 | C | 铬镍钼系不锈钢 | R |
| Cr13 系不锈钢 | H | 塑料 | S |
| 铬钼系钢 | I | 铜及铜合金 | T |
| 可锻铸铁 | K | 钛及钛合金 | Ti |
| 铝合金 | L | 铬钼钒钢 | V |
| 铬镍系不锈钢 | P | 灰铸铁 | Z |
| 球墨铸铁 | Q | — | — |

注:CF3、CF8、CF3M、CF8M 等材料牌号可直接标注在阀体上。

8. 命名

对于连接形式为"法兰"、结构形式为:闸阀的"明杆""弹性""刚性"和"单闸板",截止阀、节流阀的"直通式",球阀的"浮动球""固定球"和"直通式",蝶阀的"垂直板式",隔膜阀的"屋脊式",旋塞阀的"填料"和"直通式",止回阀的"直通式"和"单瓣式",安全阀的"不封闭式"、"阀座密封面材料"在命名中均予省略。

9. 型号和名称编制方法示例

a)电动、法兰连接、明杆楔式双闸板,阀座密封面材料由阀体直接加工,公称压力 $PN0.1$ MPa、阀体材料为灰铸铁的闸阀:Z942W-1 电动楔式双闸板闸阀。

b)手动、外螺纹连接、浮动直通式,阀座密封面材料为氟塑料、公称压力 $PN4.0$ MPa、阀体材料为 1Cr18Ni9Ti 的球阀:Q21F-40P 外螺纹球阀。

c)气动常开式、法兰连接、屋脊式结构并衬胶、公称压力 $PN0.6$ MPa、阀体材料为灰铸铁的隔膜阀:$G6_K41J-6$ 气动常开式衬胶隔膜阀。

d)液动、法兰连接、垂直板式、阀座密封面材料为铸铜、阀瓣密封面材料为橡胶、公称压力 $PN0.25$ MPa、阀体材料为灰铸铁的蝶阀:D741X-2.5 液动蝶阀。

e)电动驱动对接焊连接、直通式、阀座密封面材料为堆焊硬质合金、工作温度 540 ℃时工作压力 17.0 MPa、阀体材料铬钼钒钢的截止阀:$J961Y-P_{54}170$ V 电动焊接截止阀。

# 4.2　截断阀类

截断类阀指仅用于截断或接通管道中的介质的阀,包括闸阀、截止阀、蝶阀、旋塞阀、球阀等。截断类阀不宜用来调节介质的压力或流量,如长期用于调节压力或流量,密封面会被介质冲蚀,不能保证其密封性。

## 4.2.1 闸阀

闸阀是一种常用的截断阀,用来接通或截断管路中的介质,但不适于用来调节介质的流量。它的启闭件(闸板)在垂直于阀内通道中心线的平面内做升降运动,像阀门一样截断介质,故称作闸阀。

1. 闸阀的特点

① 结构长度较小,结构长度指阀门与管道相连接的两端面间的距离。

② 高度大,启闭时间长。由于开启时需将闸板完全提升到阀座通道上方,关闭时又需将闸板全部落下挡住阀座通道,所以闸板的启闭行程很大,相应地其高度大,启闭时间较长。

③ 介质流动方向不受限制。介质可以从闸阀两侧任意方向流过闸阀,均能达到接通或截断的目的。便于安装,适用于介质的流动方向可能改变的管路中。

④ 流动阻力小。闸阀阀体内部介质通道是直通的,介质流经闸阀时不改变其流动方向,因而流动阻力较小。

⑤ 与截止阀相比,启闭较省力。启闭时闸板运动方向与介质流动方向相垂直,而截止阀阀瓣在关闭时运动方向与阀座处介质流动方向相反,因此必须克服介质的作用力,所以与截止阀相比,闸阀的启闭较为省力。

⑥ 密封面易产生擦伤。启闭时闸板与阀座相接触的两密封面之间有相对滑动,在介质力作用下易产生擦伤,从而破坏密封性能,影响使用寿命。

⑦ 零件较多,结构较复杂,维修困难。

闸阀仅供截断或接通管道中的介质,不宜用来调节介质的压力或流量,如长期用于调节功能,密封面会被介质冲蚀,不能保证其密封性。

2. 闸阀的结构

闸板是闸阀的启闭件,其结构形式有斜座和平行座式两类。大亚湾核电站闸阀的主要形式有:

① 斜座闸阀:单闸板式(图 4.3a),双闸板式或双盘件(图 4.3b),不适用于阀体变形的场合。

② 平行座闸阀:双闸板式、自由膨胀式(图 4.4a)和止动装置式(图 4.4b),不用于低压管路,

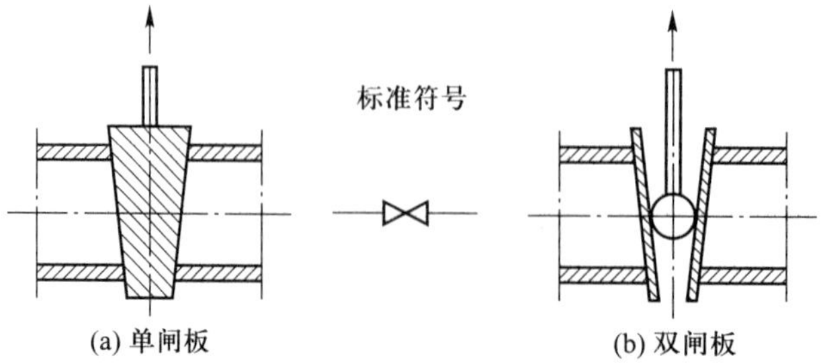

(a) 单闸板      标准符号      (b) 双闸板

图 4.3 斜座闸阀示意图

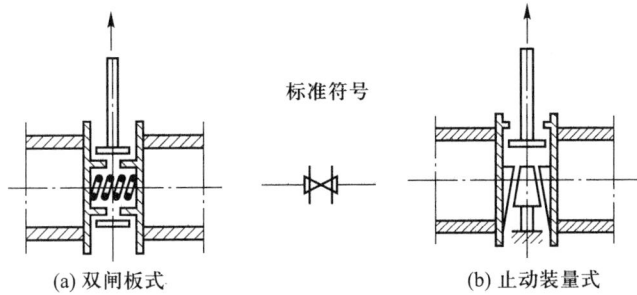

(a) 双闸板式        (b) 止动装量式

**图4.4** 平行座闸阀示意图

而只用于高压管路,其优点是对热变形不敏感。

图4.5是大亚湾核电站的典型闸阀。

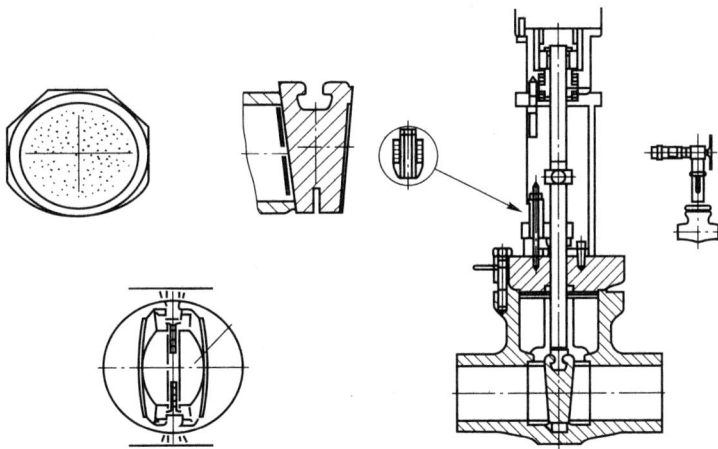

**图4.5** 斜座弹性单闸板闸阀

(1)斜座式闸阀

斜座闸板的密封面与闸板垂直中心线成一定倾角,称为楔半角。楔半角的大小主要取决于介质的温度和通径的大小,一般介质温度越高,通径越大,所取楔半角越大,以防止温度变化时闸板被卡住,无法开启。根据使用压力,一般单闸板的形状是扁平、椭圆、圆柱-球形(高压)。

对斜座单闸板的使用限制是:不适用于阀体变形的场合。因此,对下列情形下使用要注意防止闸板卡死。

① 如果流体温度导致阀体胀缩变形。

② 如果流体压力或管道引起的外力导致阀体机械变形。

双闸板式闸阀可适应上述的变形,但只能适用于低压饱和蒸汽管路或有较大过冷度的压力管道。

(2)平行座式闸阀

如图4.6所示,自由膨胀闸阀的闸板由两个独立的盘件组成,用弹簧将两个盘件从中间隔开,并顶靠在阀体的平行阀座上。阀门关闭时,在膨胀作用下盘件在各自密封面内可自由移动。

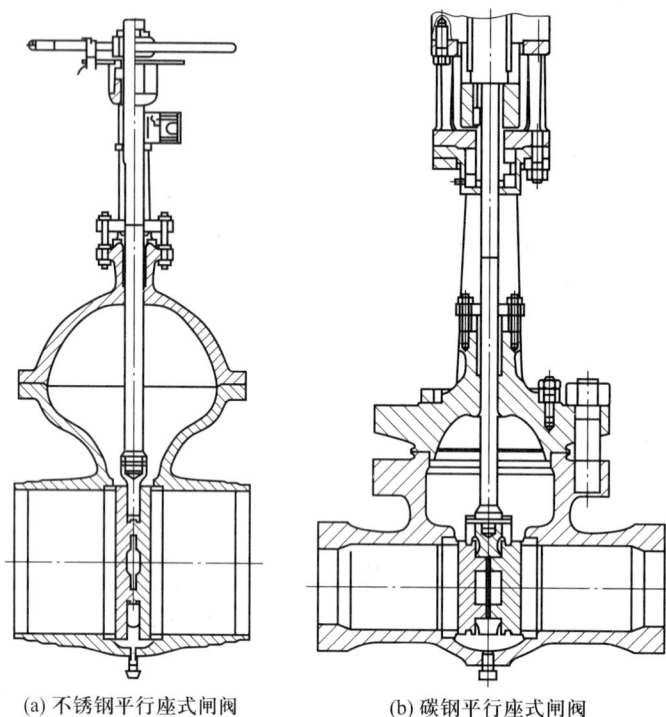

(a) 不锈钢平行座式闸阀          (b) 碳钢平行座式闸阀

图 4.6    平行座式闸阀

弹簧不能用来平衡流体作用于进口侧闸板上的压力,尚不足以保证闭合时的密封性,密封性与流体压力直接有关。因此,流体压力减小而开始低于阀体内的压力时,闸板就越加靠紧阀座,于是增加了开启需克服的摩擦力,甚至卡死。该型闸阀不能用于低压管路,而只适用于高压(水和蒸汽)管路,其优点是对热变形不敏感。

锁定式闸阀的两个闸板可通过斜块产生相对位移:一个闸板移至阀体底部挡块处,另一闸板继续运动,靠增大闸板间距密封。这种闸板与斜座式相比,其优点是更便于脱楔开启。此类闸阀常见于低于饱和蒸汽管道。

(3) 双闸板闸阀的旁路平衡

对用于蒸汽管道的双闸板阀,处于安全考虑需采用旁路平衡装置,使闸阀阀体内与进出口连通。

闸阀运行中常遇到这样的情况:闭合和冷却的闸阀阀体内在两闸板间有积水,由于闸阀进口侧的加热作用使积水足以形成饱和蒸汽时,在闸阀内就会产生过压,以致闸阀不能打开,而金属内的应力也会超过弹性极限。旁路的作用就是释放阀体内的积水及蒸汽,旁路阀也可由截止阀取代,但此时主闸阀仅能保证单侧密封。

3. 闸阀的密封性

良好状态的闸阀实现单侧密封性,平行座式也只能在出口阀座实现单侧密封,见图 4.7 中的平行座式闸阀。

标准的斜座式闸阀情况也一样,压力使进口侧闸板变形,于是使流体可流过进口侧闸板直至阀腔达到平衡,见图 4.8 中的斜座式闸阀。

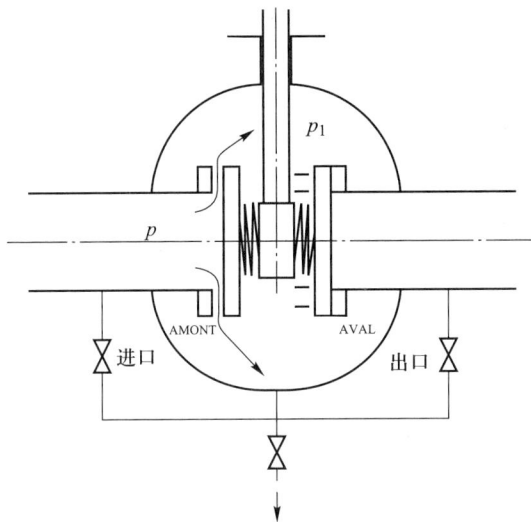

图 4.7 平行座式闸阀的密封

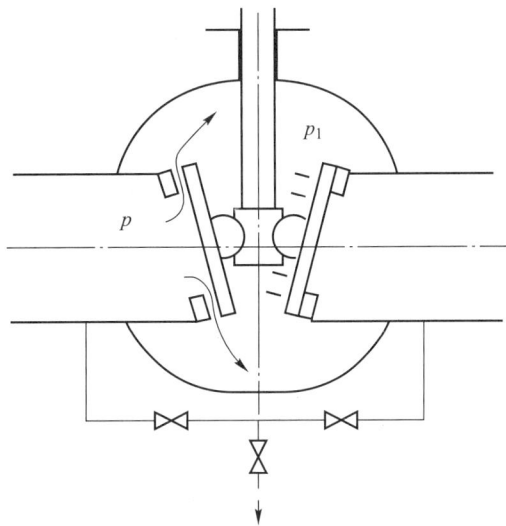

图 4.8 斜座式闸阀的密封

双侧密封式闸阀是通过增强闸板对阀座的推力而实现的,接触压力应大于进口流体的压力。这种闸阀的缺点是,如果在热状态下闭合,冷却后壳体就会出现收缩,会形成闭合位置卡紧,有可能使密封面或控制螺母损坏。

## 4.2.2 旋塞阀

旋塞阀可作为截断阀,也可作为分配阀。它的启闭件是一个有通道的圆锥形或圆柱形的塞子,靠围绕本身的轴线做旋转运动来完成阀门的启闭。

1. 旋塞阀的特点

① 介质流动方向不受限制,启闭迅速。

② 流动阻力小。介质流经旋塞阀时,流体通道可以不缩小,也不改变流动方向,因而流动阻力小。

③ 启闭较费力。旋塞阀阀体与塞子之间是靠圆锥表面来密封的,所以密封面面积较大,启闭力矩较大。如采用有润滑的结构或在启闭时能先提升塞子,则可大大减少启闭力矩。

④ 使用中易磨损,而难以保证密封性,且不易维修。如采用油封结构,即在密封面注入油脂,形成油膜,则可提高密封性能。

⑤ 结构简单,零件少,体积小,重量轻。

2. 旋塞阀的结构

旋塞的形状有锥形和圆柱形,其流通通道有直通型、L 形和 T 形,如图 4.9 所示。通孔的数目及截面形状与阀体的管路布置有关。当旋塞可使流体从上部或下部流动时,这种旋塞为穿通型。

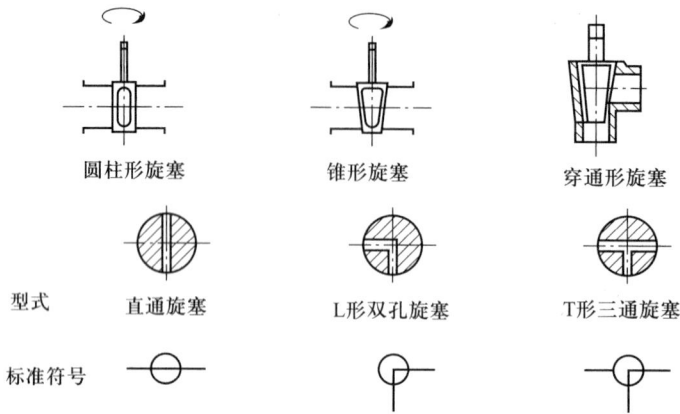

**图 4.9　旋塞阀示意图**

　　为保证密封,必须沿塞子轴线方向施加作用力,使塞子压紧在阀体上,从而在两密封面间形成一定的密封比压。根据压紧方式不同,旋塞阀有如下几种结构形式。

　　(1) 紧定式

　　这种旋塞阀的结构最为简单,仅由阀体和塞子组成。塞子下端伸出阀体外,由锁紧螺母将塞子往下拉紧,使其压紧在阀体密封面上。只适用于低压场合,目前很少采用。

　　(2) 填料式

　　它由阀体、塞子、填料和填料压盖组成。依靠填料压盖压紧填料的同时,将塞子紧压在阀体密封面上,从而防止介质的内漏和外漏。

　　(3) 自密封式

　　它与一般的旋塞阀有很大的区别,它的塞子是倒置的,即塞子大端朝下,用压盖压住。塞子与压盖之间有一空腔,介质可通过塞子内的小孔进入下部的空腔,依靠介质压力将塞子压紧在阀体密封面上,介质压力越大,则密封性能越可靠。在塞子和压盖之间放置一个压紧弹簧,起着预紧的作用,使密封效果更好。

　　(4) 油封式

　　它的结构与填料式旋塞阀基本相同,不同之处在于它设有注油装置,并在塞子的密封面上加工出横向和纵向油沟。使用时从注油孔向阀内注入润滑油脂,使之在塞子与阀体之间形成一层很薄的油膜,起润滑和辅助密封的作用。油封式旋塞阀的主要特点是密封性能可靠,而且启闭省力。它的出现扩大了旋塞阀的使用范围。

## 4.2.3　球阀

　　球阀的启闭件是一个球体,围绕着阀体的垂直中心线做回转运动,如图 4.10 所示。

　　1. 球阀的特点

　　球阀来自于旋塞阀,它具有旋塞阀的优点,又克服了旋塞阀的一些缺点。

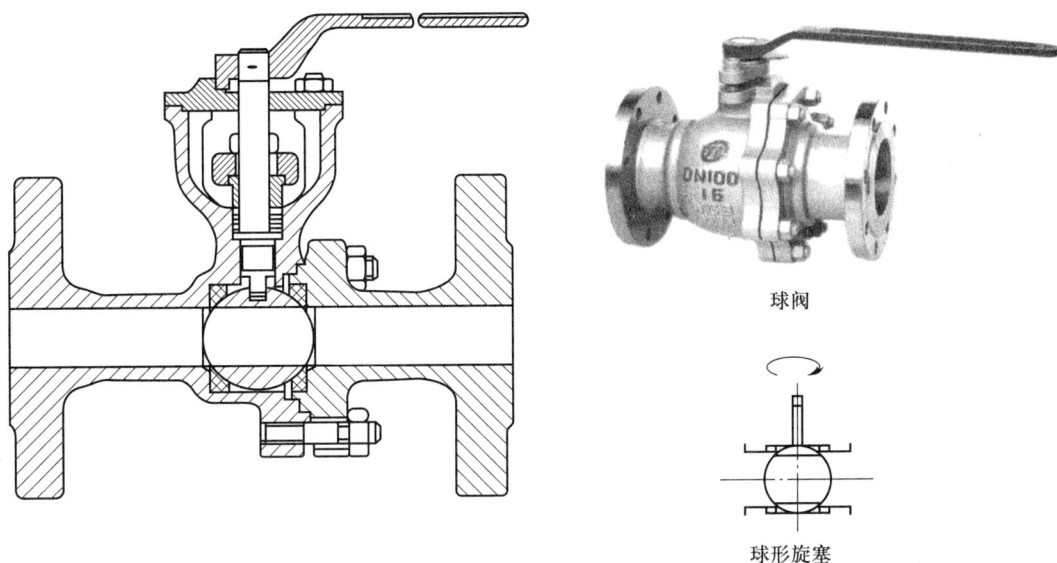

图 4.10　球阀

① 启闭力矩比普通旋塞阀小。旋塞阀塞子与阀体密封面接触面积大,而球阀只是密封圈与球体相接触,所以接触面积较小,启闭力矩也比旋塞阀小。

② 密封性能比普通旋塞阀好。球阀皆采用有弹性的软质密封圈,所以密封性能好。球阀全开时密封面不会受到介质的冲蚀。

2. 球阀的结构

球体是球阀的启闭件,其表面是密封面,球体内有圆形截面的流体通道,其直径常等于阀的公称直径。球阀的通道形式也有直通、L 形和 T 形。L 形和 T 形通道的分配作用与旋塞阀一样。

按照球体在阀体内的固定方式,球阀可分成浮动球式和固定球式两种。

浮动球式球阀的球体是可以浮动的,在介质压力的作用下,球体被压紧到出口侧的密封圈上,从而保证密封。它的特点是结构简单,单侧密封,密封性能较好,但因为球面与出口侧密封圈之间压紧力较大,所以启闭力矩也大。

固定球式球阀的球体被上下两端的轴承固定,只能转动,不能产生水平位移。为了保证密封性能,它有能够产生推力的浮动阀座,使密封圈压紧球体。因此它的结构复杂,外形尺寸大。由于球体被轴承固定,介质对球体的压力是由轴承来承受的,因此密封圈不易磨损,使用寿命长。密封圈与球体间的摩擦力小,因此启闭也较省力。

## 4.2.4　蝶阀

蝶阀的启闭件呈圆盘状,称作蝶板。蝶板绕其自身的轴线做旋转运动,如图 4.11、图 4.12 所示。

1. 蝶阀的特点

① 结构尺寸最小,其结构长度甚至可以小于通径。

② 介质流动方向不受限制。

③ 流动阻力较小,由于全开时阀座通道有效流通面积较大,因此流动阻力较小。

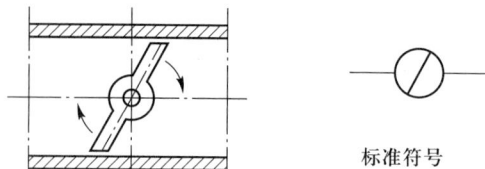

标准符号

图 4.11　蝶阀示意图

图 4.12　蝶阀

④ 启闭方便迅速且比较省力。蝶板旋转 90° 即可完成启闭。由于转轴两侧蝶板受介质作用力接近相等,而产生的转矩相反,因此启闭力矩较小。

⑤ 低压下可以实现良好的密封。

⑥ 结构紧凑简单,体积小,质量小。

蝶阀可同时具有良好的关闭密封特性和流量调节功能,所以可用作截断阀,也可用作节流阀。蝶阀通过改变蝶板的旋转角度可以分级控制流量,当蝶板开启在大约 15° 至 75° 之间时,可进行灵敏的流量控制,因此在大孔径的调节领域,蝶阀的应用非常普遍。

蝶阀是近些年发展最快的阀门种类之一。在工业发达国家,蝶阀的使用非常广泛,并向高温、高压、大口径、高密封性、长寿命、优良的调节性能以及多功能方向发展。随着蝶阀技术的进步,在大中型口径、中低压力的使用场合,蝶阀将成为主导的阀门形式。

2. 蝶阀的结构

蝶板转轴的两端装有导向装置和密封垫。蝶板的密封由下列两种方法保证。

① 阀座设弹性密封垫。如采用橡胶垫、塑料垫,在高温场合下,可采用弹性不锈钢膜垫,该膜内可充压,以保证密封性。

② 蝶板支撑轴轴向偏心或轴倾斜。

从蝶板的密封形式来看,主要有如下三种。

① 中心对称板式:阀杆从蝶板的径向中心穿过,它的阻流面积较小,但密封面易擦伤,难以保证密封性,一般只用于调节流量。

② 偏置板式:蝶板与阀杆平行安装,阀杆不在蝶板平面内。它的密封性好,但阻流面积大。

③ 斜板式:蝶板与阀杆形成一个倾斜角,是常用的密封式蝶阀。

# 4.2.5 截止阀

截止阀也是一种常用的截断阀。它的启闭件(阀瓣)沿着阀座通道的中心线上下移动。闭合时依靠阀瓣贴合阀座保证密封性,其方向一般与流动方向相反。

1. 截止阀的特点

① 结构长度较大。

② 阀瓣行程小,因此截止阀高度较小。

③ 介质流动方向受限制。对于普通截止阀,介质在阀座通道处只能从下向上单方向流动,不能改变流动方向。对于高压截止阀,则设计为在阀座通道处从上向下单方向流动。

④ 流动阻力大。阀体内介质通道比较曲折,流动阻力大,动力消耗大。在各类截断阀中截止阀的流动阻力最大。

⑤ 启闭力矩大,启闭较费力。对于普通截止阀,在关闭过程中,阀瓣的运动方向与介质压力作用方向相反,必须克服介质的作用力,所以关闭力矩大。

⑥ 除锥形密封面外,启闭时阀瓣与阀座密封面之间无相对滑动,因此密封面磨损和擦伤较轻,密封性能较好。

⑦ 与闸阀比较,截止阀结构较简单,维修较方便。

截止阀仅供截断或接通管路中的介质,不宜用来调节介质的压力或流量。如长期用于调节,密封面会被介质冲蚀,不能保证其密封性。使用时要特别注意阀的进出口方向,切勿装反。

2. 截止阀的一般结构

按截止阀的阀杆和阀体流道形式,有如图 4.13 所示的分类。

从阀瓣的形式来看,它主要有平座、锥体、球体几种。如图 4.14 所示。

斜杆式截止阀,如图 4.14c 所示,阀杆与介质流动方向成一夹角,阀杆越倾斜则流动阻力越小。为避免紊流干扰,通常在阀瓣上设置一个导向筒。

图 4.13 截止阀的分类

平衡式截止阀,如图 4.14d 所示,流体从两个阀瓣间进入,这样作用在两个阀瓣上的流体推力互相抵消,不管流体流动方向如何,开阀或关阀所需的力都很小,开、关都很方便。

图 4.15~图 4.18 给出了一些实际截止阀的结构形式。

双联式截止阀,如图 4.18 所示,它的作用是可将流体引向两个方向,一般也采用锥体座,主要用于特定工况。

一般的截止阀在工作时流体都是从阀瓣下部进入,但是大亚湾核电站有一个例外,汽机系统入口阀为反向流动,即蒸汽从上向下流过阀瓣。这样设计是出于安全考虑,但是这样开启该阀就

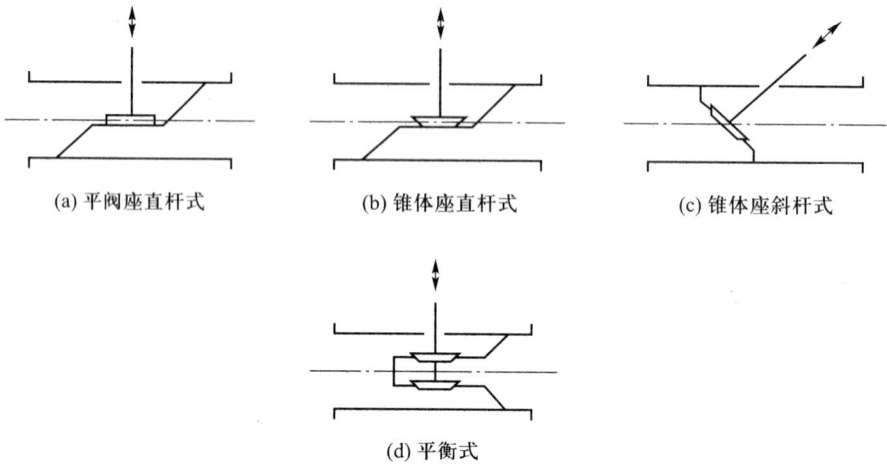

(a) 平阀座直杆式　　　(b) 锥体座直杆式　　　(c) 锥体座斜杆式

(d) 平衡式

图 4.14　截止阀形式

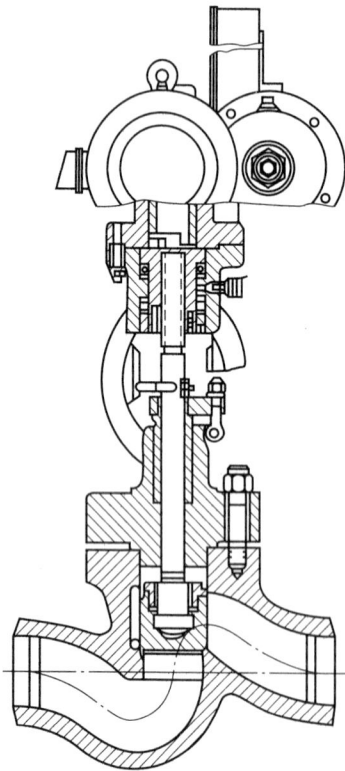

图 4.15　电动截止阀

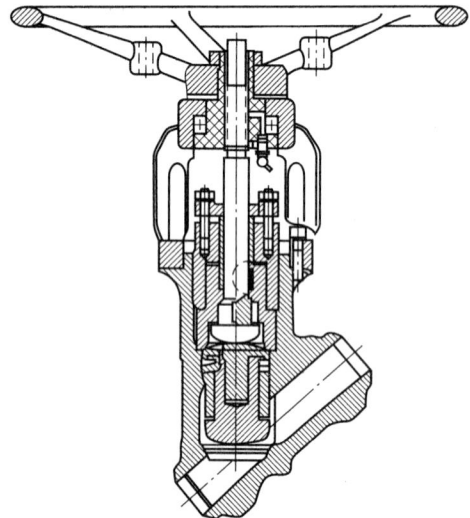

图 4.16　带金属膜斜杆式截止阀

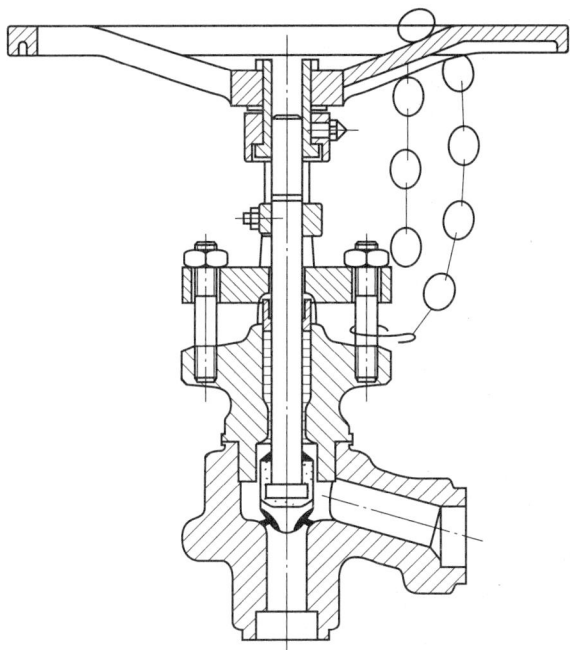

图 4.17　角式截止阀　　　　图 4.18　双联式截止阀

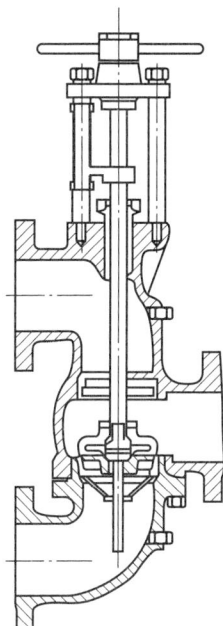

十分困难。因此,在主阀瓣上设置导向阀,开启时,先开导向阀让小股流体进到出口侧,使进、出口压力平衡,再开启主阀瓣。

## 4.2.6　隔膜阀

隔膜阀的阀瓣是固定在阀体和阀盖之间的挠性隔膜或组合隔膜片,如图 4.19 所示。闭合时的密封性由阀杆推动隔膜贴合在水平或凹形衬胶阀座上来实现,借助顶块使隔膜随阀杆的推力而闭合。

1. 隔膜阀的特点

① 结构简单,只有阀体、隔膜片和阀盖三个主要部件。

② 易于快速拆装和检修,可以在现场及短时间内更换隔膜片。

隔膜阀用作截止阀。由于介质不进入阀盖内腔,因此阀杆无需用填料函密封。隔膜可阻断外漏,还可对操纵机构的零件起保护作用,但是当隔膜出现破损时,则失去密封保证。这类阀的使用仅限于低压、低温的管道。不能做成大口径阀门,一般 DN ≤ 200 mm。

2. 隔膜阀的结构

隔膜阀的主要部件为:阀体为内衬橡胶或塑料的壳体,阀盖支撑阀杆,阀杆为传动轴或推动杆,阀瓣为挠性隔膜片或组合隔膜片。

隔膜阀分为堰式和直通式。

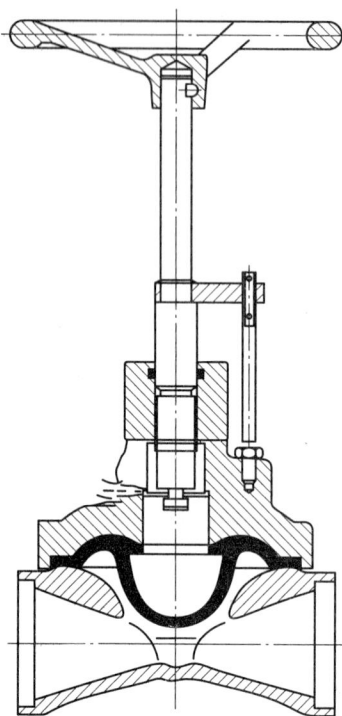

图 4.19　隔膜阀

　　堰式隔膜阀也称为屋脊式隔膜阀,阀座是堰形(屋脊形),关闭阀门时隔膜片被压下,与阀体堰形阀座贴合。只需用较小的操作力和较短的隔膜行程即可启闭阀门,隔膜挠度变量小。隔膜的材料可以是合成橡胶或者带橡胶衬里的聚四氯乙烯。

　　直通式隔膜阀,如图 4.19 所示,阀座是直通流道的管壁阀座,隔膜行程较长,流体在阀体内腔直流,基于这一特点,它特别适用于某些黏性大的流体、水泥浆以及沉淀性流体。

　　隔膜阀的适应介质范围广泛,又因橡胶衬里具有良好的耐腐蚀性,故多用于腐蚀性介质管路系统中,但不能用于溶胀性的有机溶液中。

## 4.2.7　波纹管式阀

　　核电站和核工业对阀门的密封性要求很高,尤其是对于输送介质带有放射性的阀门,要求无泄漏,以确保不污染环境。为此采用带有波纹管密封结构的阀门,常见的有波纹管截止阀、波纹管节流阀、波纹管安全阀等。

　　如图 4.20 所示,波纹管截止阀的结构和部件除波纹管密封件以外,其他部分均与普通截止阀相同。

　　如图 4.21 所示,波纹管弹簧式安全阀的结构和部件除波纹管密封件以外,其他部分均与普通弹簧式安全阀完全相同。

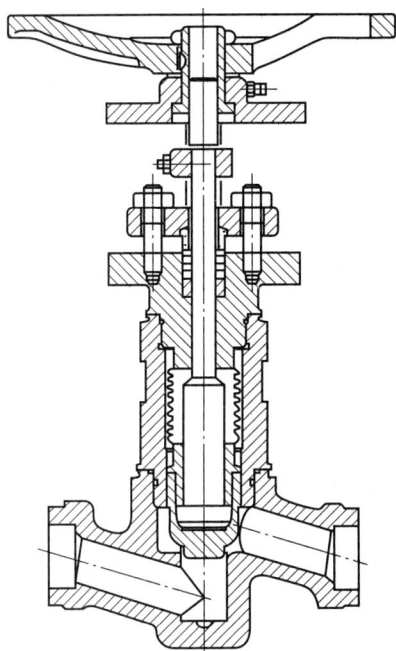

图 4.20　波纹管截止阀

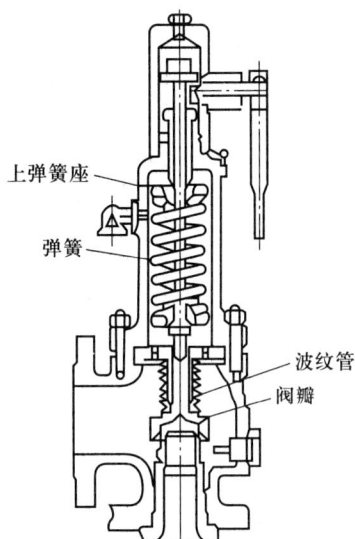

图 4.21　波纹管弹簧式安全阀
（大亚湾核电站采用的结构）

波纹管的作用是密封,防止外漏,能达到无外泄漏。波纹管密封的原理是,利用弹性很好的波纹管将其两端分别与阀杆和阀盖焊接封死。阀瓣的上下位移受波纹管拉伸和压缩的限制,其允许位移仅为波纹管全长的 20%。如需增加位移量则需增加波纹管的长度。

波纹管式阀,结构复杂,造价较高,它的最大优点是能确保无外泄漏,主要用于核电站和核工业放射性介质及其他有毒介质的情况。波纹管还能将导向机构、弹簧等与介质隔离以防止这些重要部件受介质腐蚀而失灵。

# 4.3　节流阀

节流阀也叫调节阀,其作用是按节流原理来实现的,用于调节流量,属于调节阀类。普通的节流阀是指根据收到的外部指令(手控的或调节电路控制的气动装置),通过改变通道截面积来调节流体流量和压力。因此,节流阀要遵守它自己的压力、流量、温度设定值,除特殊情况外,一般对大流量、高温、高压的情况都有很高的灵敏度和精确度。

由于节流阀经常构成调节系统的最后一个组件部分,因此一定要保证主控部分的精确、可靠,否则就会破坏管路系统的自动调节功能。

## 4.3.1 普通节流阀

通常节流阀在结构上除启闭件、阀杆控制系统外与截止阀相同,其流道也有直通和角式之分。

如图 4.22 所示的是一个普通型平衡式节流阀的示意图。为了减小流体对阀瓣的推力影响,以便能轻松、灵活和准确地操纵,在高压流体管道上的节流阀的阀杆上可安装两个阀瓣,流体作用在这两个阀瓣上的推力互相平衡。

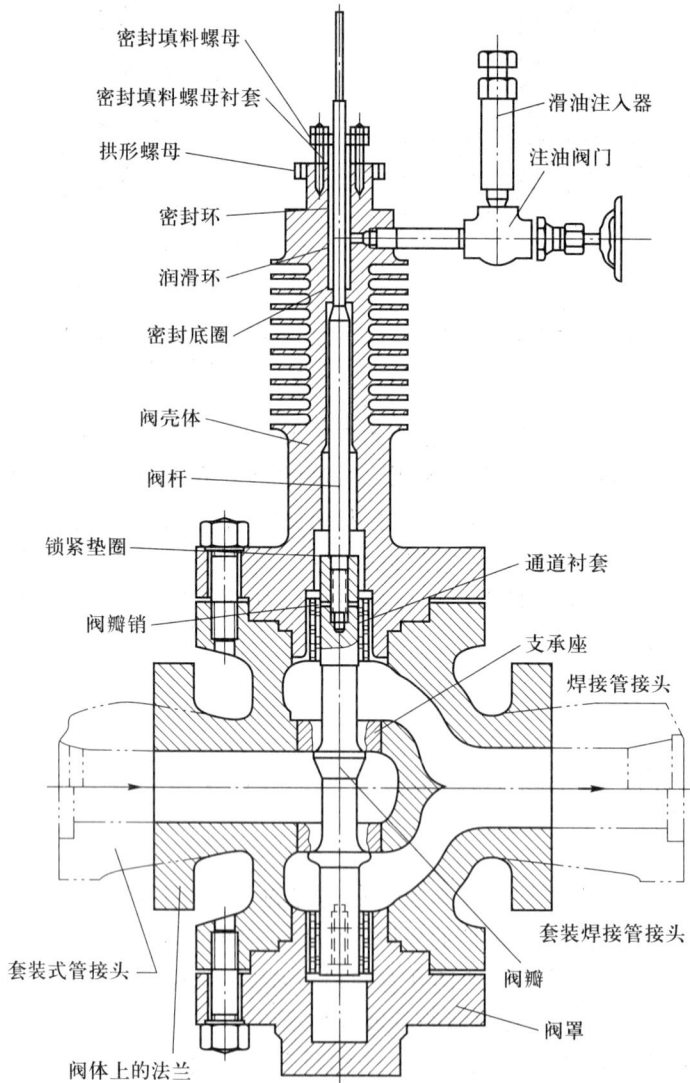

图 4.22　普通型节流阀

图 4.23 给出节流阀阀瓣的形状、数量、作用方式及相应的流量变化。不同线型的阀瓣在各种开度下对应着不同的流量变化曲线。

根据调节标准(精度,阀瓣启闭力,闭合的密封性,流体的性质、压力、温度和流量大小),使用不同形状的阀瓣。抛物线型适用于流量变化大,要求密封性良好的管道;V 形阀瓣适用于流量变化很小的管道;速开型阀瓣适用于需要流量迅速增加到最大值的管道。

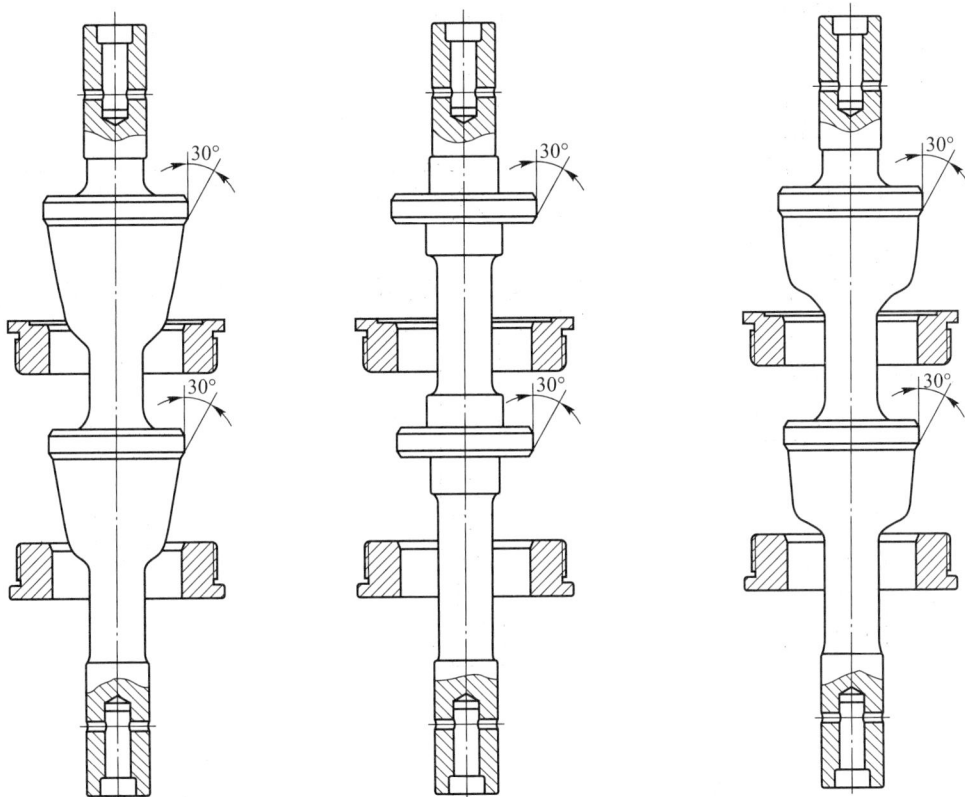

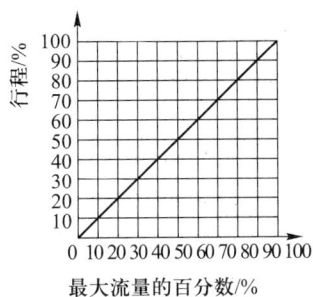

(a) 双阀座抛物线型阀瓣

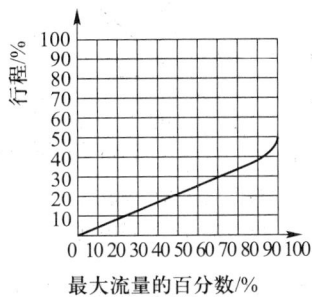

(b) 双阀座快速打开阀瓣

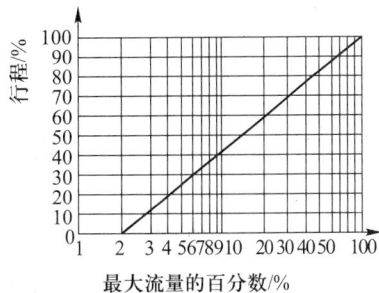

(c) 与百分数相对应的
双阀座抛物线型阀瓣

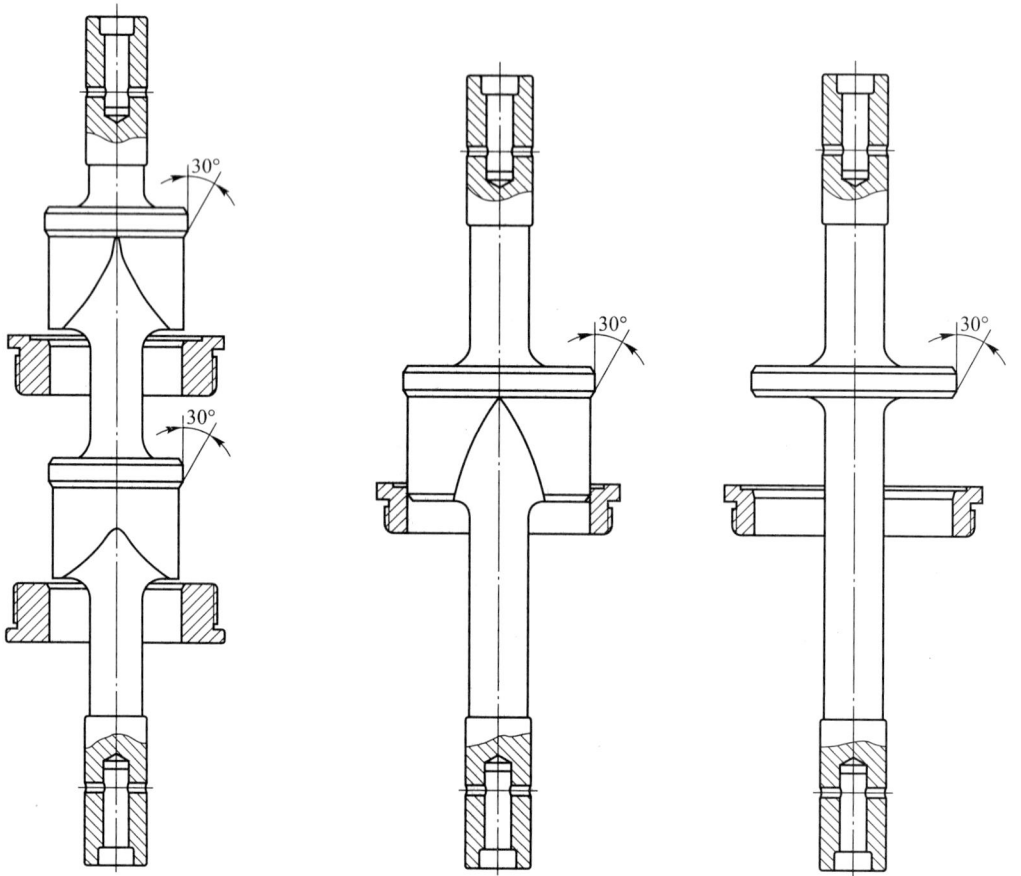

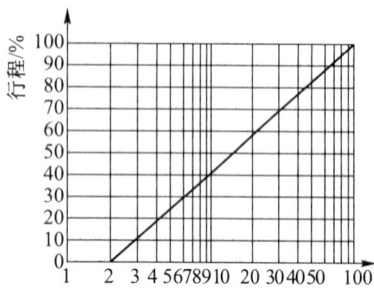

(d) V形口双阀瓣阀座

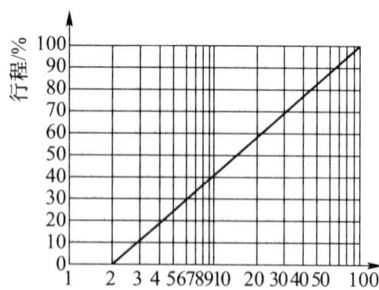

(e) V形口单阀瓣阀座

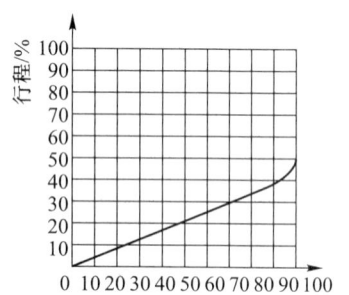

(f) 单阀座快速打开阀瓣

**图 4.23** 节流阀阀瓣的形状、作用方式及相应的流量变化

## 4.3.2 特殊功能节流阀

某些节流阀具有特殊功能,如恒温阀、微流量阀。

**1. 恒温阀**

恒温阀的恒温膜盒内是具有高膨胀系数的液体,如图 4.24 所示,当外部温度上升时,液体膨胀,使上部波纹管压缩带动阀瓣运动,减少用于加热环境的流体的流量。反之,阀瓣打开。

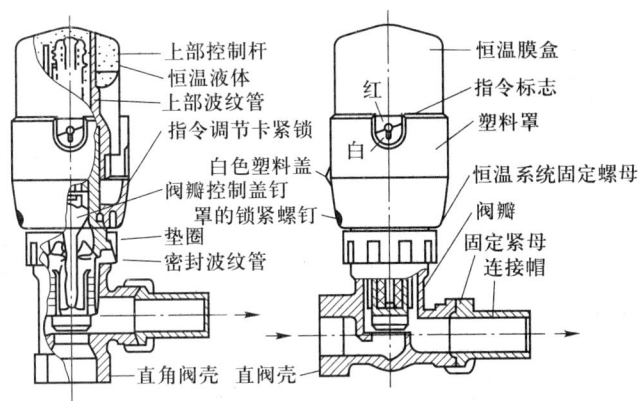

图 4.24 恒温阀

**2. 微流量阀——针形阀**

微流量阀的阀瓣细长如针型,也叫针形阀,用于精确调节小流量流体。

如图 4.25 所示,针形阀是由截止阀演变而来的。截止阀的阀瓣行程约为完全流通时孔径的 $\frac{1}{4}$,对精调来说,其灵敏度往往不够。为克服这一缺点,采用加长锥体的大行程阀瓣来增大阀座处的流通截面的递增变化,当锥顶角很小时,阀瓣就成了阀针了,针形阀由此而得名。针形阀的阀针是由阀杆的一端经机加工成锥形而成的。针形阀阀杆螺纹的螺距比较细,以提高其精度。

采用针形阀这种结构,其行程—流量曲线可以趋于直线。

针形阀仅限于小口径管路中,由于零件可采用不同的材料制造,可在各种压力和温度范围内用作流量调节阀。

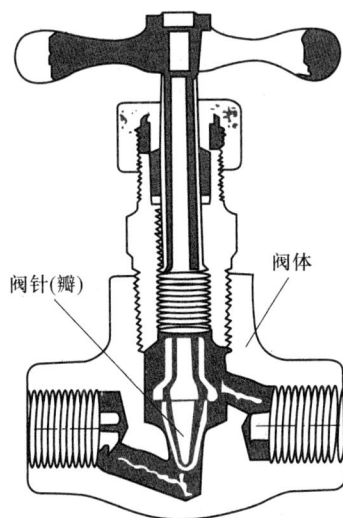

图 4.25 针形阀

# 4.4　减压阀

　　减压阀也属于调节阀类。调节阀类由一些调节流体压力和流量的零件组成,通过改变阀瓣与阀座的相对位置,引起通道截面的变化来调节流体压力和流量,使得阀门处于手控的稳定状态(使用减压阀时),或事先设定信号或输入信号。

　　因此,调节阀类有两种:减压阀专为流体压力自动控制,保证输出压力恒定;节流阀用以保证连续、有效并精确地调节压力和流量。

　　减压阀也称调压器和减压器。通常它是直接作用式压力调节,介质通过减压阀将产生节流效应,从而使进口压力降低到某一确定范围的出口压力,并且在进口压力不断变化的情况下,仍能使出口压力保持在该范围内。

　　减压阀与节流阀是不同的。虽然他们都是利用节流效应来起升降作用,但是节流阀的出口压力是随进口压力而变化的。而减压阀却能进行自动调节,使阀后压力保持稳定。

　　减压阀的工作原理是:通过可调的机械装置(重锤和弹簧)设定减压平衡力,与作用于阀活塞或膜片上的进口压力保持平衡,并随入口压力的变化控制阀门开度,维持出口压力恒定。

　　选择和使用减压阀要根据流体的性质(空气、水、蒸汽)和压差的大小来进行。

　　① 对一些气体来说,如果压差太大,阀内构件就有结冰的危险;

　　② 对低压的水和蒸汽来说可以只用一级减压;

　　③ 对减压幅度大的高压蒸汽,需采用两级膨胀减压,以避免因流体在高压差下高速流动而对阀瓣和阀座造成快速磨损。

　　这里介绍两种减压阀。

　　① 专用于大压差气体的减压阀;

　　② 用于管道系统上的减压阀。

## 4.4.1　气体减压阀

　　气体减压阀也称为减压调节阀,专门安装在高压气瓶上,图 4.26 和图 4.27 介绍了标准型减压调节阀和高压型减压调节阀结构。它们的一般工作方式是:当减压或调节螺钉拧松时,作用在阀瓣上的弹簧将其关闭;随着螺钉拧紧,膜片变形迫使阀瓣开启并在低压室形成一定压力。如果低压室压力上升,膜片趋向恢复原来的形状,阀瓣开度减少;如果低压室压力下降,膜片变形时开度增大,提高了出口压力。如此实现了低压出口压力的自动调节。

　　减压定值的设定通过调节减压螺钉来完成。

　　使用气体减压阀应注意以下几个方面:

　　① 尽管进口压力是变化的,也要注意减压终止时的恒定。实际上,这些变化的误差一般约在平均值的 1% ~ 5% 之间。

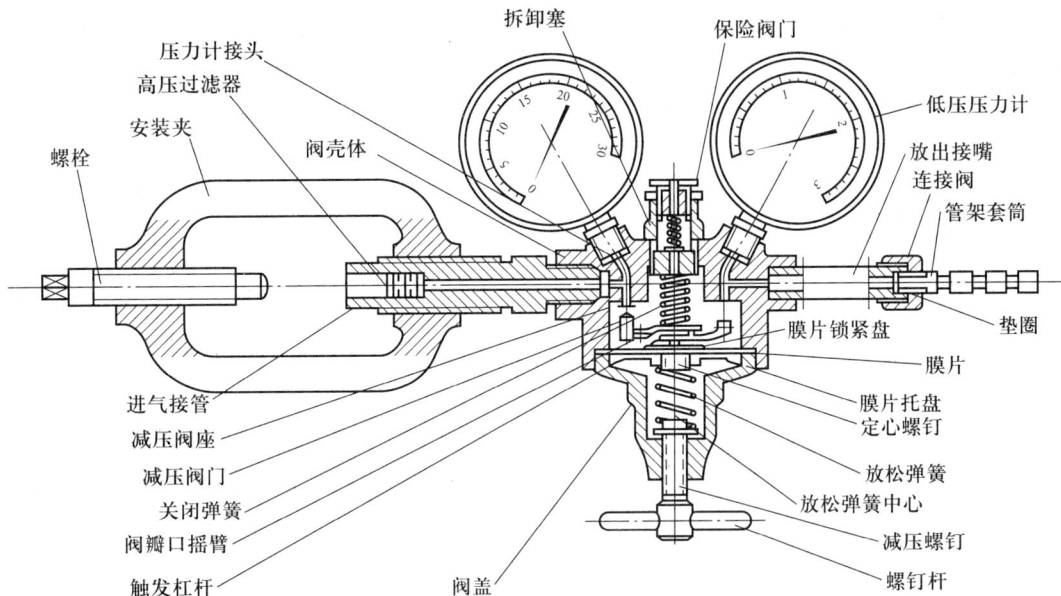

图 4.26 标准型减压阀(液化乙炔)

图中标注：

拆卸塞　保险阀门
压力计接头　低压压力计
高压过滤器　放出接嘴
安装夹　连接阀
螺栓　阀壳体　管架套筒
膜片锁紧盘　垫圈
膜片
进气接管　膜片托盘
减压阀座　定心螺钉
减压阀门　放松弹簧
关闭弹簧　放松弹簧中心
阀瓣口摇臂　减压螺钉
触发杠杆　螺钉杆
阀盖

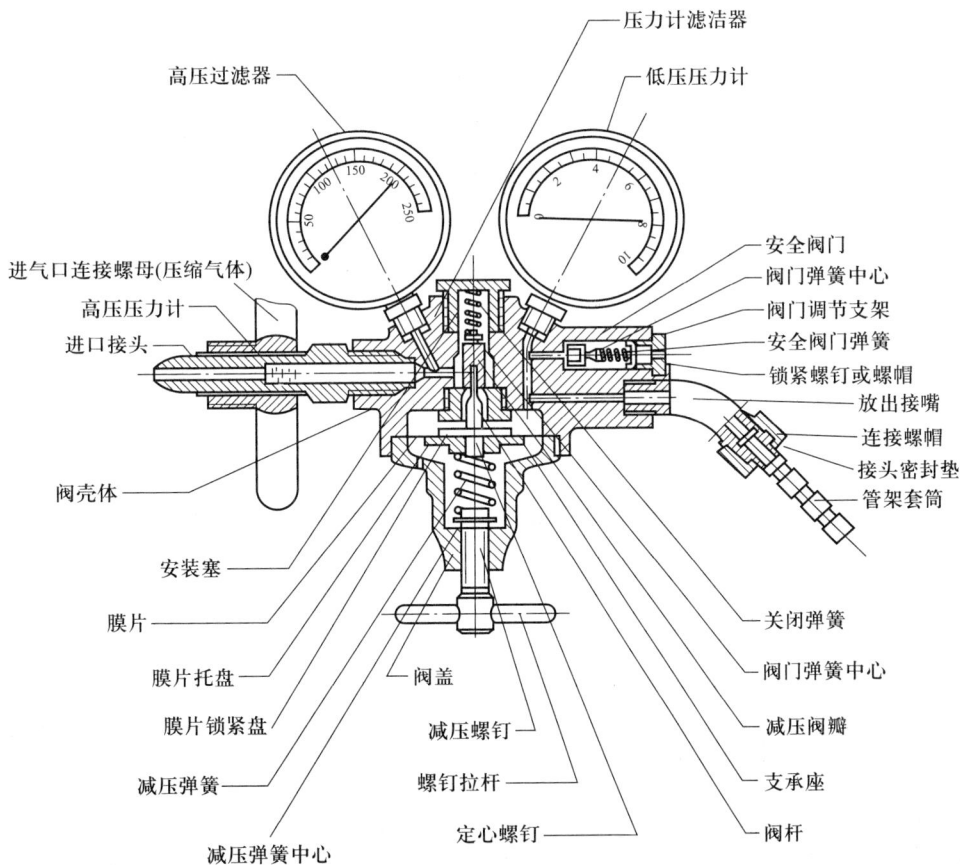

图 4.27 高压型减压阀(氧气)

图中标注：

压力计滤洁器
高压过滤器　低压压力计
安全阀门
阀门弹簧中心
进气口连接螺母(压缩气体)　阀门调节支架
高压压力计　安全阀门弹簧
进口接头　锁紧螺钉或螺帽
放出接嘴
连接螺帽
阀壳体　接头密封垫
管架套筒
安装塞
膜片
关闭弹簧
膜片托盘　阀门弹簧中心
膜片锁紧盘　减压阀瓣
减压弹簧　支承座
阀盖　阀杆
减压螺钉
螺钉拉杆
定心螺钉
减压弹簧中心

② 当气体停止流通时,要注意出口压力回升的限制,回升得过高或过快,会因减压阀(惯性)内部零件的设计问题而引起膜片受损。

③ 禁止安装在氧气瓶上的阀使用润滑油。

## 4.4.2 直接作用式管路减压阀

管路减压阀有直接作用式和带控制阀门的间接作用式两种。

直接作用式减压阀能达到一般的精确度,工作原理与上述相同,减压部件可以是活塞或膜片。

### 1. 活塞式减压阀

活塞式减压阀一般用在各种压力的低温(<100 ℃)水管道上。如图 4.28 所示,活塞与阀杆相连,通过调节弹簧,使活塞受的推力与压力保持平衡。当入口压力变化时,活塞带动阀瓣上下移动,保持出口压力恒定。

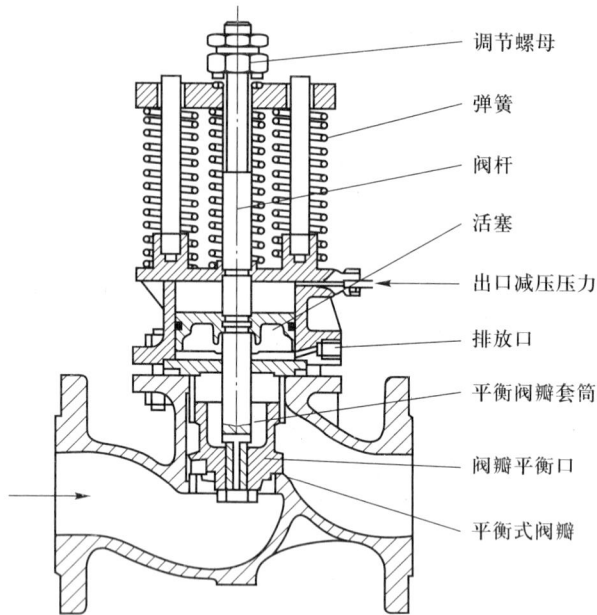

图 4.28　管路上的活塞式减压阀

### 2. 薄膜式减压阀

薄膜式减压阀与上述气体减压阀相类似,可用在各种流体管道上。但由于薄膜比较脆弱,使用中对压力和温度有一定的限制,常用于空气、水或低压的饱和蒸汽管道上。薄膜式减压阀结构如图 4.29 所示。

### 3. 波纹管减压阀

波纹管减压阀是采用弹簧、波纹管作为传感件,直接带动阀瓣做升、降运动的减压阀。如图 4.30 所示。具有保护弹簧和无活塞摩擦的优点。

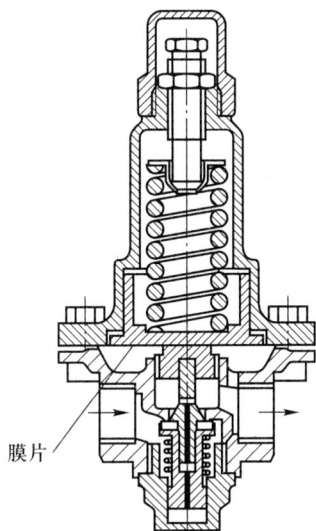

图 4.29  管路上的薄膜式减压阀          图 4.30  管路上的波纹管减压阀

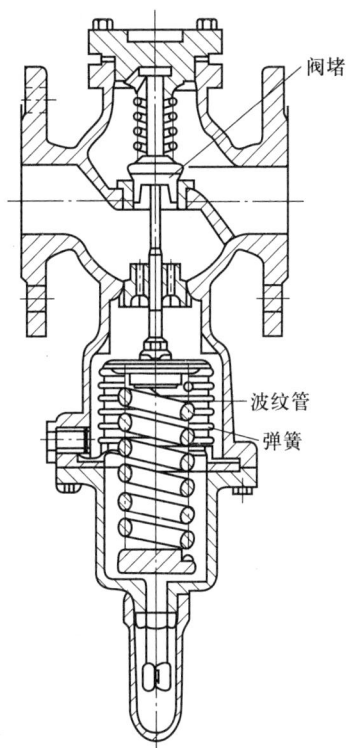

## 4.4.3 间接作用式减压阀

间接作用式减压阀也称先导式减压阀,是在直接式基础上增加一个控制部件(阀瓣、活塞薄膜片控制元件),由它来调节直接作用式阀瓣的开度,提高平衡装置的灵敏度。这种阀门可获得准确的减压,可安装在蒸汽管道和大流量管道上。

先导式减压阀也有活塞式、薄膜式和波纹管式。图 4.31 所示的为应用较广泛的先导活塞式减压阀,大亚湾核电站也使用这种阀。

先导活塞式减压阀的工作原理是,在管路系统中工作时,首先,进入阀内的高压流体从进口导压管经过先导阀,进入活塞上端,活塞受压下降,带动传动杆推开阀瓣,使减压阀打开某一开度,此时已进入阀的高压流体便在这一开度下通过,流体受阻,降低压力后进入阀的出口腔,接着,一股减压后的流体通过出口导压管,回到先导阀受控装置调节弹簧座的下端,若出口压力高于减压要求值,则弹簧被托起,带动传动杆,关小先导阀,使进入活塞上端的流体压力降低些,活塞相应上升,主阀的阀瓣相应关小些,使进口高压流体进一步受阻,再降低些压力,以符合出口压力的减压要求;若出口压力低于减压要求时,则上述动作反向进行,相应地加大主阀开度,提高出口压力,以符合减压要求值。这样自动反复微调,提高了减压阀的灵敏性和精确度。

调节螺丝
锁紧螺丝
调节弹簧
膜片
先导阀瓣
先导阀弹簧
阀盖
活塞环
主阀瓣
主阀弹簧
阀体

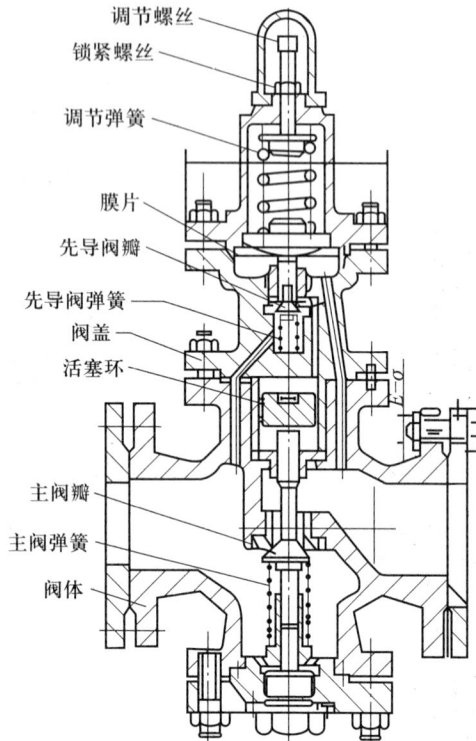

图 4.31　先导活塞式减压阀

## 4.4.4　排放减压阀

上述减压阀可保证出口压力的恒定,而排放减压阀则是通过排泄流体,使进口压力保持恒定状态。排放减压阀也称释放阀,阀的外形与其他阀相同,实质上是一种能连续排放一定量流体的安全阀。

该阀用于低压辅助蒸汽管道(向汽轮发电机组上的喷嘴或密封箱输汽时保持恒压)和装有流量测量泵与回路喷嘴的液体燃料通道上。

图 4.32 所示的是适用于各种流体的低压排放阀。正常运行时,进口流体的压力作用于膜片底部,该作用力与膜片上部调节弹簧的开启压力(整定压力)平衡,膜片下连的阀瓣处于关闭状态。当进口压力上升,超过开启压力(调节弹簧的校准压力)时,将膜片托起,压缩调节弹簧,膜片带动阀瓣向上,打开下部排放口,一部分流体排出,进行卸压,以消除进口超压,保持进口压力恒定。上部的螺钉用于调节进口压力整定值。

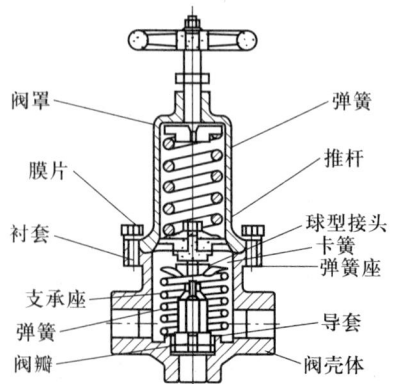

阀罩
弹簧
膜片
推杆
衬套
球型接头
卡簧
弹簧座
支承座
弹簧
导套
阀瓣
阀壳体

图 4.32　排放减压阀

# 4.5 止回阀和断流阀

自调类阀门的启闭件运动仅受流体能量和方向(流速、流向)控制,并在一个规定的方向上永远是闭合状态。

根据功能这类阀有两种:用来阻止流体反向流动的止回阀,避免流体速度超定值的断流阀。

## 4.5.1 止回阀

根据阀瓣的形状和运动特征,止回阀主要有旋启式和升降式两种。

1. 旋启式止回阀

旋启式止回阀的阀瓣呈圆盘状,通过摇杆与驱动转轴相连,按流体流动方向绕阀座通道外的转轴做旋转运动。在正向流体推力作用下,阀瓣向上旋启并保持开启位置;流体反向时,依靠阀瓣自重落下,并在反向流体推力作用下,使阀得到密封,如图 4.33 所示。

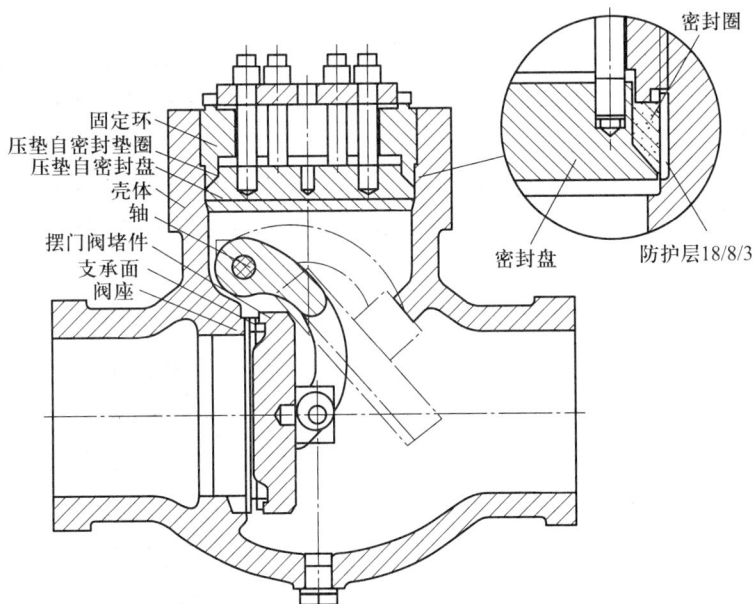

图 4.33 旋启式止回阀

旋启式止回阀的通道呈流线型,流动阻力较小,适用于大口径的场合。可安装在水平管道或垂直管道上。鉴于阀瓣的质量,这种止回阀只有在工作频率低的情况下才使用,如涡轮排放管路。

这种止回阀在使用中要注意到现场去监听阀瓣撞击声。因为当正向流体推力不足时,阀瓣在自重作用下将连续撞击阀座,造成水锤并击伤阀座密封面。另外,对大口径和高压止回阀,当介质反流时会产生相当大的水力冲击,甚至造成阀瓣和阀座的损坏。为解决这些问题,在结构上采取的措施是:

① 采用多瓣式结构。它的启闭件是由许多个小直径的阀瓣组成的,当介质停止流动或倒流时,这些小阀瓣不会同时关闭,因此就大大减弱了水力冲击。由于小直径的阀瓣本身的质量小,关闭动作也比较平稳,所以阀瓣对阀座的撞击力较小,不会造成密封面的损坏。

② 对高压的情况,在阀瓣上设内通道,以平衡两侧的压力,对阀门开启有利。

③ 通过转轴装阻尼器,缓启缓闭。

2. 升降式止回阀

升降式止回阀是一种截止性止回阀,它的结构与截止阀有很多相似之处,其中阀体与截止阀阀体完全一样,可以通用。阀瓣形式也与截止阀阀瓣相同,阀瓣上部与阀盖下部都加工出导向套筒,阀瓣导向筒可以在阀盖导向套筒内自由升降。采用导向套筒的目的是要保证阀瓣准确地降落在阀座上。在阀瓣导向筒下部或阀盖导向套筒上部有一个泄压孔,当阀瓣上升时排出套筒内介质,以减少阀瓣开启时的阻力。升降式止回阀的启闭件(阀瓣)是沿阀座通道中心线做升降运动,动作可靠,但流动阻力较大。

按照在管路上的安装位置,升降式止回阀可以分为直通式升降止回阀和立式升降止回阀两种,如图4.34所示。

(1) 直通式升降止回阀

当介质停止流动时,阀瓣靠自重降落在阀座上,阻止介质倒流,故允许安装在水平管路上,如在阀瓣上部放置辅助弹簧,阀瓣在弹簧力的作用下关闭,则可安装在任意位置。

(2) 立式升降止回阀

立式升降止回阀的介质进出口通道方向与阀座通道方向相同,为使阀瓣能依靠自重下落到阀体阀座上,必须将它安装在垂直管道上,这种止回阀的流动阻力较小,这种阀当用于泵的吸入管底部时又称为底阀(图4.35)。底阀的作用是防止进入泵吸入管中的水或启动前预灌在泵和吸入管中的水倒流,保证水泵正常启动。

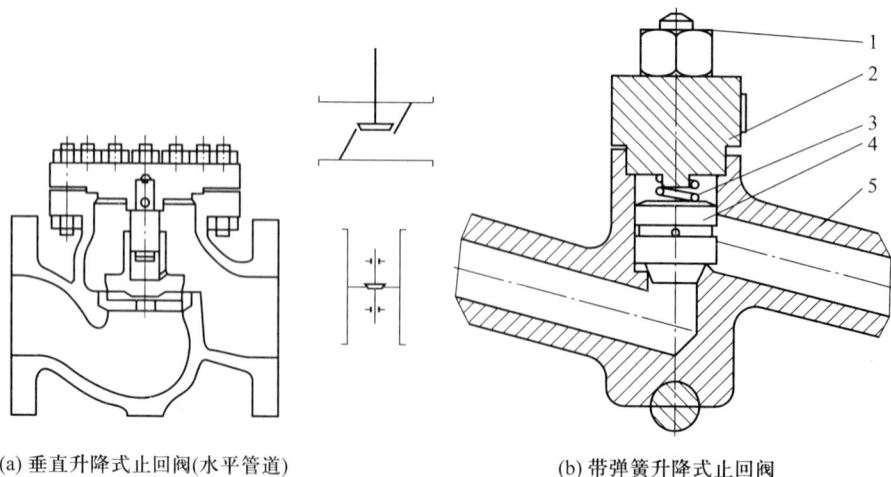

(a) 垂直升降式止回阀(水平管道)　　　　　(b) 带弹簧升降式止回阀

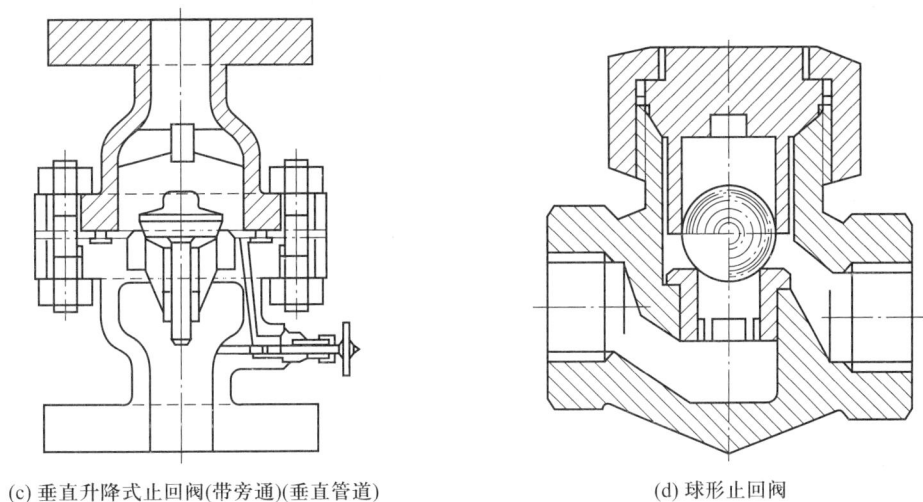

(c) 垂直升降式止回阀(带旁通)(垂直管道)　　　　　(d) 球形止回阀

图 4.34　升降式止回阀

图 4.35　底阀

与旋启式止回阀一样,也要注意防止升降式止回阀可能产生的水锤现象。

## 4.5.2　断流阀

　　断流阀又称为过速单闭合效应蒸汽自动断流阀或管道自动断流旁通阀,如图 4.36a。将断流阀与止回阀组合则构成双效应蒸汽自动断流阀门,即可完成止回和过速断流两种功能,如图 4.36b。

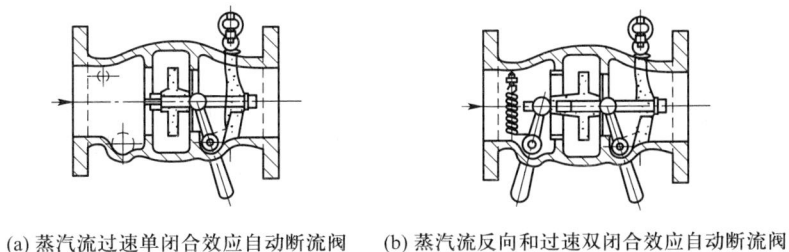

(a) 蒸汽流过速单闭合效应自动断流阀　　　(b) 蒸汽流反向和过速双闭合效应自动断流阀

图 4.36　蒸汽自动断流阀

采用这种阀门的原因是:当重要流体管道(如蒸汽管道)破裂时,应有自动的流体过速断流阀门中断输出。它与止回阀相似,但闭合工作原理不同:阀瓣在超速流作用下正向闭合,但开启时阀瓣为反向。当流体速度低于某一值时,由重锤或弹簧作用使阀门保持开启,如流体超速并超过弹簧作用时,阀闭合。

自动断流阀的使用要注意以下几点。

① 注意介质流动方向,它只能在一个方向上工作;

② 应该有一个外部手柄,以便控制阀瓣的自由工作;

③ 不过分要求绝对密封。

# 4.6　疏水阀

疏水阀,也叫阻汽排水阀、疏水器等,其功能是自动排泄加热设备或蒸汽管路中不断产生的蒸汽凝结水、空气及其他不凝性气体,同时又能阻止蒸汽逸出,防止蒸汽损失。它是保证各种蒸汽加热工艺设备所需加热温度和热量并能正常工作的节能设备。在各类核电站的蒸汽回路系统中都使用了各种类型的疏水阀。

疏水阀的类型按工作原理和结构型式可分为三大类:热动力型疏水阀、热静力型疏水阀、机械型疏水阀。现将三类中常用类型的疏水阀的工作原理、结构、特性和使用范围介绍如下。

## 4.6.1　热动力型疏水阀

热动力型疏水阀的工作原理,主要是利用蒸汽、凝结水通过启闭件(阀堵或阀片或阀瓣)时的不同流速引起被启闭件隔开的压力室和进口处的压力差来启闭疏水阀。这类疏水阀处理凝结水的灵敏度高,启闭件小,惯性也少,开关迅速。主要产品类型有以下三种。

1. 圆盘式疏水阀

圆盘式疏水阀如图 4.37 所示,它的工作过程是:当凝结水从入水孔 1 流入,由于变压室 4 的蒸汽凝结,压力降低,加之水的重度大,作用在阀片下面的力,大于变压室作用在阀片上面的力,故将阀片打开,同时又因水的黏度大,流速低,阀片与阀座间不易造成负压,而且凝结水不易通过阀片与阀盖间的缝隙流入变压室,这样就使得阀片保持开启状态,凝结水经过环形槽 2,从排水孔 3 排出疏水阀。

当饱和蒸汽从入水孔 1 流入时,由于蒸汽的黏度小,流量大,根据伯努利定理,阀片下面的压力降低,并使阀片与阀座间形成负压,而且蒸汽容易通过阀片与阀盖间隙进入变压室 4,这样作用在阀片上面的压力大于作用在其下面的压力,使阀片迅速关闭,阻止蒸汽的泄漏。当凝结水再次进入阀时,开始又一循环过程。

圆盘式疏水阀结构简单,造价低,间断排水有噪声,最小过冷度 6~8 ℃,有一定的漏气量,排空气性能不佳,耐水击,适用于冷冻及过热蒸汽场合,适用范围较广。

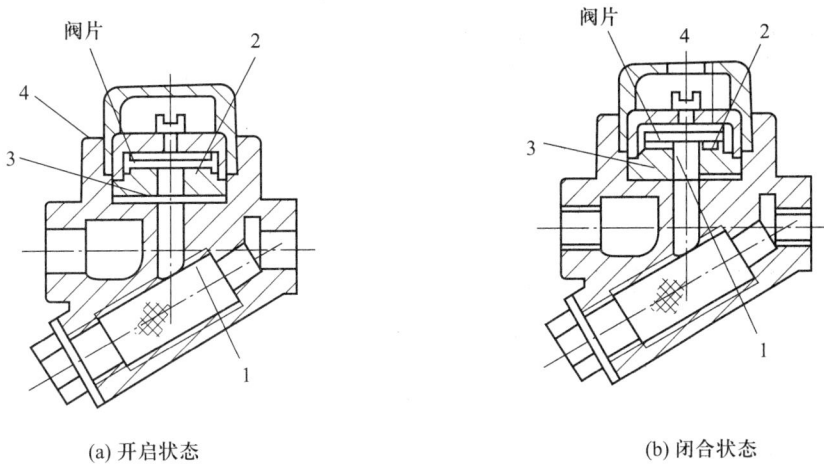

(a) 开启状态        (b) 闭合状态

图 4.37 圆盘式疏水阀结构图
1—入水孔；2—环形槽；3—排水孔；4—变压室

### 2. 脉冲式疏水阀

脉冲式疏水阀如图 4.38 所示，它的工作过程为：当蒸汽通入时，空气、冷凝水进入疏水阀，由于进水室 1 处压力增加，则控制盘 3 下面的压力使阀瓣 6 上升开启。空气和冷凝水从主泄孔 2 流出，少部分则流入控制室 5，由于流入控制室 5 的冷凝水不多，冷凝水可从副泄孔 4 流往疏水阀出口。随着冷凝水不断流入，温度也不断上升，通过控制盘 3 的冷凝水量逐渐增加，直到控制盘上、下压力相等时，阀瓣 6 停止上升。

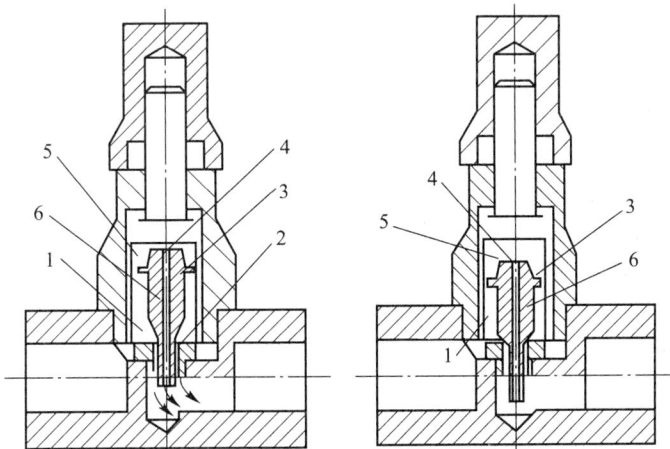

图 4.38 脉冲式疏水阀结构图
1—进水室；2—主泄孔；3—控制盘；4—副泄孔；5—控制室；6—阀瓣

当很热的接近汽化温度的蒸汽凝结进入控制室 5 后，使部分冷凝水再次蒸发为二次蒸汽，使控制室中的介质体积膨胀，并使副泄孔 4 中介质流动部分受阻，于是控制室 5 压力增大，当控制盘上面的压力大于控制盘下面的压力时，使阀瓣 6 下降而关闭主泄孔 2，阻止蒸汽泄出。

由于冷凝水主泄孔关闭,当冷凝水再次流入,温度逐渐下降,控制室再蒸发作用减小,控制盘上面的压力逐渐降低,使控制盘下面的压力大于控制盘上面的压力,又使阀门重新打开,就此重复上述循环。

脉冲式疏水阀结构简单,能连续排水,但有较大的漏气量,能排除一定量的冷热空气,最小过冷度 6~8 ℃。

## 4.6.2 热静力型疏水阀

热静力型疏水阀的工作原理是利用蒸汽和凝结水的不同温度,引发温度敏感元件动作,从而控制启闭件工作。其温度敏感元件受温度变化在开关启闭时有滞后现象,对低于饱和温度一定温差的凝结水和空气可同时排放出去。可装在用汽设备上部单纯作排空气阀使用。主要产品类型如下。

1. 蒸汽压力式疏水阀

蒸汽压力式疏水阀也叫平衡压力式疏水阀,如图 4.39 所示。阀瓣上面的平衡波纹管是一两端密封的金属波纹管,内装酒精混合液,其沸点低于水,遇有不同温度可纵向膨胀或收缩。阀门在冷却状态时,阀瓣在完全打开位置,当冷凝水进入阀体时,波纹管(温感元件)处于收缩状态,阀门开启,冷凝水和空气便排泄出来,冷凝水排光后,热蒸汽跟着进来。由于蒸汽温度高,温度敏感元件内装酒精混合液的波纹管受热膨胀,其上端为固定端,所以推动下端阀瓣下降,将阀门关闭,及时阻止蒸汽逸出,当冷凝水再次进入阀体时,重复上述动作进行再一次循环。

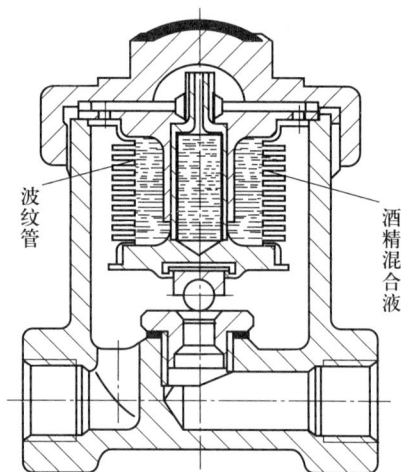

图 4.39 蒸汽压力式疏水阀

蒸汽压力式疏水阀结构简单,动作灵敏,可连续排水、排空气,性能良好,过冷度 3~20 ℃,漏汽量小,但抗污垢、抗水击性能差,应用范围广,也可作为蒸汽系统的排空气阀。

2. 双金属片膨胀疏水阀

双金属片膨胀疏水阀的工作原理是利用两种不同膨胀系数的金属组成的片子,如图 4.40 所示,受热时弯曲拱起,冷却时恢复平直的物理特性,带动阀瓣上、下开启或关闭的作用,达到阻汽排水的目的。

图 4.41 是双金属片膨胀疏水阀的工作图。图 4.41a 表示冷凝水进入阀体,双金属片平直,阀门处于打开状态,冷凝水排出;图 4.41b 表示冷凝水排光后,热蒸汽进

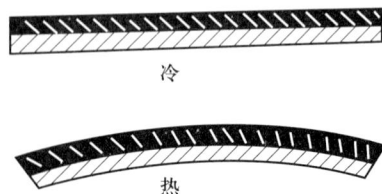

图 4.40 膨胀对双金属片的影响

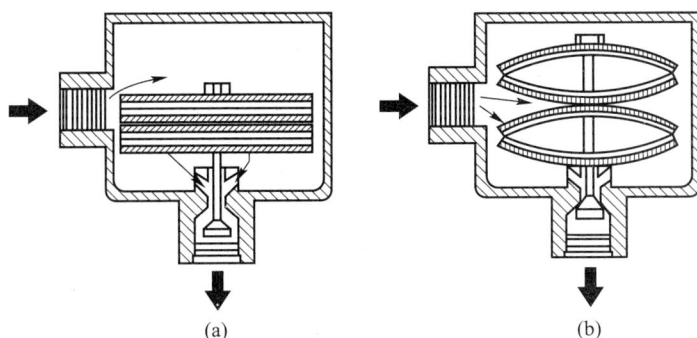

**图 4.41**  双金属片膨胀疏水阀工作原理

入阀体,双金属片受热拱起,将阀杆拉起,阀门关闭,阻止蒸汽逸出。

图 4.42 是工程上常用的双金属片膨胀疏水阀,其中图 4.42b、图 4.42c 是大亚湾核电站采用的双金属片疏水阀结构图。为了使温度敏感元件双金属片的运动规律能遵循蒸汽饱和曲线的规律,在双金属片与阀座之间加装一弹簧使工作曲线趋近于饱和蒸汽曲线。开始工作时,阀门处于打开状态,空气和凝结水通过,随着凝结水温度的升高,双金属片便产生了一个逐渐使阀瓣接近阀座的拉力,此拉力与蒸汽压力相反,同时双金属片圆盘压迫弹簧,又抵消了部分拉力,只有当凝结水温度继续上升达到饱和蒸汽温度而变成蒸汽时,双金属片的拉力才能将阀关闭,阻止蒸汽逸出,为此加装的弹簧是要通过计算设计才能确定的。

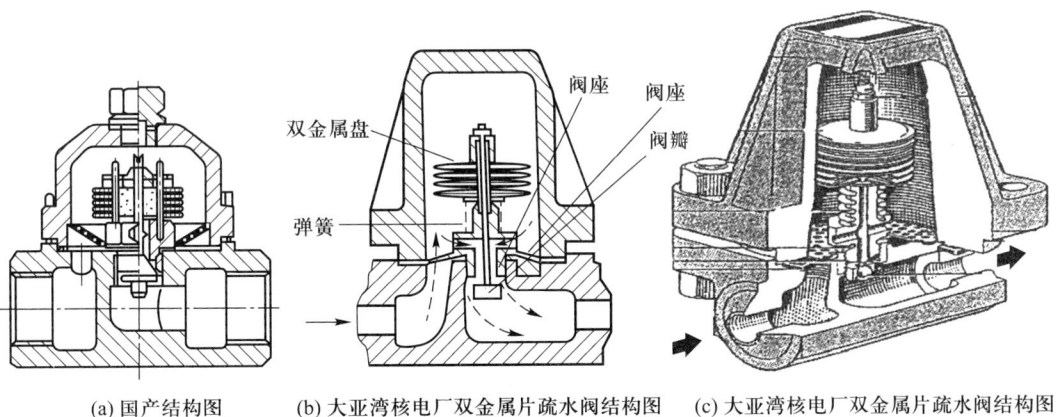

(a) 国产结构图　　　(b) 大亚湾核电厂双金属片疏水阀结构图　　　(c) 大亚湾核电厂双金属片疏水阀结构图

**图 4.42**  双金属片疏水阀

双金属片膨胀疏水阀动作灵敏度不高,但能连续排水,排水性能好,过冷度较大且可调节,从低压到高压都适用,最高压力可达 21.5 MPa,最高温度可达 550 ℃,抗污垢、抗水击性能强,也可作为蒸汽系统排空气阀。

3. 先导式疏水阀

先导式疏水阀又称大排量组合式疏式阀,如图 4.43 所示。它是由双金属片热控开关先导阀和活塞式主阀组成。主阀由先导阀控制,在冷却状态时先导阀处于开的状态,主阀靠自重也一定程度打开。当冷凝液进入阀体后,一股冷凝水便从先导管通过先导阀进入主阀活塞的上部,并形成一定的压力使活塞下降将主阀完全打开。

冷凝水和空气通过主阀排出去,当蒸汽进入冷凝水温度上升,双金属片逐渐膨胀,先导阀渐渐关小,活塞上部压力也随之减小,活塞上升,主阀关小。当冷凝水温度达到饱和温度进而变成蒸汽时,先导阀完全关闭,活塞上部的余压也因活塞内的冷凝水通过活塞与活塞套筒间、阀杆与基座间的缝隙的泄漏而随之消失,在压差作用下主阀完全关闭,及时阻止了蒸汽的逸出。当冷凝水再度进入阀体时重复上述运动,开始另一循环。

先导式疏水阀排水量大,动作灵敏,可连续排水,过冷度大,从低压到高压都适用,抗水击、抗污垢性能好,但结构比较复杂。

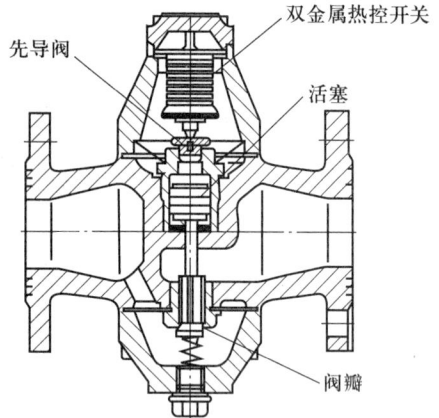

图 4.43　大排量组合式疏水阀结构

## 4.6.3 机械型疏水阀

机械型疏水阀依靠浮子(球状或桶状)随凝结水液位升降的动作来实现阻汽排水的作用。小口径阀的灵敏度较大口径的高,浮球式灵敏度高于浮桶式疏水阀。

1. 浮筒式疏水阀

浮筒式疏水阀如图 4.44 所示,桶状浮子的开口朝上配置。开始通气时,产生的凝结水被蒸汽压力推动,流入疏入阀内部吊桶的四周,吊桶浮起,阀关闭,随着凝结水量的增加又逐渐流入桶内。当浮筒内储存的水达到所规定的数量时,浮筒失去浮力便下沉,从而打开了连接在浮筒上的阀瓣,浮筒内水通过集水管,由疏水阀的出口排出。当浮筒内的凝结水大部分被排除之后,浮筒又恢复了浮力,向上浮起,关闭排出口。

根据凝结水的流入量及时地使浮筒下沉,开阀排放凝结水,或上浮关阀停止排放凝结水,实现离合动作,间断地排除凝结水。

2. 倒吊桶浮子式疏水阀

倒吊桶浮子式疏水阀也叫钟形浮子式疏水阀,如图 4.45 所示。其中图 4.45a、b 为国产结构图,图 4.45c 为大亚湾核电站采用的结构图。

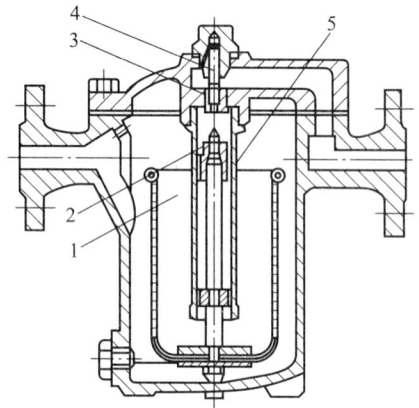

图 4.44　浮筒式疏水阀
1—浮筒;2—阀瓣;3—阀座;
4—止回阀;5—集水管

它们的基本结构是在阀体内有一倒吊钟形桶,其顶盖用杠杆与出口阀瓣连接,由桶的上、下位移带动杠杆控制出口阀的开和关,桶的升、降由凝结水位控制。它们的工作原理如下:疏水阀安装时,其吊桶 2 下垂,出水口 7 开启,如图 4.45a 所示,当蒸汽开始进入管路时,其前部所凝结之

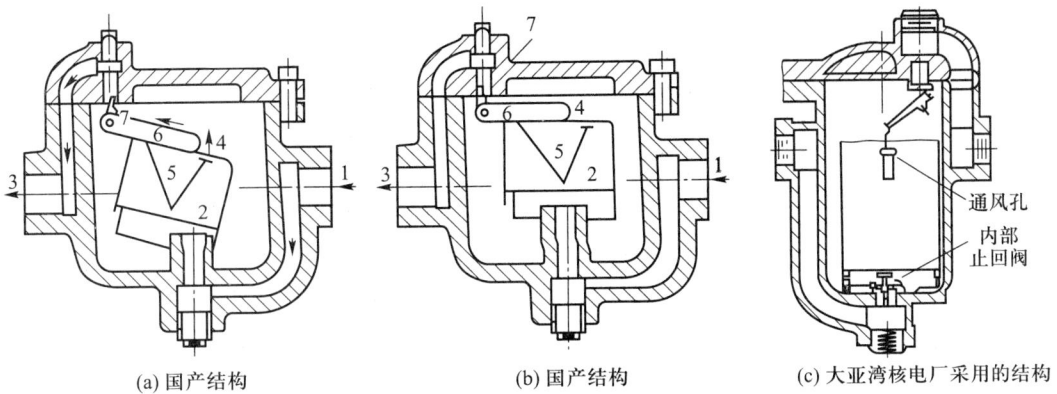

**图 4.45 倒吊桶浮子式疏水阀**
1—进水管;2—吊桶;3—出水管;4—自动放气孔;5—双金属片;6—桶顶排气孔;7—出水口

冷凝水及空气被蒸汽压力推动,由进水管 1 进入疏水阀内,冷凝水及空气由出水管 3 排出。吊桶盖上自动放气孔 4 的开、关,由双金属片 5 控制,当双金属片和冷空气相接触时,自动放气孔 4 开启,冷空气及凝结水即由孔内排出。当凝结水排完后,热蒸汽进入疏水阀时,双金属片和热蒸汽相接触,双金属片的温度升高至 100 ℃ 左右时,双金属片受热膨胀后,将自动放气孔 4 关闭,吊桶内渐渐充满蒸汽而将冷凝水压出,这时吊桶因受桶外冷凝水的浮力而升起,将出水口 7 关闭,及时阻止蒸汽逸出,如图 4.45b 所示。当下一次再有冷凝水陆续进入疏水阀时,在吊桶内所存的蒸汽一部分已凝结成水,而少部分的空气,由吊桶顶排气孔 6 放出,这时吊桶自重所产生的力矩,超过水位压力差的浮力力矩,吊桶下沉,出水口 7 打开,凝结水排出,重复上述动作,进行下一次循环。

倒吊桶式疏水阀比一般浮桶式疏水阀,灵敏度高、体积小、漏气量也少,可在工作开始和中间排除一定量的冷、热空气。

3. 浮球式疏水阀

浮球式疏水阀又分为自由浮球式疏水阀和杠杆式浮球疏水阀两种,现分别叙述如下。

(1)自由浮球式疏水阀

如图 4.46 所示,自由浮球式疏水阀的工作原理是依靠浮球随着凝结水位的高、低升降来打开和关闭凝结水出口阀,达到阻汽排水的作用。空气是依靠顶部由双金属控制的自动排气孔(阀),将冷热空气排出阀外。

自由浮球式疏水阀结构简单,灵敏度高,能连续排水,漏汽量少,一般结构不能排气,附加双金属片排空气阀,可自动排除冷、热空气,并可排饱和水;抗水击、抗污垢性较差;可设计成大口径、大排量疏水阀,但制造工艺较复杂。

(2)杠杆浮球式疏水阀

如图 4.47 所示,杠杆浮球式疏水阀的特点与自由浮球式疏水阀相似,所不同的是浮球连接着杠杆,杠杆另一端连接并带动凝结水出口阀。当浮球随着凝结水位上、下浮动时,杠杆也跟着动作并带动出口阀瓣开启和关闭,实现阻汽水的工况。顶部排空气阀也可采用双金属片控制的自动排气阀,如图 4.47 中左上角所示。

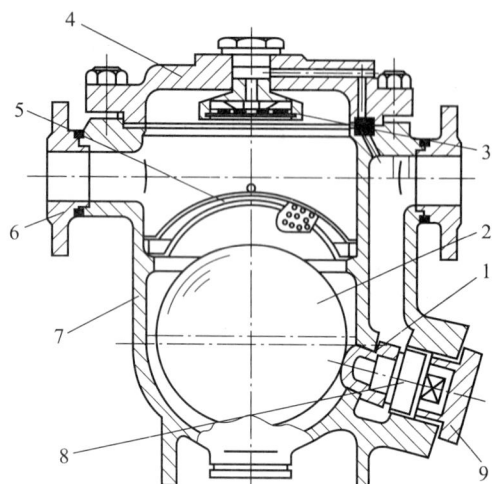

图 4.46　自动放气自由浮球式疏水阀
1—阀座;2—浮球;3—自动放气阀;4—阀瓣;
5—过滤网;6—焊接法兰;7—阀体;
8—调整螺塞;9—螺塞堵

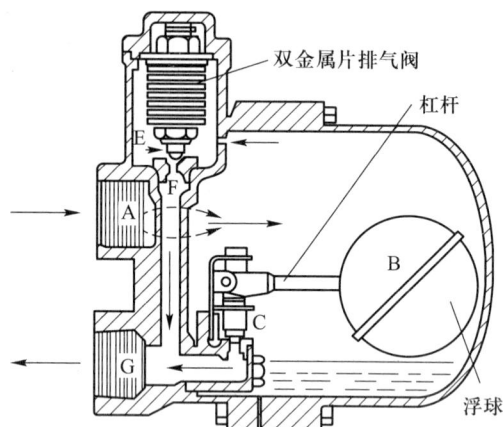

图 4.47　杠杆浮球式疏水阀

杠杆浮球式疏水阀体积小,灵敏度略低,但制造工艺较简单。

# 4.7　安全阀

安全阀是一种安全保护用阀。它通过向系统外排放介质来防止管道或设备内介质压力超过规定的数值,安全阀属于自动阀类,取决于流体的特性(状态、压力)。安全阀用于压缩机、高压容器和管路等因介质压力过高而可能引起爆炸的设备。

安全阀适用于可压缩流体和不可压缩流体。依据调节压力定值的结构不同,安全阀可分为重锤式、扭力杆式、弹簧式和脉冲式等,各型阀门的动作原理基本相同,本节着重介绍弹簧式安全阀。

作为大亚湾核电站典型的弹簧式安全阀有两类:先导式安全阀、助动式安全阀。田湾核电站的安全阀是脉冲式的。

## 4.7.1　弹簧式安全阀

安全阀由阀体、密封结构——阀瓣和阀座及加于密封结构上的载荷三部分组成。安全阀阀瓣上方必须施加载荷,在正常介质压力下,阀瓣在外加载荷的作用下被压在阀座上。当介质压力上升到开启压力时,介质对阀瓣的作用力大于外加载荷,阀瓣升起,一部分介质被排放出来,使系统中的压力下降。当介质的压力下降到回座压力时,外加载荷便可克服介质的作用力,使阀瓣又重新紧压在阀座上,并防止介质泄漏。

弹簧式安全阀是通过作用在阀瓣上的弹簧力来控制阀的启闭,这种安全阀具有结构紧凑、体积小、质量小、启闭动作可靠、对振动不敏感等优点。缺点是作用在阀瓣上的弹簧力随开启高度而变化,阻碍阀瓣迅速达到开启的高度,对弹簧的要求很高,由于长期处于高温下弹簧的性能将产生变化,所以它不适用于过高的温度的场合。弹簧式安全阀是应用最广泛的一种安全阀。

1. 结构

如图 4.48 所示,弹簧式安全阀的流体通道为角式,为提高介质流速,进口通道采用缩口形式(喷管),出口通道则比较宽阔,减少流动阻力以利于介质排放。

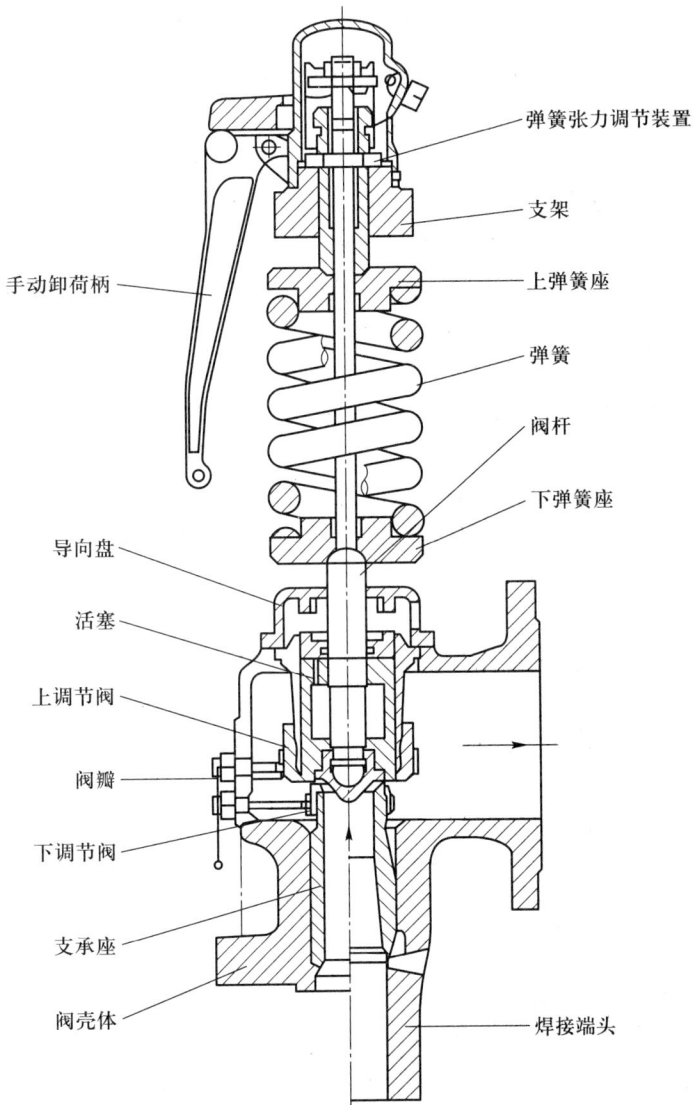

图 4.48　弹簧式安全阀

按阀瓣的开启高度,安全阀可分为微启式和全启式两种。

微启式安全阀通常做成渐开式,它的阀瓣上升高度随介质压力的变化而逐渐变化,开启高度仅为喉径的 $\frac{1}{40} \sim \frac{1}{20}$,主要用于液体介质的场合。

全启式安全阀通常做成急开式,主要用于介质为气体和蒸汽的场合。当阀瓣开启后,溢出的气体压力降低,体积膨胀,从而将阀瓣托起,因此它的阀瓣在开启后迅速上升到开启高度,开启高度等于或高于阀座喉径的 $\frac{1}{4}$。

微启式安全阀的阀瓣、阀座结构与截止阀相似,在阀座上安置调节环。它的结构简单,但排量小,同时阀瓣的启闭会对阀座造成冲击。

全启式安全阀一般采用喷嘴式阀座和反冲结构,喷嘴式阀座具有较大的缩口,当阀瓣开启后,介质以很高的流速通过阀座的喉部,阀瓣受到巨大的冲击。反冲结构通常采用阀瓣反冲盘配阀座调节环或阀瓣阀座分别配置调节环的形式。反冲结构的作用是利用改变阀瓣上方喷出介质的流向,使介质的部分动能转换为阀瓣的升力,推动阀瓣迅速达到规定的开启高度。利用调节环还可以调节安全阀的开启压力和回座压力。全启式安全阀的结构比较复杂,但排放介质的能力很大。

弹簧是弹簧式安全阀的重要零件,位于阀瓣上方,它的作用是对阀瓣施加载荷,控制安全阀的启闭,不论阀瓣的开启高度如何,弹簧的作用力总是准确地垂直作用在阀瓣的中心,这是重锤式或重锤杠杆式所达不到的,因此弹簧式安全阀的动作性能好。

弹簧固定于上、下两块压板之间,弹簧的作用力通过压板和阀杆作用在阀瓣上。弹簧上压板靠调节螺栓定位,拧动调节螺栓可以调节弹簧作用力,从而控制安全阀的开启压力。

用于高温介质的弹簧安全阀,由于弹簧长期处在高温作用下,其弹性会发生变化,因此必须考虑弹簧的隔热问题。一般在阀体与弹簧之间设置散热片来降低阀盖内腔温度,以保护弹簧不受高温影响。用于腐蚀介质的安全阀可采用波纹管把弹簧及导向机构等零件与介质隔开,使它们不受介质的影响。

2. 工作原理

如图 4.49 所示,弹簧式安全阀的工作原理如下。

阀闭合时,如图 4.49 中上图所示,该阀为反作用力型,力靠弹簧加载,旁侧分流。克服弹簧压缩所需的力由作用在阀瓣承受面的蒸汽压力提供,这是阀闭合时的情况。

阀开启时,如图 4.49 中下左图所示,当上述力达到平衡时,作用在阀瓣上的升力足以使阀瓣上升,该阀微启,使蒸汽流通。蒸汽微弱地流过下部调节圈的内表面,并向上偏流,于是,蒸汽又作用在支撑面以外的阀瓣下表面上及活塞下表面上,其推力增大,并使阀瓣上升到全部行程的 $\frac{2}{3}$ 左右。

阀全开启,如图 4.49 中下右图所示,如果压力继续增加,作用在阀瓣和活塞上的力也增加,当增至开启压力 3% 以上,阀瓣完全升起,保证了最大流量。如果蒸汽压降低,形成的推力小于弹簧的张力,于是阀瓣下降至中间位置,并最终闭合。

3. 密封性

弹簧式安全阀的主要问题是:密封不好,开启后不回座,敲击和阀瓣卡住。这些故障是由内

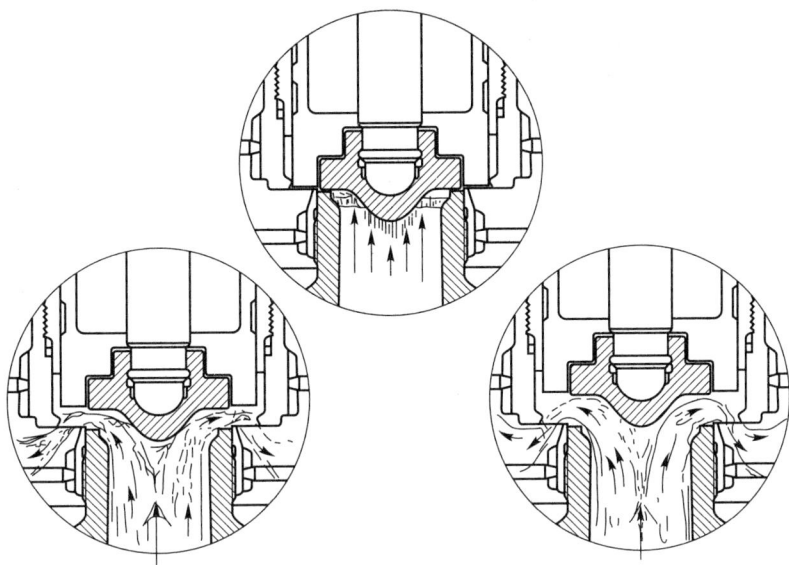

图 4.49　弹簧式安全阀工作原理图

部损坏和磨损造成的。

阀瓣不回座主要是由于弹簧老化或性能变化,阀瓣不对中,密封面有杂质等引起的。

弹簧随温度的变化而老化;阀座、阀瓣接触的密封面金属压力不足;阀输送流量形成的压力损失;下部导向圈位置失调,密封面上出现金属杂质,进口安装处的连接螺栓拧紧不均等;管道和阀承受机械力或卸荷管安装错误使管、阀受力。上述这些情况都会破坏密封性。

弹簧张力不足时,会引起阀瓣对阀座的冲击振动(敲击),而闭合压差的误差、机械引起的摩擦将导致阀瓣卡住,这些现象的出现同样也严重破坏了阀的密封性。

## 4.7.2　先导式安全阀

核电站(特别是反应堆流体系统)中使用弹簧式安全阀,最令人担心的问题是安全阀起跳后不回座或启动不灵敏。例如在美国三哩岛事件中,RCP 稳压器安全阀起跳后未回座,造成反应堆失水。

先导式安全阀在弹簧式安全阀基础上增加了压力感应和控制功能,能避免上述情况发生。

大亚湾核电站大量使用了先导式安全阀,如反应堆冷却剂系统的稳压器安全阀组。大亚湾核电站的先导式安全阀结构相同,只是定值、尺寸不同,在此以反应堆冷却剂系统的安全阀组为例进行介绍。

反应堆冷却剂系统由三个安全阀组提供稳压器的超压保护,每个阀组由串联安装的两台先导式安全阀组成,上游阀提供泄压功能——保护阀;下游阀提供隔离功能——隔离阀。

1. 结构说明

先导式安全阀由主阀和导阀两部分组成。

主阀如图 4.50 所示,主要部件包括:阀体 A,带有一个喷嘴 B;带翅片缸体 CA,用于阀杆 T 的向导;阀头 E,其中包括活塞 V;阀瓣 C 及密封波纹管,阀杆 T 及热屏蔽。

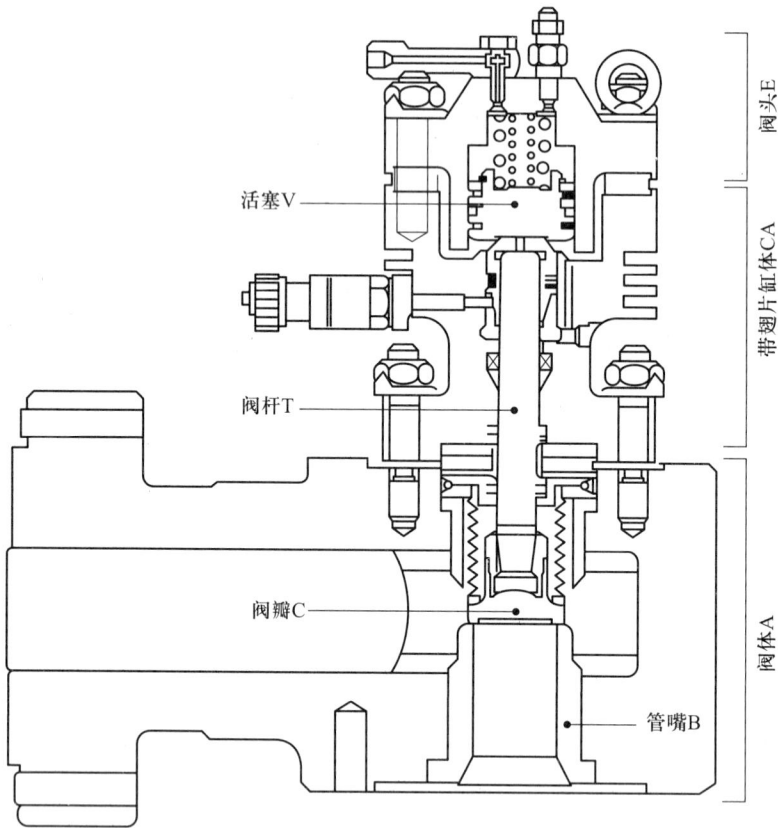

活塞V

阀杆T

阀瓣C

管嘴B

阀头E

带翅片缸体CA

阀体A

图 4.50　先导式安全阀的主阀工作原理图

导阀如图 4.51 所示,主要部件包括:先导单元 P,包括控制板和两个液压双向阀 R1、R2;整定装置 S;探测头 D;电磁驱动装置,必要时利用它开启双向阀 R1、R2。

主阀的启闭受先导流体驱动的活塞的作用。而主阀活塞所受的先导作用,由导阀探测头给出信号,通过移动控制板向两个双向阀施力实现。导阀工作原理如图 4.51 所示,通过 R1 向主阀缸体供水,或通过 R2 使主阀缸体内液体向外排放,从而协助主阀关闭或开启。无论回路压力高于或低于整定值,电磁驱动装置都可以遥控 R2 阀开启,因而能保证回路未超压时隔离阀常开。

2. 主阀/导阀组件的工作

先导单元 P 具有三个可能的位置,具体如下。

位置 A:R1 开启,R2 关闭;

位置 B:R1 关闭,R2 关闭,液压维持;

位置 C:R1 关闭,R2 开启。

这样,在不同压力下,稳压器先导式安全阀的工作阶段有五个。

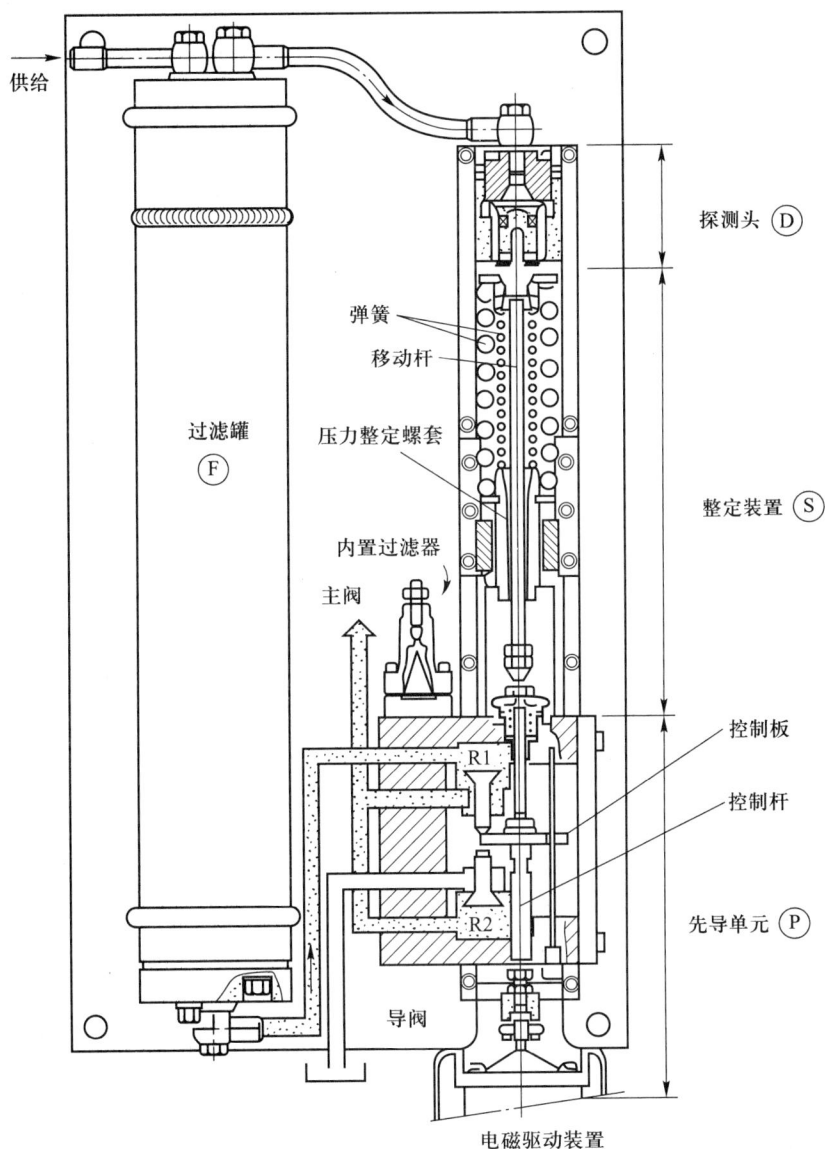

供给

过滤罐 F

弹簧
移动杆

压力整定螺套

内置过滤器
主阀

探测头 D

整定装置 S

控制板

控制杆

先导单元 P

R1

R2

导阀

电磁驱动装置

图 4.51 先导式安全阀的导阀工作原理图

3. 双阀组件的工作

在稳压器的每一管线上(卸压管线和安全管线)串联安装两个阀门,形成阀列,如图 4.52 所示。处于管线流向的第一个阀执行卸压或安全功能,即保护阀;而处于其下游的另一阀门,在保护阀一旦不能回座时起隔离作用,即隔离阀。

阀列上游的少量密封水保证了保护阀的密封,阀列动作如图 4.52 所示。

稳压器充水时,串联的两个阀门保护阀、隔离阀都处于关闭状态。

机械加压达 $5×10^5$ Pa 时,由于电磁驱动装置的作用,隔离阀保持开启状态;保护阀关闭,R1 开启,主阀处于充水状态。

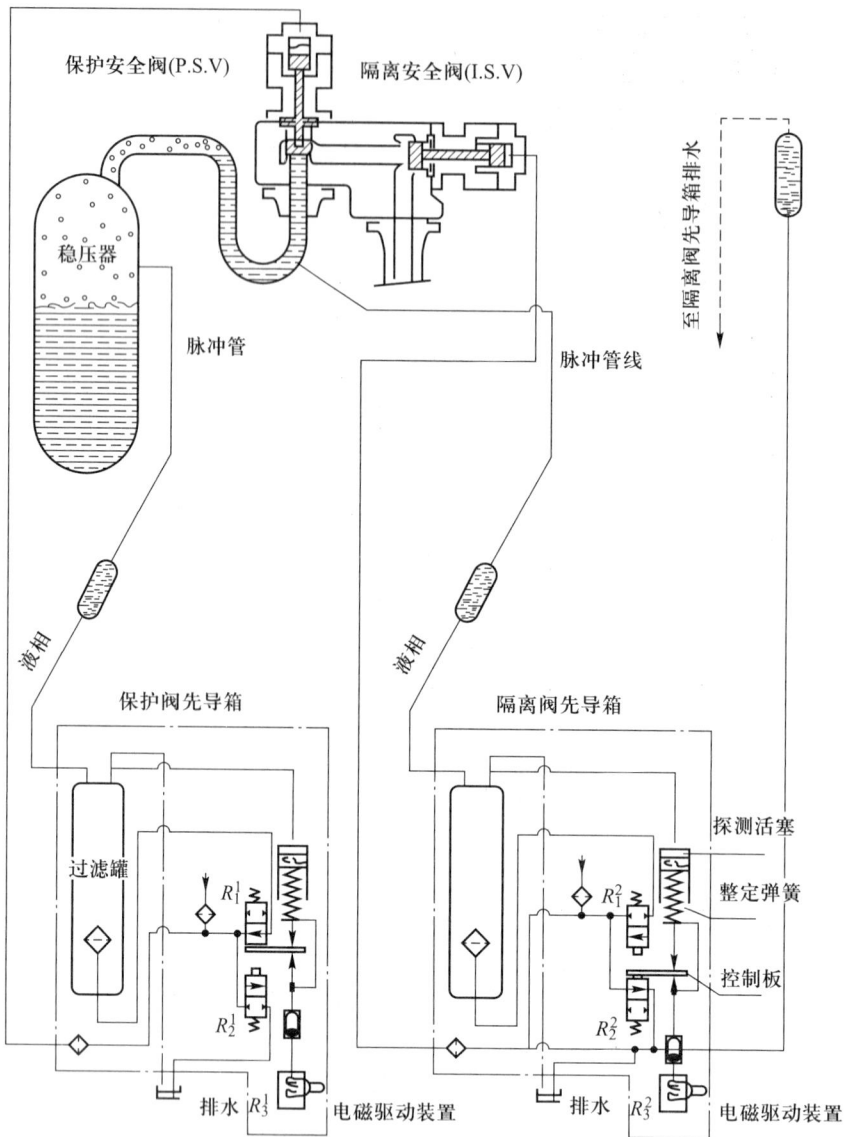

图 4.52　先导式安全阀的串联组合图

压力达到 14.3 MPa 时,电磁驱动装置不再触发。隔离阀保持原状态,这进一步保证了它在液动整定压力(表压 14.5 MPa)下处于开启状态。

保护阀仍处于关闭状态,R1 开启。如果回路压力继续上升,保护阀导阀中的 R1 将在 16～16.2 MPa 之间关闭,在压力上升到 16.5 MPa 之前,R2 保持关闭状态,保护阀保持关闭状态,隔离阀保持开启状态。

压力上升到保护阀的整定值时,在 16.5 MPa 的压力作用下通过 R2 打开主阀。这导致了主回路的排放,该过程将继续持续到 R1 开启,主阀重新关闭(表压 15.9 MPa)。由于 R2 开启,隔离阀在 14.5 MPa 的压力下保持开启状态,这时隔离阀的执行机构处于排水状态。

## 4.7.3 助动式安全阀

助动式安全阀也由标准型弹簧式安全阀派生而来,通常在弹簧式安全阀阀头上加装气动或电动辅助驱动机构,以便帮助安全阀开启或关闭,或者两种功能兼备。它与先导式安全阀的区别是:先导式是自给能动的,而助动式则是辅助能动的。

秦山、大亚湾核电站主蒸汽安全阀是典型的助动式安全阀。大亚湾核电站每条主蒸汽管线上设七个安全阀,其中四个为常规的弹簧式安全阀,三个为气动助动式安全阀,如图4.53所示。它们除了气动辅助部分以外,其余的结构是相同的。

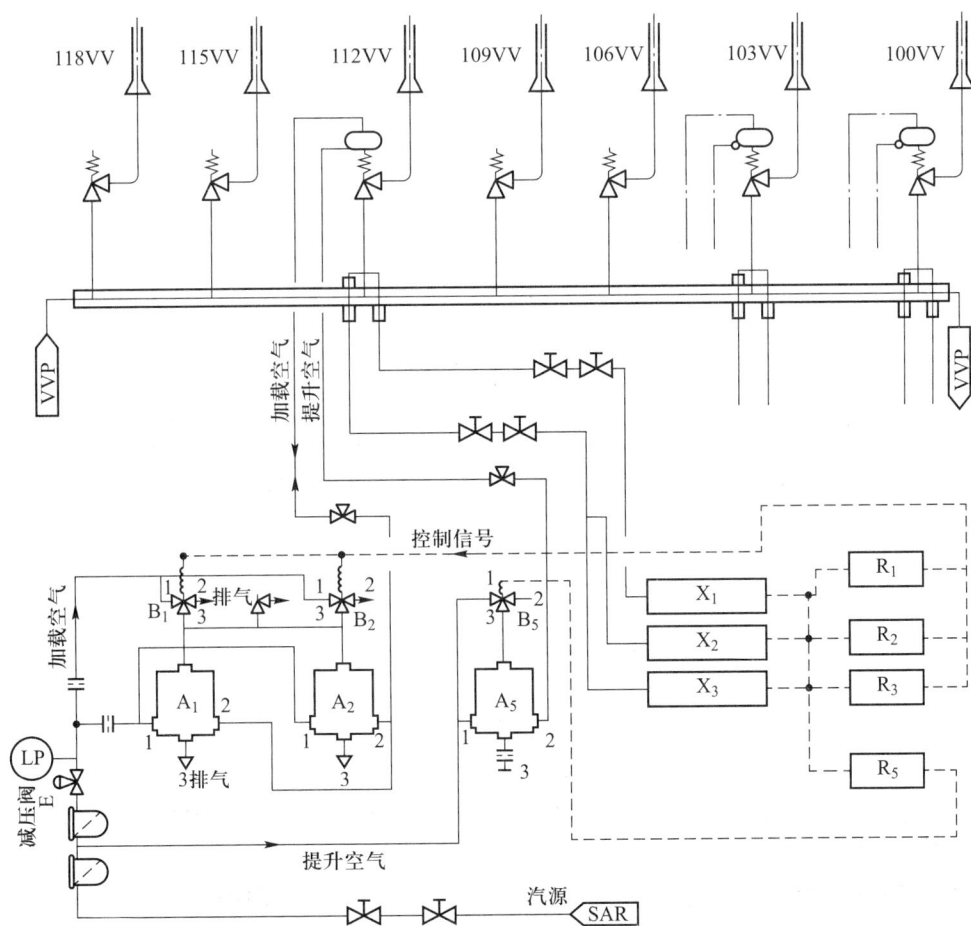

图 4.53　大亚湾核电站主蒸汽管线上的安全阀

如图 4.54 所示的是大亚湾核电站主蒸汽管线上的气动助动式主蒸汽安全阀(简称 HE阀)。助动式安全阀基本结构,主要由阀体、阀瓣、弹簧部件、传动系统及气动传动装置等部分组成。

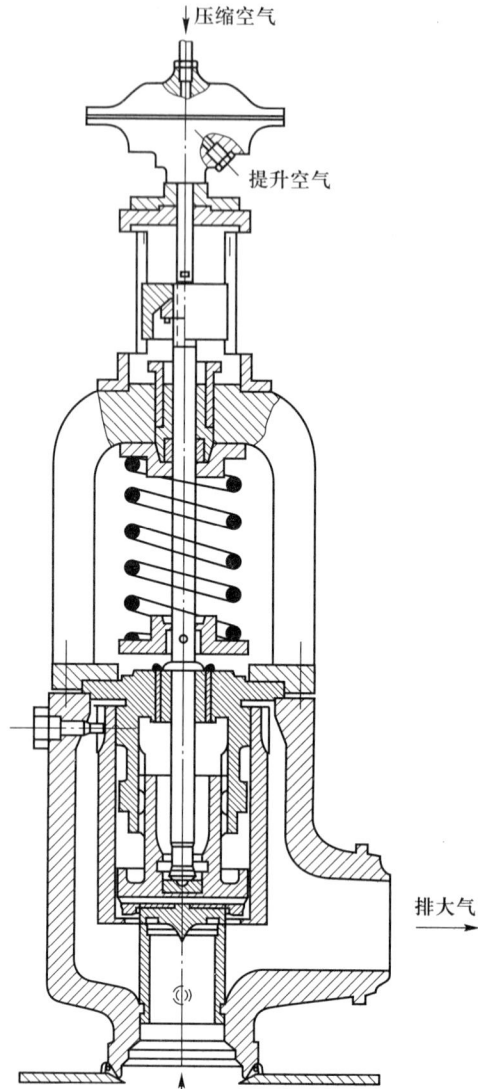

图 4.54 助动式安全阀(HE 型)

（1）阀体

阀体的进口带有喷嘴及喷嘴环(调节圈)，可调节阀的闭合压差，并使阀门迅速开启。

（2）传动系统(上部机构)

传动系统主要有弹簧组件、阀杆组件及进、排气组件，它们是保证阀门运行的机构。

（3）气动传动装置

气动传动装置主要包括气动环路、薄膜双动作传动装置、控制电路、冷凝蒸汽回路等，它们属于阀门的气动控制系统，作用如下。

① 对阀杆施加辅助力，帮助安全阀及时关闭和提高密闭性。气动助动装置通过给阀门施加额外的负荷以改善阀门的密封性，即相当于起了增加开启压力与工作压力之间压差的作用。

② 对弹簧施加了反向力，协助提升阀瓣。气动传动装置通过给弹簧施加反向力起到如下作

用:自动操作时,在阀门起跳点后,迅速打开阀门,全量排放;手动操作时,在压力低于弹簧整定压力(开启压力)值时,可使阀门开启。

## 4.7.4 脉冲式安全阀

脉冲式安全阀装置具有灵敏、精确、安全、可靠等特点,一般用在最重要的生产设备和关键部位上。在核电站中主要用作一回路稳压器和蒸汽发生器等重要部位的安全保护装置。田湾核电站的稳压器和蒸汽发生器就采用了这种脉冲式安全阀装置。

1. 结构和主要部件

脉冲式安全阀装置由脉冲阀、主安全阀和切断阀组成。

① 主安全阀为弹簧活塞式安全阀,其结构如图 4.55 所示。

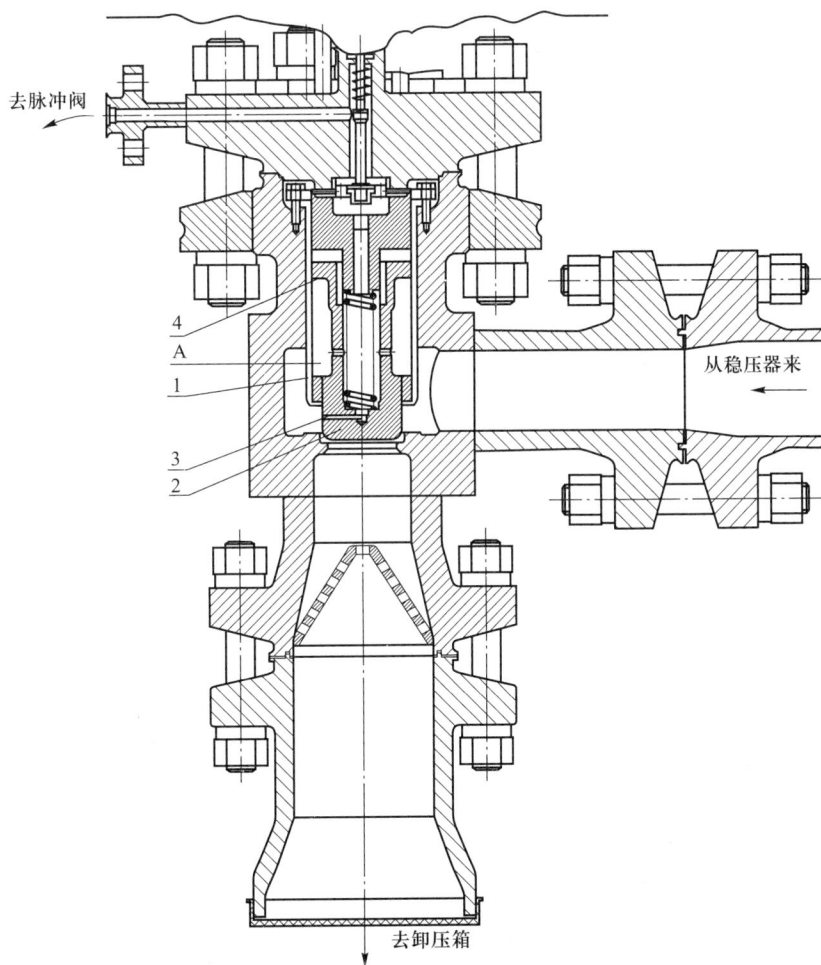

图 4.55 主安全阀结构

A—控制腔;1—汽缸;2—活塞式阀瓣;3,4—节流孔

② 脉冲阀为带有电磁驱动机构的弹簧式安全阀,其结构如图 4.56 所示。

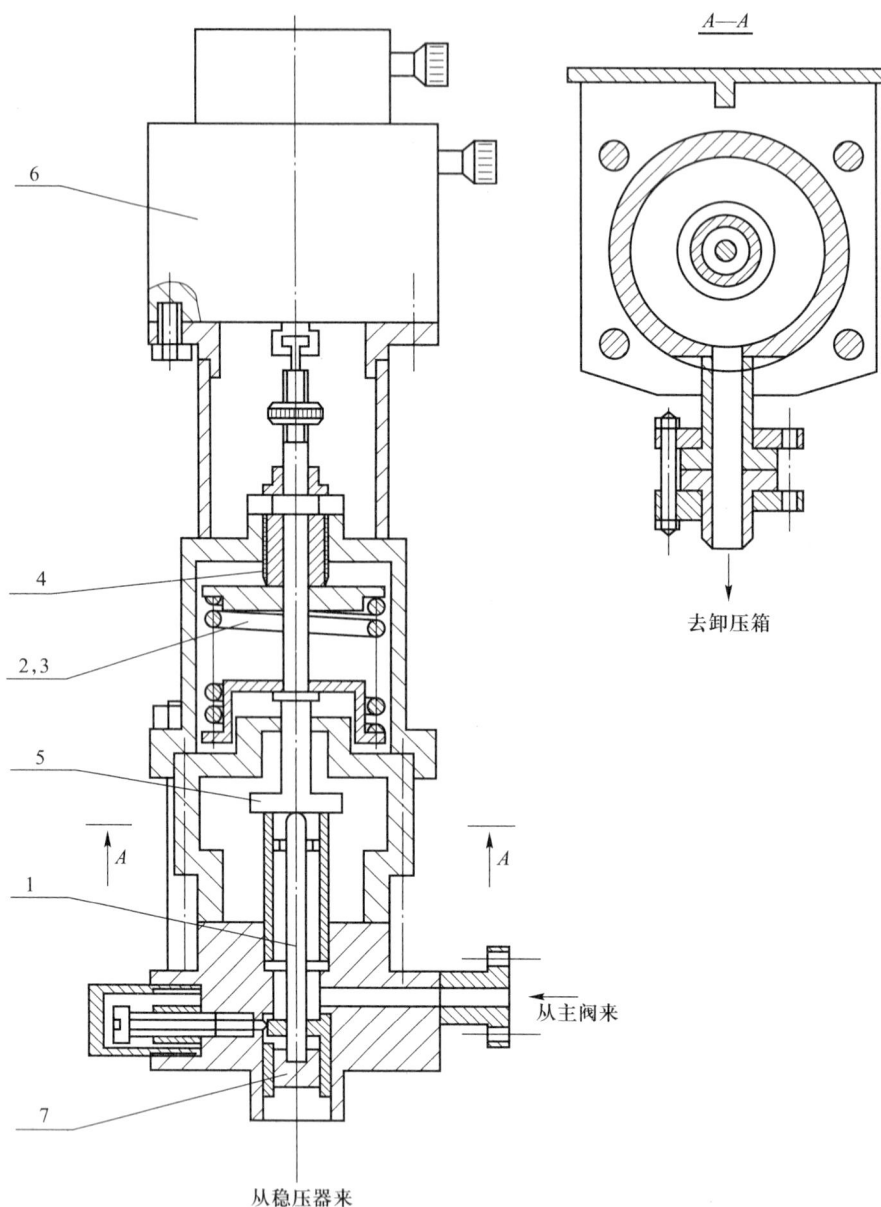

图 4.56　脉冲阀结构

1—推杆;2,3—弹簧;4—调节丝杠;5—阀瓣;6—电磁铁;7—指示活塞

③ 切断阀一般采用截止阀或球阀。

2. 工作原理

脉冲式安全阀的工作原理如图 4.57 所示,该图为脉冲式安全阀装置在稳压器上安装时的三阀连接图。

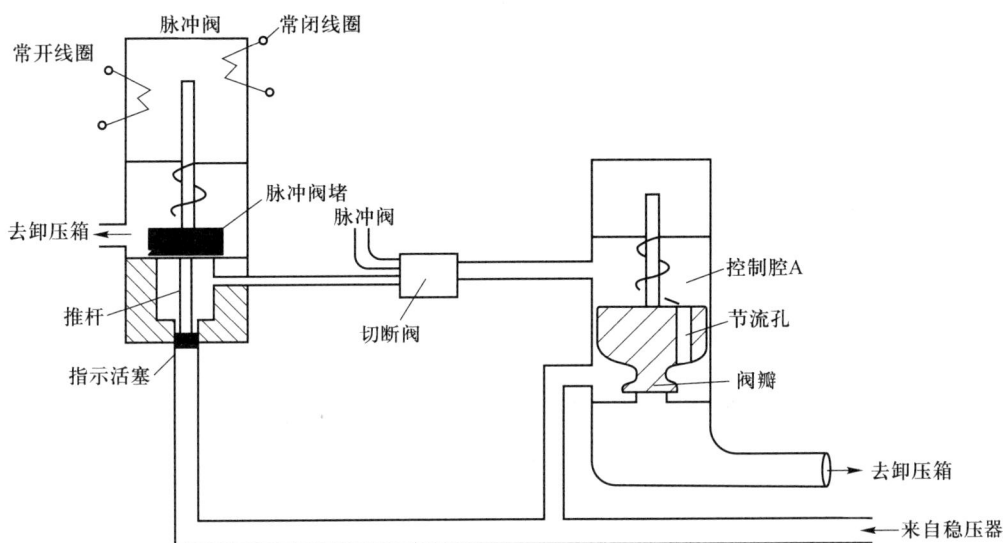

**图 4.57  稳压器脉冲式安全阀装置工作原理图**

稳压器上的脉冲式安全阀装置的工作原理如下。

① 脉冲式安全阀装置的初始状态。当稳压器正常工作,其介质压力不超过开启压力,稳压器介质通过连接管分别进入主安全阀和脉冲阀(图 4.57),其作用如下。

a. 进入主安全阀的介质经节流孔 3 和 4 及主阀活塞间隙进入主安全阀控制腔"A",保证主安全阀闭合(参见图 4.55 及图 4.56);

b. 进入脉冲阀的介质的压力低于开启压力,脉冲阀依靠其弹簧 2 和 3 调整作用力及电磁铁 6 的夹紧作用力(当电磁铁 6 通电时保证阀瓣 5 对阀座施加压紧作用力),使脉冲阀处于闭合状态(参见图 4.55 及图 4.56)。

② 当稳压器内压力升高到超过开启压力时,压力传感器断开电磁铁的常闭线圈,并接通常开线圈,脉冲阀打开,从主安全阀控制腔"A"排放介质(参见图 4.57 及图 4.56 的 $A\text{-}A$ 剖面图),将主安全阀打开,卸压。

③ 当稳压器内压力降低到开启压力后,压力传感器断开电磁铁的常开线圈并接通常闭线圈,脉冲阀关闭。主安全阀控制腔"A"处在介质压力作用下,依靠其弹簧的调整作用力将主安全阀关闭,停止卸压(参见图 4.55、图 4.56、图 4.57)。

④ 在电磁铁停电的情况下,当稳压器为正常工作压力时,脉冲阀依靠其弹簧 2 和 3 调整作用力,保证脉冲阀处于闭合状态;当稳压器内压力升高至超过开启压力时,超压介质的压力向上推动指示活塞 7 通过推杆 1 推开阀瓣 5,脉冲阀打开,保证主安全阀控制腔"A"排放介质,并将主安全阀打开,卸压。当稳压器内压力降低至开启压力后,依靠弹簧 2 和 3 的整定作用力,推动阀瓣 5,将脉冲阀关闭,并导致主安全阀关闭,停止卸压(参见图 4.56)。

# 4.8 阀门使用中的问题

## 4.8.1 密封面损伤

有许多因素将会损伤阀门的闭合密封性,具体如下。

① 启闭阀门时过猛,使密封面擦伤;

② 由于机械原因或水力冲击,引起启闭件的敲击现象;

③ 不适合作调节的阀用于节流;

④ 流体汽蚀、化学腐蚀、冲蚀等;

⑤ 流体含有悬浮杂质;

⑥ 进出口压差过大。

使用中防止密封损伤要注意的几个方面如下。

① 不要用截断类阀门来调节流量;

② 启闭阀门时尽可能地缓启缓闭;

③ 对止回阀等(当流体推力不足时)需到现场监听;

④ 保证阀门传动机械的润滑;

⑤ 控制水质;

⑥ 避免温差,并避免压差过大。

## 4.8.2 启闭力

大多数阀门有限位装置用于确定阀门启闭限位,往往这些限位机构承载力小。操作过程中,当启闭力过大可能会造成如下后果。

① 启闭件闭合后强力关阀,可导致阀体顶裂(如闸阀),密封面破坏,止动失效(如球阀、旋塞阀),阀杆扭断等;

② 开启后有强力作用,可导致阀杆拉断。

因此操作时应注意如下几点。

① 尽可能有时间规律地进行阀门的启闭操纵;

② 避免强力操作,特别是手动时禁止借用其他工具启闭阀门;

③ 一般的阀门开启后,不要将阀杆放到止推的位置,而是退回 $\frac{1}{4}$ 转。

## 4.8.3 爆炸和水弹

在高温高压管路中,由于流体热力特性等的变化,会引起严重的水力冲击。

1. 爆炸

如双闸板闸阀一类的阀门,其阀腔内常有积水,由于受进口侧高温流体的加热作用而汽化,当阀门开启高压水流体进入,阀腔内的气泡迅速凝结、破灭,产生大的爆炸力,犹如汽蚀作用,轻者阀和管道内表面局部受损,重者整个阀门和管道遭到破坏。因此使用时注意排除阀腔积水。

2. 水弹

对高压蒸汽管路,如果阀门出口管道上斜并有积水,阀急开,高压蒸汽流出阀后,将使阀下游管迅速积累形成"海浪",并推动积水像子弹一样飞射,击伤下游管线和设备,这种破坏具有方向性。

---

### 思考题

4-1 阀门的定义是什么? 在管路中的作用是什么?

4-2 阀门在动力装置中的基本作用有哪些? 请举例说明。

4-3 按驱动方式,阀门可分为哪两大类?

4-4 什么是阀门的公称直径? 什么是阀门的公称压力?

4-5 阀门的基本组成和各部分的作用是什么?

4-6 阀门的基本性能包括哪几方面?

4-7 密封性能是阀门的重要性能,阀门的密封针对哪两大类泄漏? 这两类泄漏分别在什么位置?

4-8 核电站对阀门的严密性要求是很高的。对于一回路系统用阀,哪种泄漏是不允许的?

4-9 我国国产阀门型号表示方法是怎样的?

4-10 核级阀门安全分级和抗震分类有哪些?

4-11 闸阀、旋塞阀、球阀、蝶阀、截止阀、隔膜阀的基本结构和特点是怎样的?

4-12 良好状态的闸阀实现的是单侧密封还是双侧密封? 为什么?

4-13 对双闸板闸阀,当阀体内有积水时会发生什么现象? 在结构和操作上采取什么措施预防?

4-14 波纹管截止阀的结构如何? 工作原理是什么? 波纹管的功能是什么? 试画原理图说明。

4-15 节流阀的用途与工作原理是什么? 结构怎样?

4-16 节流阀与减压阀有何相同与不同?

4-17 减压阀的作用和工作原理是什么? 减压阀有哪些类型?

4-18 间接作用式减压阀的工作原理是什么?

4-19 止回阀的作用和工作原理是什么? 止回阀有哪些类型?

4-20 止回阀的启闭件运动受什么控制?

4-21 旋启式止回阀在使用中可能会出现什么问题? 结构上可采取哪些方法预防?

4-22 结合离心泵,说明底阀属于哪类阀? 其作用是什么?

4-23 断流阀的作用和工作原理是什么? 在核动力装置中有什么应用?

4-24 疏水阀的作用是什么? 在核动力装置中有什么应用?

4-25　疏水阀的类型有哪些？不同类型的工作原理如何？

4-26　安全阀的功能是什么？有哪些类型？

4-27　弹簧式安全阀由哪些部件组成？其工作原理是什么？

4-28　先导式安全阀由哪些部件组成？其工作原理是什么？

4-29　助动式安全阀由哪些部件组成？其工作原理是什么？

4-30　脉冲式安全阀由哪些部件组成？其工作原理是什么？

4-31　先导式安全阀和助动式安全阀在驱动能量上有何区别？

4-32　大亚湾核电站稳压器由三个安全阀组提供超压保护，每个阀组由几台什么类型的安全阀组成？各起什么作用？如何连接的？这种安全阀由哪两部分组成？

## 习题

4-1　型号为 Z42W-20 的阀是什么阀？其公称压力是多少？

答：20 ata(2 MPa)

4-2　贝雷(Bailey)气动薄膜式驱动装置常用于调节阀，如果薄膜有效面积为 80 cm²，弹簧的刚度为 160 kgf/cm，当信号压强为 3 kgf/cm² 时，阀杆位移量为多少？（1 kgf=9.8 N）

答：1.5 cm

# 第5章 阀门的驱动装置

工业设施中的阀门装置,不管什么形式的,过去一般都是利用体积庞大而笨重的操纵轮、阀杆和齿轮系统由人工来操纵。随着工业自动化水平的不断提高以及高温、高压工质的采用,为了减轻工作人员的劳动强度,提高生产过程的自动化水平,越来越多地采用远距离机动操纵的方式。

阀门的远距离操纵装置称为阀门的驱动装置、驱动系统。阀门驱动装置根据所用动力源的种类不同,可分为电动驱动式、气动驱动式和液压驱动式等类型。大亚湾核电站所用阀门的驱动装置以电动式和气动式为主,本章将对这两种驱动装置进行介绍。

## 5.1 电动驱动装置

电动式驱动装置以电力作为动力源。它们都是通过电动机将电能转化为机械能后,经过一套减速装置再去驱动所操纵阀门的开启或关闭的。所不同的只是在减速装置的结构形式和安全保护系统上有所区别。下面对几种常用的电动驱动装置进行介绍。

### 5.1.1 焦威勒尔与卡德尔驱动装置

该系统由电动机、减速装置及安全保护装置组成。

1. 减速装置

该系统的减速装置通常为两级减速,如图 5.1 所示。第一级由螺旋齿轮副减速,其减速比有三种: $\frac{1}{2}$、$\frac{1}{3}$、$\frac{2}{3}$。第二级由蜗杆副减速,减速比视电动机而异。有时根据需要也可以用蜗杆副组成第三级减速。

2. 安全保护装置

为了防止阀门在开启或关闭过程中因阀杆(或阀芯)卡涩或因某种原因而使电动机过载而造成设备损坏,该驱动装置设计有行程结束控制器、扭矩限制器及应急手操系统等安全保护装置。行程结束控制器和扭矩限制器均安装在与驱动装置连为一体的控制盒内。

(1)行程结束控制器

行程结束控制器的作用在于当阀门开启行程或者关闭行程结束时,切断电动机电源,停止阀

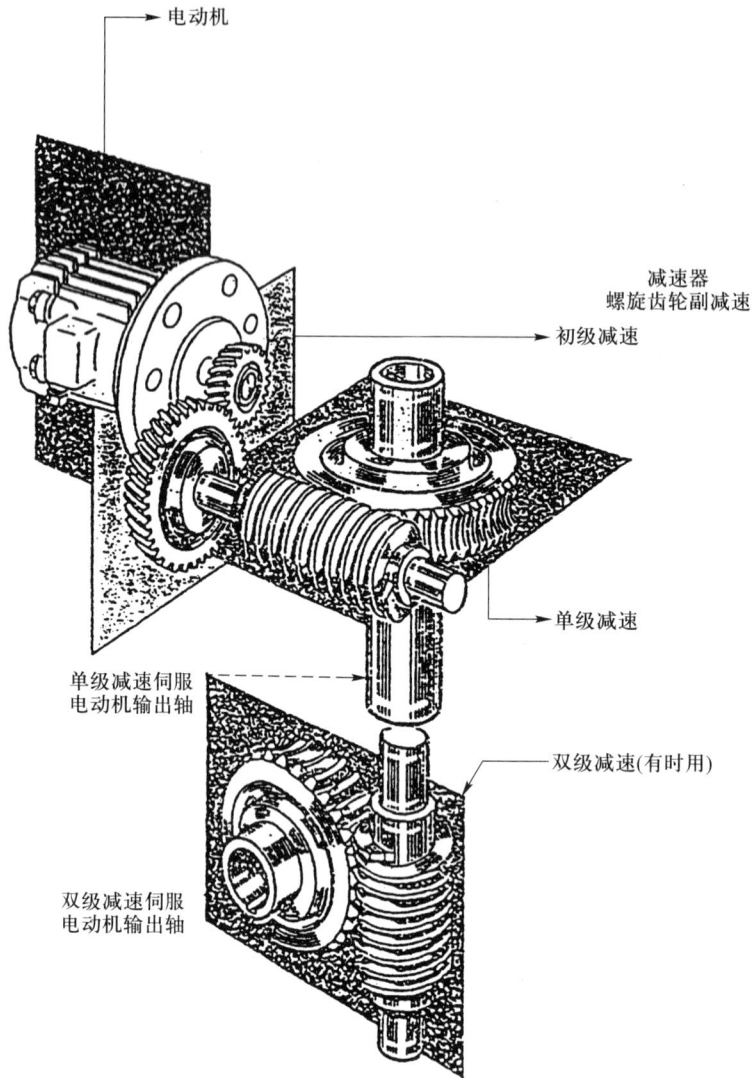

- 电动机
- 减速器
  螺旋齿轮副减速
- 初级减速
- 单级减速
- 单级减速伺服
  电动机输出轴
- 双级减速(有时用)
- 双级减速伺服
  电动机输出轴

图 5.1　焦威勒尔与卡德尔驱动装置

门的开启或关闭动作。

　　行程结束控制器的结构如图 5.2 所示。它由与传动轴蜗杆相啮合的行程感应蜗轮、行程信号传动轴、正齿轮副、两个凸轮和两个行程结束微动开关组成。

　　当阀门开启或关闭时,主传动轴顶端的蜗杆带动行程感应蜗轮转动,将阀门的开度信号通过传动轴使具有一定减速比的正齿轮付带动凸轮旋转。行程结束时,凸轮触动行程结束微动开关的触头,切断电动机电源,结束阀门的开启或关闭动作。保证阀门和电动机不致因过分的开启或关闭动作而造成损坏。

　　为了保证行程结束控制器可靠地工作,在驱动装置投入运行之前,应对行程结束控制器进行

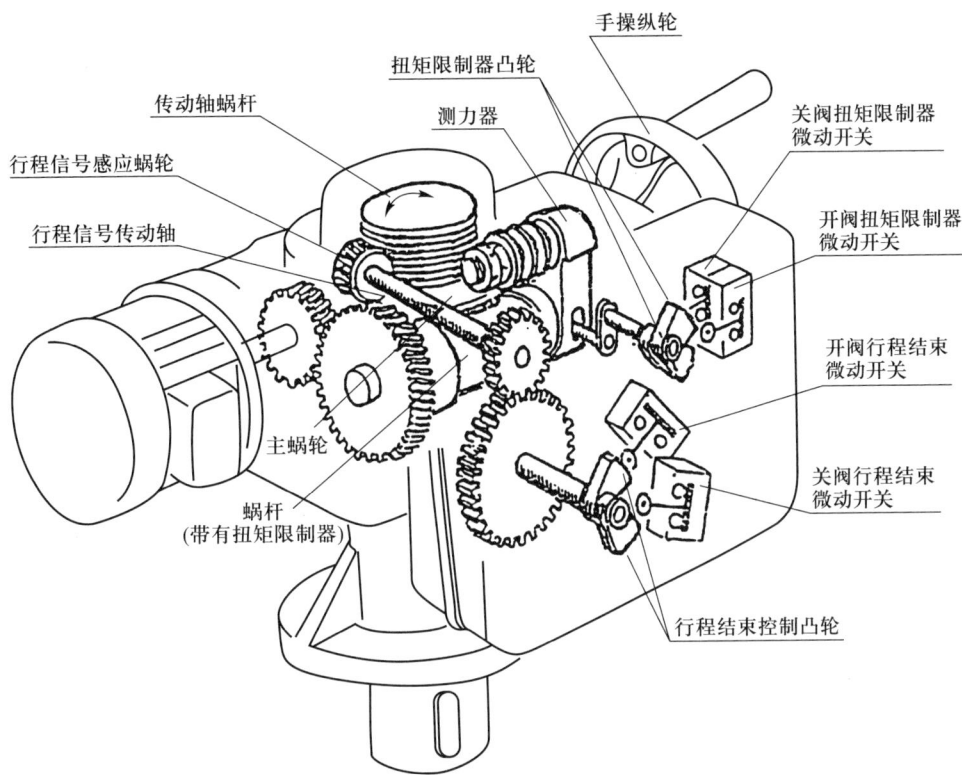

**图 5.2** 行程结束控制器和扭矩限制器示意图

调校。

（2）扭矩限制器

扭矩限制器能保证电动机在故障过载时或者在需要获得持续负载的情况下，在操纵完成时停止转动。可以认为扭矩限制器是驱动装置的第二重安全防护线。

扭矩限制器如图 5.2 所示，它由测力器、凸轮和扭矩限制微动开关等组成。

测力器由一个安装于铸铁套管里的蜗杆和一些弹簧圈构成。蜗杆与传动轴上的蜗轮相啮合，当所传递的扭矩超过预定值时，铸铁导管做横向运动。系统的运动带动控制盒内一组凸轮运动，触动扭矩限制微动开关，使电动机电源切断。

扭矩限制器动作力矩的调整是通过调整垫圈安放尺寸和凸轮偏转角来完成的。为使限制器垫圈压缩的全行程上保留一个间隔，触头断开前凸轮的最大偏转角为 15°。

为了保证扭矩限制器工作的可靠性，在驱动装置投入运行之前，应对扭矩限制器进行调校。

（3）安全保护装置动作方式的选择

行程结束控制器和扭矩限制器这两种安全保护装置在工作时的动作方式的选择取决于驱动装置所控制的阀门类型。

① 对于平座式阀门，由于阀门的开或关是通过闸板实现的，所以"开"和"关"的断路是通过行程结束触头实现的，扭矩限制器处于"保险"的地位。

② 对于斜座式阀门,由于此类阀门要求在闸板上保持持续压力以保证密封性,所以,"开阀"断路是由行程结束触头实现的。而"关阀"断路则有两种方式。第一种方式是用扭矩限制器实现"关阀"断路,第二种方式是将行程结束触头调节到当扭矩限制器开始颤动时动作。这种方式的优点有二,其一,不至于使闸板在底座间嵌入过深,从而保证开阀操作顺利进行;其二,扭矩限制器处于"保险"地位,增加了安全性。

③ 截止阀和类似的阀门调节器或蝶阀,"开阀"状态通过行程结束触头实现断路,"关阀"状态通过扭矩限制器实现断路,行程结束触头接入旁路。

(4) 应急手操系统

为了保障在电动机故障或断电情况下阀门仍能正确工作,该装置设置了应急手操系统。系统在一般情况下是脱开的,只有通过手动操作才能接通。

该装置的手操系统有可脱开式和随动式。

1) 可脱开式手操系统

可脱开式手操系统如图 5.3 所示,在进行手动操作时,通过推压操纵轮手柄使手操轮传动轴与传动蜗杆啮合成一体。与此同时,引起与行程结束开关串联的一个或两个触头断开,从而使电动机的电路中断,保证在手动操作过程中操作员的安全。

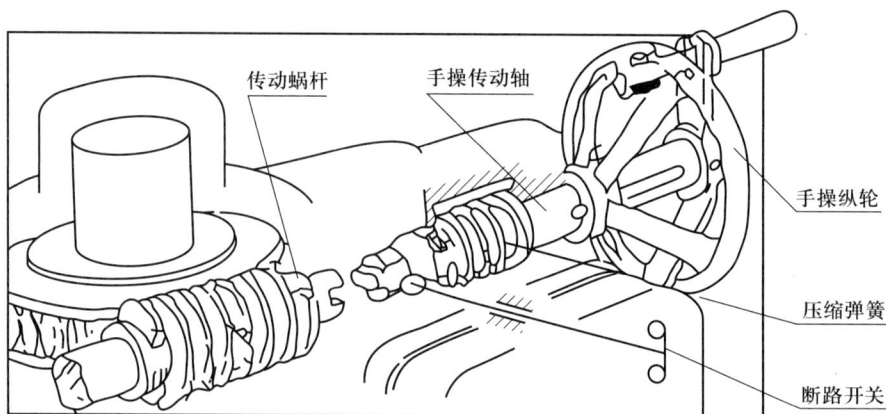

图 5.3 可脱开式手操系统

手柄带有止动机构,可避免在操作时需持续施加推力。手动操作结束后,止动机构自动解除。

2) 随动式手操系统

随动式手操系统如图 5.4 所示,该系统蜗杆与正齿轮传动轴之间用爪型离合器连接。

在进行手动操作时,揿动传动装置 C1,使爪型离合器退出啮合,从而使电动机脱开而手操纵轮接通,与此同时自动闭锁装置 L 则使电动系统保持位置。

当重新投入电动时,自动闭锁装置失效,回动弹簧导致手操轮退出并转入电动状态。

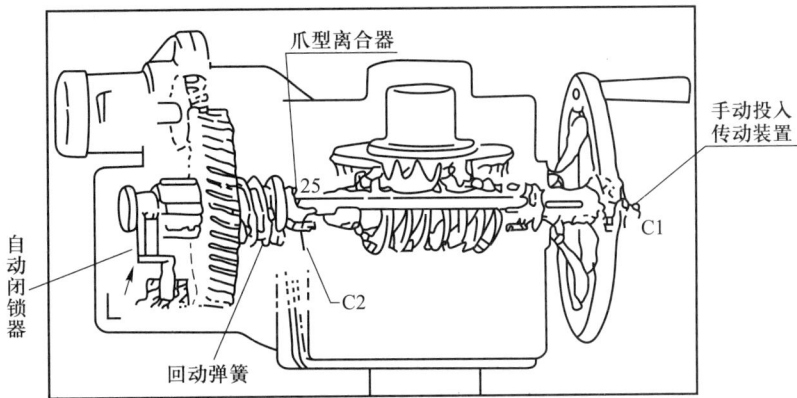

图 5.4　随动式手操系统

# 5.1.2 彼尔纳德驱动装置

彼尔纳德驱动装置结构如图 5.5 所示,它主要由电动机、减速器和保护装置组成。

1. 减速装置

该驱动装置的减速装置由一级或两级直齿轮、一对锥齿轮和一对蜗杆副组成。

2. 安全保护装置

(1) 行程结束控制机构

该驱动装置的行程结束控制机构如图 5.5 所示。它由一些独立的凸轮组成,每个凸轮后有一个微动开关,这些凸轮由减速器传动轴上的蜗杆副传动装置控制。凸轮做小于一周的旋转,当凸轮旋转到对应于阀门行程结束时的角度时,凸轮上的传动销触动相应的行程结束微动开关,切断电动机电源,停止阀门的开启或关闭动作,这些凸轮除了可以进行行程结束保护外,还可用来带动反映阀位信号的电位器动作,将阀位信号以电信号的形式传递给调节系统或阀位显示表。

(2) 扭矩限制器

该系统的扭矩限制器如图 5.6 所示。它由一个限力器和扭矩限制微动开关组成。

限力器由行星式减速器和限力弹簧组成。它如同一个测力天平,随时测定被操纵装置的力矩。当传动装置的扭矩在正常范围内时,通过行星减速器外壳所传递的力矩小于限力弹簧的初始张力,行星减速器外壳在两个弹簧作用下保持平衡状态。一旦通过行星减速器外壳所传递的力矩大于弹簧的初始张力时,行星减速器外壳则产生一定的位移,触动扭矩限制微动开关,切断控制电流使电动机停止转动。

扭矩限制器的调节主要是根据具体设备的限矩值,通过调整限力弹簧的初始张力来进行的。弹簧初始张力越大,限矩值越大。进行调整的时候,允许两个弹簧的紧度有所差异。

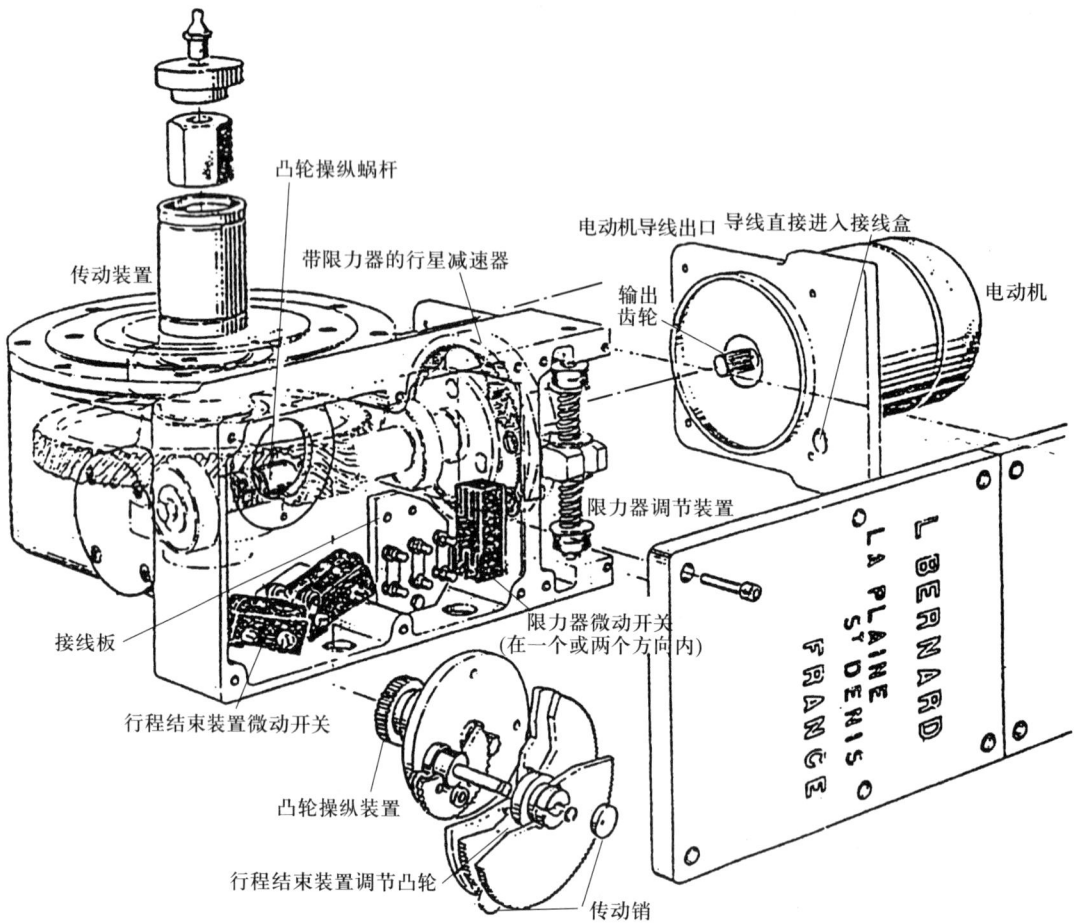

传动装置

凸轮操纵蜗杆

带限力器的行星减速器

电动机导线出口 导线直接进入接线盒

输出齿轮

电动机

限力器调节装置

接线板

限力器微动开关
(在一个或两个方向内)

行程结束装置微动开关

凸轮操纵装置

行程结束装置调节凸轮

传动销

**图 5.5** 彼尔纳德伺服系统的详图

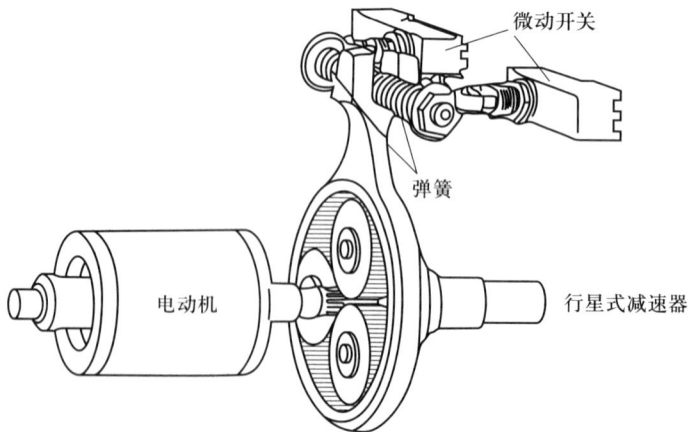

微动开关

弹簧

电动机

行星式减速器

**图 5.6** 扭矩限制器

# 5.1.3 若托克驱动装置

若托克驱动装置的特点是电动机、减速器、安全保护装置等全都有密封罩保护,具有较好的防水、防爆能力。

1. 减速器与手操装置

若托克驱动装置的减速器由蜗轮、蜗杆组成。其手操纵轮利用爪形连接器可以直接移动或用手柄很方便地与传动轴进行连接。启动电动机时,手操轮自动脱开。

2. 安全保护装置

(1)行程结束控制机构

行程结束控制机构如图 5.7 所示,它由螺纹轴、斜齿轮、停止限动器螺母、调节螺母等组成。

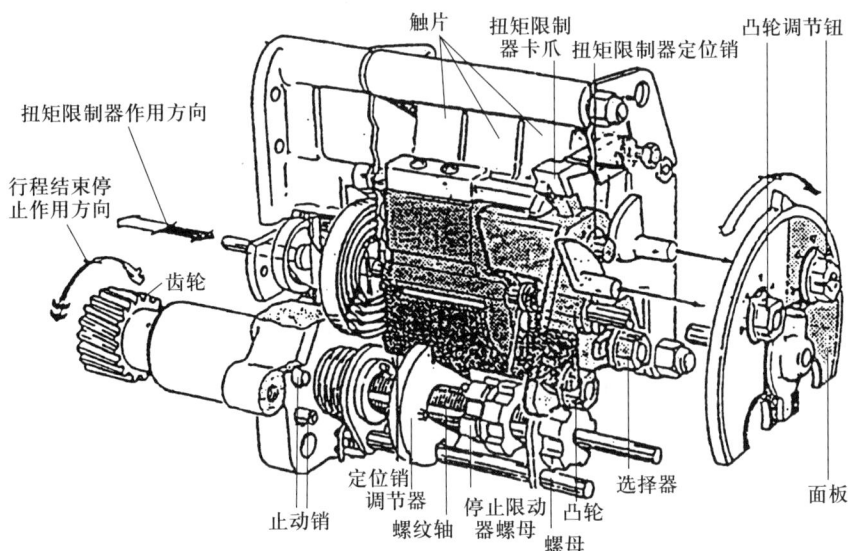

图 5.7 行程结束控制机构和扭矩限制器组件

开阀或关阀时,阀位的变化经传动机构带动斜齿轮转动,使停止限动器螺母在螺纹轴上移动,当开阀或关阀行程结束时,停止限动器螺母同时使电动机停转触头和远距离信号触头接通,使开阀或关阀动作停止并发出开阀或关阀结束信号。

如有必要可以取消行程结束控制机构,电动机的停转只靠扭矩限制器实现。

(2)扭矩限制器

扭矩限制器的工作原理如图 5.8 所示。正常时凸轮触头机构处于中间位置,电动机轴后的两组弹簧垫圈不发生变形。当扭矩增大时,传动轴作用于蜗杆上的反作用力使电动机轴作轴向运动,同时挤压弹簧片。电动机轴的轴向运动经过一个螺旋斜面传动装置转换为与电动机轴成一定角度方向的运动,在凸轮的带动下由一个销头触动微动开关触头,切断电动机电源。

行程结束控制机构或扭矩限制器的调节均可以通过调节面板上的调节旋钮来完成。

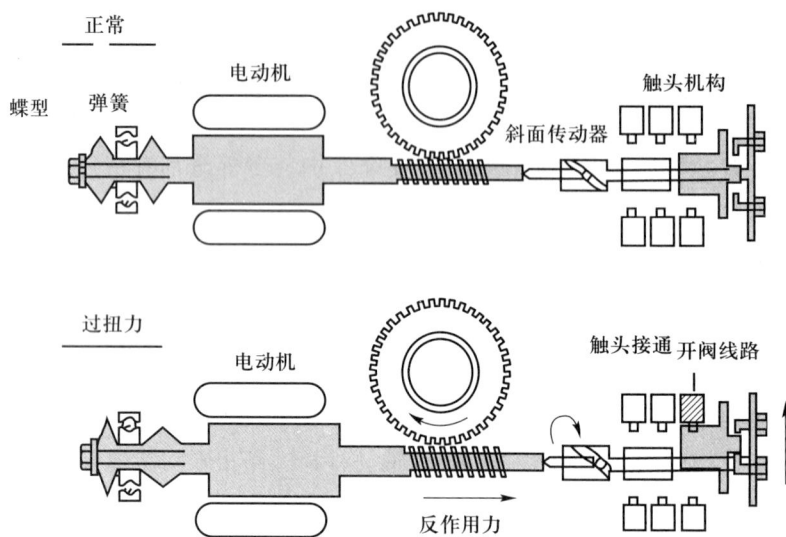

图 5.8 扭矩限制器工作原理

# 5.1.4 限扭驱动装置

1. 减速器与手操装置

限扭驱动装置的减速器由蜗杆副组成。也有先通过正齿轮系作初级减速后再经蜗杆副进行一级减速的。它的手操纵轮利用爪形连接器可以很方便地与传动螺纹轴实现离合。

2. 安全保护装置

（1）行程结束控制机构

这种驱动装置的行程结束控制机构是由两个或四个转动件组成的转子开关，如图 5.9 所示。

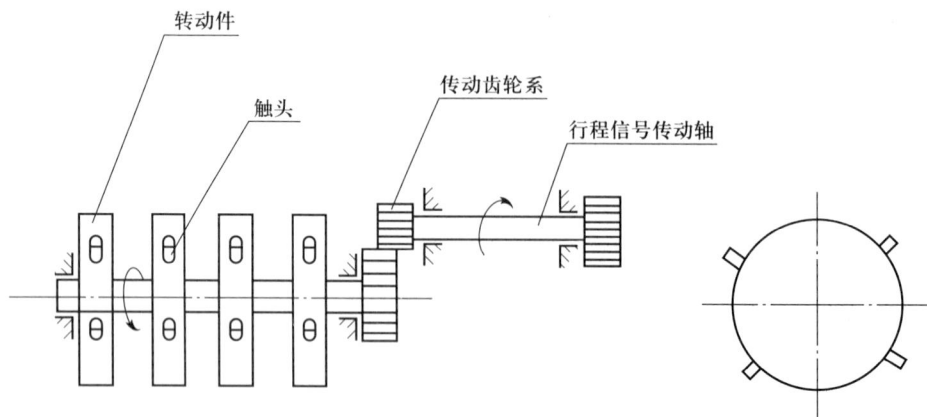

图 5.9 转子式开关转动件示意图

对于有两个转动件的转子开关,在阀门的启、闭过程中,阀门开度信号通过蜗轮蜗杆传递到转子开关的传动轴上,经一中间齿轮系减速后带动转动件转动。每个转动件经调节都可以相对其他转动件独立。每个转动件均可以有四个触头,其中有一个主触头、三个辅助触头。这些转动件和触头的功用视配用的阀门形式而定。

如果配用截止阀或楔形阀,则第一个转动件的主触头用于接通关阀指示灯。在这种情况下,利用扭矩限制器开关来实现行程结束的电动机断电。

如果是平行座阀、蝶阀或旋塞阀,其闭合完全取决于阀堵件的位置和状态。开阀行程结束控制由第二个转动件完成。

除上述的主触头外,每个转动件另外三个辅助触头主要用于闭锁系统、信号系统和传动系统的电路控制。

如果是四个转动件开关,则前两个转动件用途如前所述,另两个辅助转动件经调节后,可以实现在阀位行程的任何地方动作,执行闭锁、指示及其他功能。

(2)扭矩限制器

扭矩限制器主要由蜗轮、可以在花键上滑动的蜗杆、颈轴(或锥头)等组成。蜗杆由一个弹簧定位,当阀门在开启或关闭时或开、关过程中出现阻塞时,蜗杆输出的力矩超过正常力矩,使蜗杆沿花键轴移动并带动颈轴(锥头)位移,触动微动开关切断电动机电源。

## 5.1.5 电动驱动装置的维护

① 运行中应定期检查电动驱动装置各传动部件的润滑情况,若发现润滑情况不良时应添加润滑剂。

② 运行中若发现行程结束控制机构和扭矩限制器不能正常工作时,应先调整其相应的调节旋钮或开关,若仍然不能使其正常工作,则应立即切换为手动操纵,并查出原因进行修复。

③ 运行中若发现电动机故障,则应立即切换为手动操纵,待电动机修复后再切换为电动操纵。

④ 阀门检修时,应对电动驱动装置各传动部件的磨损情况进行检查,磨损较严重的部件应及时予以更换。

⑤ 电动驱动装置扭矩限制器的限力计应定期进行校验,以确保扭矩限制器正确动作。

# 5.2 气动驱动装置

## 5.2.1 贝雷薄膜式驱动装置

贝雷薄膜式驱动装置常作为针形或瓣形节流阀的驱动装置,与节流阀一起组成自动调节系统的执行机构,受调节系统的控制而驱动节流阀的启闭。

贝雷薄膜式驱动装置按其动作方式可分为直接作用式(正作用式)和间接作用式(反作用式)两种类型。如图 5.10a、b 所示。它们均接受 0.35～1.65 bar(1 bar=0.1 MPa)的标准压力信号控制。

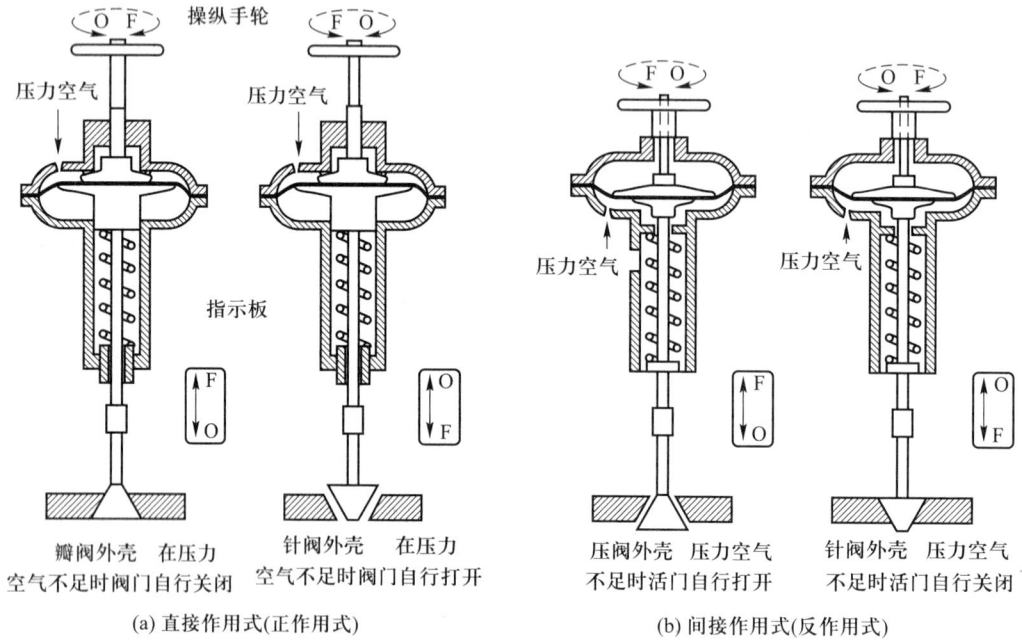

(a) 直接作用式(正作用式)　　　　　(b) 间接作用式(反作用式)

**图 5.10　气动驱动装置**

直接作用式(正作用式)是指其控制气流从上膜盖进入,作用于加布橡胶制成的薄膜上部,当控制信号压力增大时,驱动装置的推杆向下运动。

间接作用式(反作用式)是指其控制气流从下膜盖进入,作用于薄膜下部,当控制信号压力增大时,驱动装置的推杆向上运动。

1. 动作原理

贝雷薄膜式驱动装置的动作原理如图 5.10 所示。

当信号压力通入到薄膜气室时,在薄膜上产生一个向下(上)的推力,并使推杆移动,将弹簧压缩(拉伸),直到弹簧所产生的反作用力与信号压力在薄膜上产生的推力相平衡。其平衡方程式可用下式表示:

$$P \cdot A_e = K \cdot L$$

式中,$A_e$——薄膜有效面积;

$K$——弹簧刚度;

$P$——通入薄膜室的信号压力;

$L$——推杆的位移量。

所以

$$L = A_e \cdot P/K$$

从上式可知,当执行机构的规格(薄膜有效面积 $A_e$、弹簧刚度 $K$)确定后,执行机构的推杆位移量与压力信号成正比关系,即阀门的开度与控制信号的压力成正比关系。

2. 结构

贝雷薄膜式驱动装置的结构如图 5.11 所示。它主要由上、下膜盖,加布橡胶薄膜,推杆,支架,弹簧,弹簧座,调节套筒,连接螺母,开度指示器,操纵手轮等部件组成。

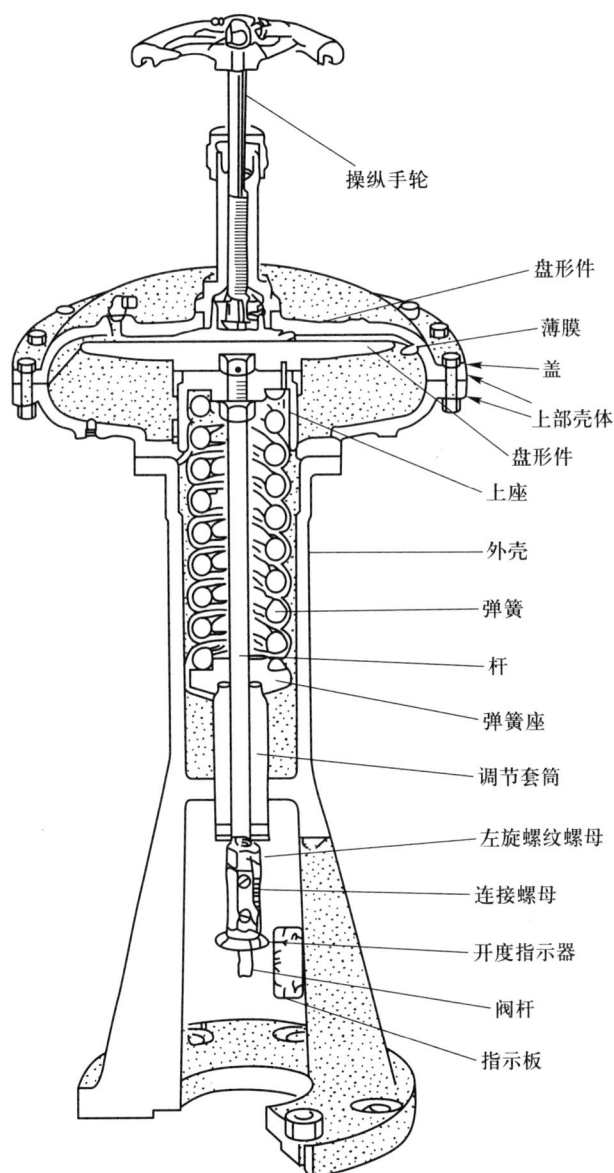

操纵手轮
盘形件
薄膜
盖
上部壳体
盘形件
上座
外壳
弹簧
杆
弹簧座
调节套筒
左旋螺纹螺母
连接螺母
开度指示器
阀杆
指示板

**图 5.11** 贝雷薄膜式驱动装置

（1）加布橡胶薄膜

它是贝雷薄膜式驱动装置的关键部件,一般由具有较好的耐油及耐高温、低温性能的丁腈橡胶加锦纶丝织物制成。为了保护其有效面积基本上保持不变,提高驱动装置工作的线性度,膜片常制成波纹状。为了保证作用于膜片上的推(压)力能有效准确地传递给推杆,除薄膜的四周夹装于上、下膜盖之间以外,其中间部分安装在置于推杆顶部的盘形件上。

(2)弹簧

弹簧也是一个关键部件,要求在全行程范围内的刚度应不发生变化,这样可以提高驱动装置的线性度。

(3)上、下膜盖

上、下膜盖一般用灰铸铁铸成,也可用钢板冲制。它们与膜片构成薄膜气室。

(4)调节套筒

用来调整弹簧的预紧力,这样可以根据实际工作的需要改变信号压力的起始值。

(5)推杆

一端安装盘形件并通过盘形件感受和传递薄膜所施加的推力,另一端通过连接螺母与节流阀的阀杆相连接,将薄膜的推力转变成阀门开度的变化。

(6)开度指示器

它用于指示执行机构的推杆位移。

(7)操纵手轮

贝雷薄膜式驱动装置的操纵手轮安装于驱动装置的顶部。其主要作用是当调节系统失灵,如气源中断、调节器故障无输出或膜片损坏等情况时,可以切换进行手动控制,以保障生产工艺过程的正常进行。

3. 随动装置(控制装置)

贝雷薄膜式驱动装置的随动定位器又称为随动替续器,利用力平衡的原理起校准阀门启闭状态和根据需要调整阀门启闭状态的作用。

随动定位器有气动的、电-气动的。气动随动定位器的工作原理如图 5.12 所示,它是按力矩平衡原理工作的。

图 5.12 中波纹管 1 在来自调节器的控制信号 $P_i$ 的作用下,其自由端产生位移,并推动主杠

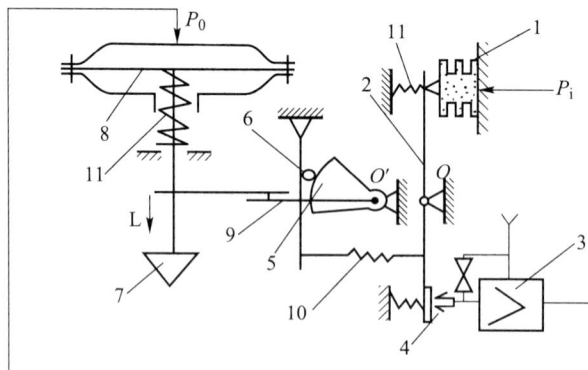

图 5.12 气动随动定位器

1—波纹管;2—主杠杆;3—气动放大器;4—喷嘴;5—凸轮;
6—滚轮;7—阀芯;8—薄膜;9—反馈杆;
10—反馈弹簧;11—弹簧

杆2绕支点$O$逆时针方向偏转。位于主杠杆下端的挡板靠近喷嘴4,使喷嘴背压增大,经气动放大器3放大后,送入调节阀的薄膜气室。薄膜8在压力作用下产生变形,推动阀杆下移。阀杆位移通过水平杠杆和滚轮6传递给凸轮5,使它绕支点$O'$偏转。在凸轮偏转过程中,通过反馈弹簧10对主杠杆施加一反作用力矩,使挡板离开喷嘴。当作用于主杠杆的输入力矩与反作用力矩达到平衡时,进入调节阀薄膜气室的压力$P_0$达到稳定值,推杆(阀杆)和阀瓣产生一个稳定的位移$L$。

在气动随动定位器中,由于采用了气动放大器3,所以作用于薄膜气室的压力$P_0$具有比输入信号压力$P_i$更大的功率,从而可实现快速动作,并可克服作用于阀杆的各种阻力。同时由于随动定位器与气动驱动装置组成一个负反馈的闭环系统,因此阀门的定位速度和精度都得到明显提高,也有利于克服由于经过较长气动管路而造成的信号传递滞后。阀门的开度与控制信号的压力之间成对应的比例关系。

4. 接触式控制箱及阀位传感器

(1) 接触式控制箱

贝雷薄膜式驱动装置通常还装设有一个接触式控制箱,其作用是安装行程结束装置和阀位传感器。

接触式控制箱的结构如图5.13所示。它的手柄通过连杆与阀杆相连,当阀门位移时,连杆使手柄发生偏转,使受手柄控制的凸轮轴带动凸轮转动,当阀门开(关)到一定位置后,凸轮触

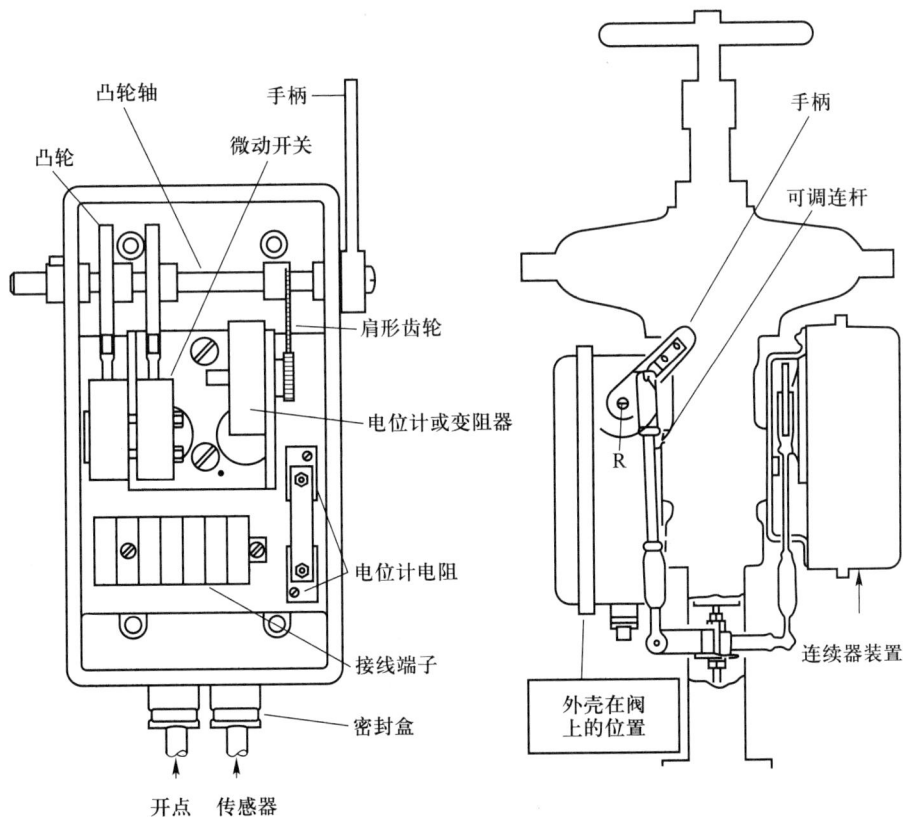

图 5.13　接触式控制箱

动微动开关切断闭锁电磁阀的电源,使进入薄膜式驱动装置的气源切断,结束阀门的开(关)动作。

（2）阀位传感器

在控制箱的凸轮轴上还装有一个扇形齿轮,凸轮轴的转动使扇形齿轮带动阀位电位计旋钮转动,改变电位计电阻值将节流阀的阀位以电信号输出。

5. 闭锁电磁阀

为了使节流阀在控制气流压力异常下降时,能使阀门开度保持不变,以减少由于气压故障造成的错误动作,贝雷薄膜式驱动装置设置有一个闭锁电磁阀装置。闭锁电磁阀装置如图 5.14 所示。

控制节流阀开启、关闭的控制空气(压力空气)经闭锁电磁阀后进入薄膜气室。闭锁电磁阀的开启、关闭由压力开关控制,当控制空气(压力空气)低于 0.28 MPa 时,压力开关切断电磁阀电源,电磁阀失电后立即关闭,使驱动装置处于闭锁状态。给操作人员进行人工干预提供了时间。如果没有人工的干预,经一段时间后,节流阀将在弹簧作用力下重新回到关闭(或者开启)位置。

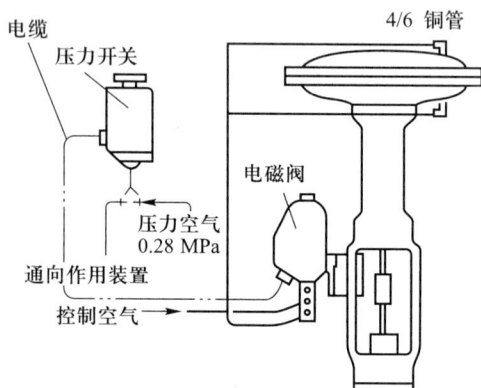

图 5.14　闭锁电磁阀装置

# 5.2.2 单向活塞式驱动装置

1. 系统结构

活塞式气动驱动装置是一种利用压缩空气作为控制信号和驱动动力的活塞式驱动装置,其结构如图 5.15 所示。

它主要由气缸、活塞、导向装置及手动(电动)控制装置等部分组成。

这种驱动装置利用固定螺栓或凸缘连接方式固定于阀盖上,其活塞直接与阀杆连接。当压缩空气进入气缸内作用于活塞上部或下部时,活塞将向下或向上运动,并通过阀杆带动阀门关闭或开启。

为了确保活塞的运动与作为控制信号的压缩空气的压力之间具有严格准确的对应关系,在活塞与气缸壁之间装有活塞填料或密封圈,以防止压缩空气在活塞上、下间出现泄漏。密封圈的形状及材料取决于压缩空气压力的大小,一般情况下采用由合成橡胶或皮革制成的"唇"形密封圈;压缩空气压力较高时则采用"U"形密封圈;若控制信号是以蒸汽为工质时,在活塞上还应装有金属涨圈。

为了在必要时便于对阀门进行手动(电动)控制和对阀位进行指示以及便于操纵行程结束触点,在活塞的上部安装一根后导向杆。后导向杆一般由光滑杆和齿条(或螺纹)杆两部分组成,这两部分由 U 形夹和销子连接。

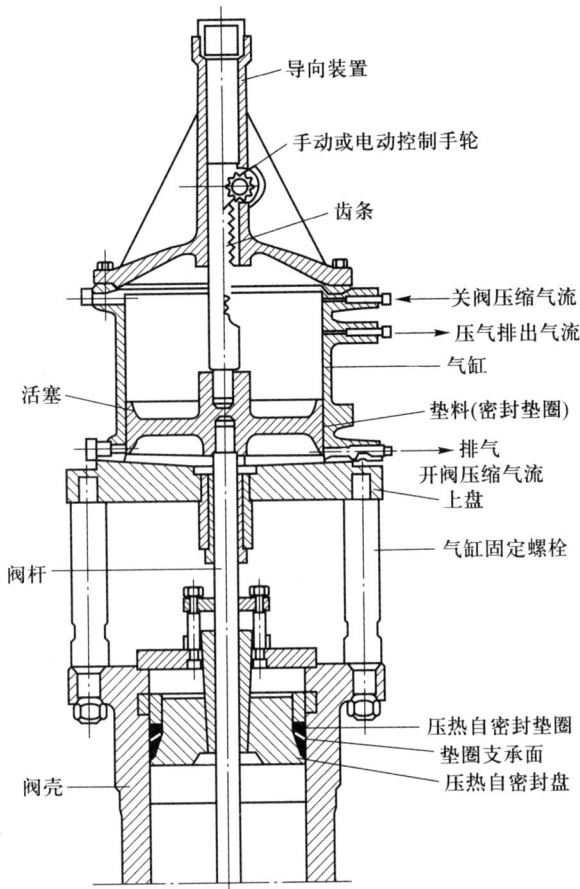

**图 5.15　活塞式气动驱动装置**

2. 单向活塞式驱动装置组成的高压加热器自动旁路系统

单向活塞式气动驱动装置是指气缸内的活塞只能向一个方向运动,而不能自动回复到起始位置的气动驱动装置。由这种气动驱动装置组成的由压缩空气遥控的具有按顺序进行闭锁控制的高压加热器自动旁路系统如图 5.16 所示。

图 5.16 中 A 为给水回路主阀门,B 为旁路阀门,C 为高压加热器旁路保护阀。这三个阀门均是齿条外部复位的单向活塞式气动驱动装置控制的阀门。

正常工作时,阀门 A、B 处于打开状态,阀门 C 处于关闭状态,加热器 R 投入系统中运行。一旦发生事故时,由控制替续器来的控制信号将使电动—气动控制装置 D 把压缩空气引入到阀门 C 的活塞底部,使活塞逐渐上升,加热器旁路保护阀逐渐开启。当阀门 C 的活塞上升到一定位置时,使主阀门 A 活塞上部接通压缩空气,主阀门 A 将逐渐关闭。当主阀门 A 完全关闭时,又使旁路阀门 B 的活塞上部接通压缩空气,旁路阀门 B 在压缩空气作用下关闭。至此,使给水经加热器旁路保护阀直接进入锅炉(核电站蒸汽发生器),而高压加热器自动解除运行状态。

当高压加热器故障排除后,A、B、C 阀门可通过手操装置复位,系统重新投入运行。

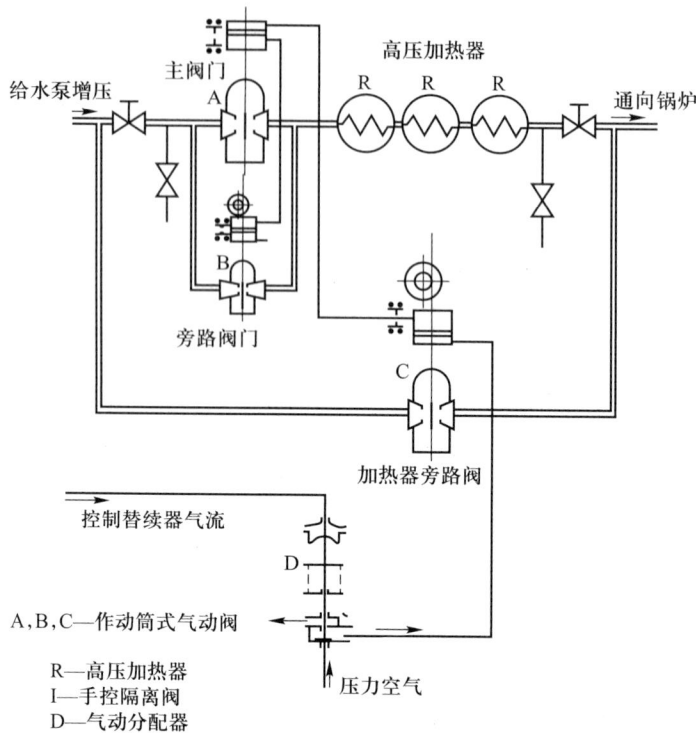

图 5.16 单向活塞式气动驱动装置组成的高压加热器自动旁路系统

# 5.2.3 贝雷活塞式驱动装置

1. 结构及工作原理

贝雷活塞式驱动装置如图 5.17 所示。它主要由气缸、活塞、活塞杆、滑动板、传动支座、操纵手轮及自动—手动操纵手柄等组成。

压缩空气作用于气缸后,活塞在压缩空气推动下产生运动,并通过推杆推动滑板运动。传动支座上的传动销嵌在滑动板的斜槽中,当滑动板被推动时,通过传动销带动传动支座上升或下降,使阀门开启或关闭。活塞行程 200 mm,阀门行程为 40~65 mm 之间。

在需要的传动功率较大时,常将两个气缸串联使用。串联使用时的压缩空气管路布置如图 5.18 所示。压缩空气经控制器 S 端引入,然后根据控制要求,从 C1 端或 C2 端引出到气缸。

若需要开启阀门,压缩空气由 C1 端引出分别进入两个气缸中,则左边活塞的运动将对滑动板产生拉力,而右边活塞则对滑动板产生推力,两活塞的共同作用使滑动板左移,开启阀门。

当需要关闭阀门时,控制信号将使压缩空气从 C2 端引出后分别进入两气缸中,使右边活塞产生拉力,左边活塞产生推力,滑动板右移使阀门关闭。

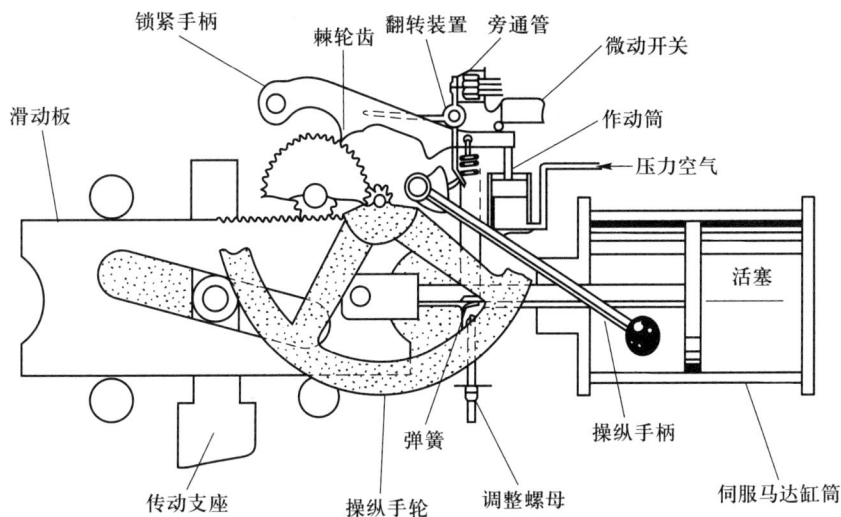

**图 5.17** 贝雷活塞式驱动装置

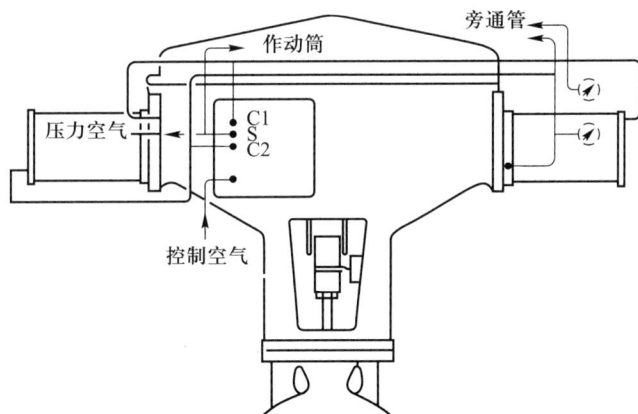

**图 5.18** 压缩空气管路配置(两个活塞)

2. 自动—手动切换

为了便于自动—手动的切换,设置了一套由操纵手柄、凸轮、锁紧手柄、翻转装置和旁通管组成的切换系统,通过它可以很方便地进行自动—手动切换,如图 5.17 所示。

(1)自动—手动的切换

逆时针转动操纵手柄,使与操纵手柄同轴的两个凸轮转动,第一个凸轮使锁紧手柄抬起,脱开齿轮系的闭锁状态,便于人工通过操纵手轮进行手动控制。第二个凸轮同时转动翻转装置,打开旁通管使活塞前后压力得到均衡。

(2)手动—自动的切换

顺时针转动操纵手柄,使凸轮与锁紧手柄和翻转装置脱离接触,锁紧手柄在弹簧拉力作用下下降,锁住齿轮系。翻转装置亦使旁通管关闭,此时即可通入压缩空气进行自动控制。

（3）位置闭锁装置

压力下降时,气动作动筒受弹簧作用而下降,锁紧手柄则锁住齿轮。启动压力可通过调节弹簧力来进行调节。

## 5.2.4　活塞限扭型驱动装置

活塞限扭型驱动装置是由四个气缸组成的旋转式气动驱动装置,其结构如图 5.19 所示。

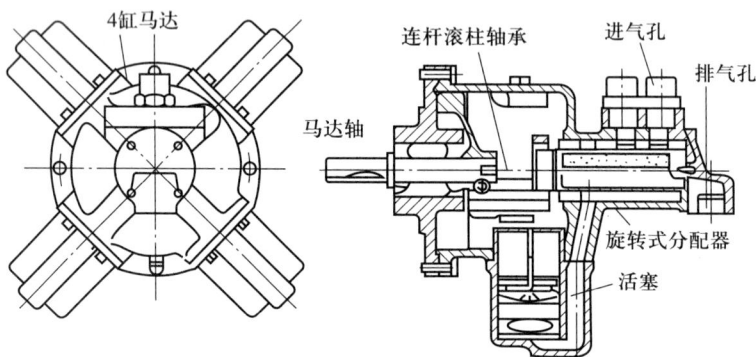

**图 5.19　活塞限扭型驱动装置**

气缸内的活塞推杆以互为 90° 连接在马达曲轴上。压缩空气经进气孔(开阀与关阀各有一个进气孔)进入旋转式分配器,旋转式分配器按照一定的顺序将压缩空气分别送入四个气缸,四个气缸内的活塞依次运动推动马达曲轴转动。当活塞依次运动一次以后马达曲轴旋转 360°。

气动活塞限扭型驱动装置有行程结束装置和扭矩限制器。

当开(关)阀行程结束时,凸轮作用于连杆使行程终止杆因轴旋转而向前伸,截断进入旋流分配器的气流,停止向气缸供气而终止阀门的开(关)动作。

扭矩限制器的动作原理与行程结束装置一样,只是其连杆的动作是由限力器控制的。

## 5.2.5　特里克宠薄膜式驱动装置

这种驱动装置是一种步进式驱动装置,可用于"有或无"操纵或精调位置的操纵,其工作原理如图 5.20 所示。

1. 进气

压缩空气进入气腔,将导向器顶靠在座上,导向器预先受到弹簧压力的作用,于是保证了导向器与座之间良好的密封性。然后压缩空气经孔进入膜片室,压力逐渐作用在膜上,推动膜片压缩回动弹簧,并使操纵推杆前伸。

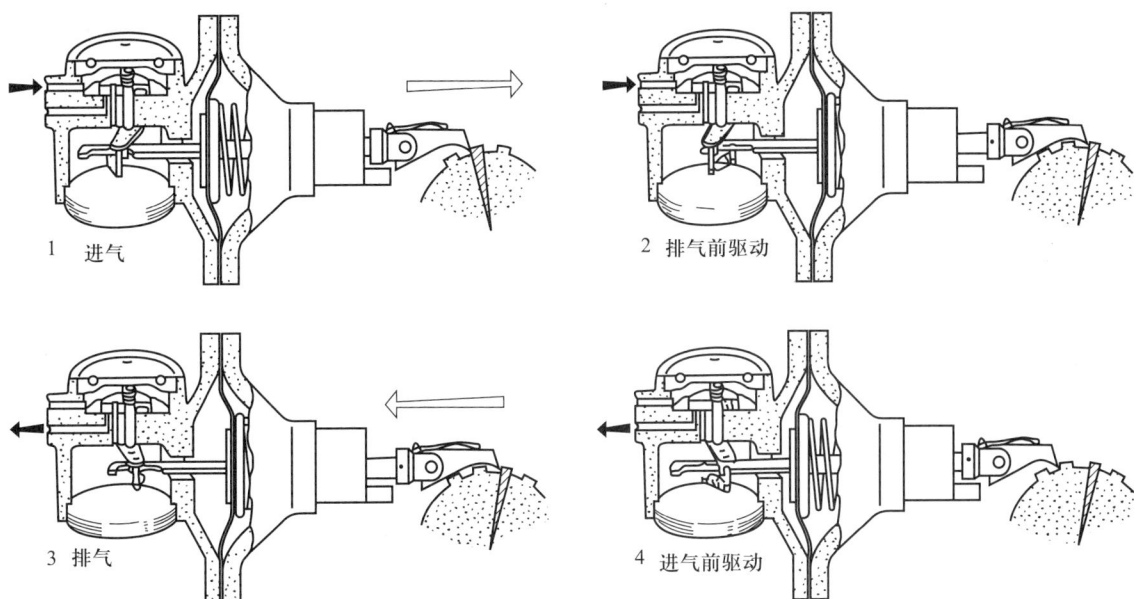

图5.20 特里克宠薄膜式驱动装置工作过程

2. 排气前驱动

操纵推杆前伸,带动制动齿推动转动齿轮前进一齿,制动齿通过它的弹簧顶靠在齿轮上。导向杆顶靠在膜片座上,当膜片向前推进时,导向杆随之跟进,导向杆支臂也跟进向前,拉动支臂回动弹簧带动导向连杆绕其轴偏转。

3. 排气

导向连杆绕其轴偏转,带动连杆轴转动,进而带动导向器转180°。导向器上的排气通道接通,进气通道切断。工作腔排气。

4. 进气前驱动

工作腔排气,膜片室卸压。膜片回动弹簧推动膜片后退,操纵推杆带动制动齿后退,制动齿向后越过传动齿轮一齿,顶到下一齿上。

膜片后退时,导向杆及其支臂后退。膜片回到进气位置时,导向杆支臂拉动导向连杆绕其轴反向转动,导向器转180°。导向器上的进气通道接通,排气通道切断。工作腔进气,进入下一个循环。

上述动作每循环一次,传动齿轮则前进一齿。

## 5.2.6 气动驱动装置的常见故障及消除方法

气动驱动装置的常见故障及消除方法见表5.1。

表 5.1　气动驱动装置的常见故障及消除方法

| 现象 | | 产生故障的原因及消除方法 |
|---|---|---|
| 阀不动作 | 无信号,有气源 | 1. 压缩机电源及压缩机本身故障<br>2. 气源总管泄漏 |
| | 无信号,无气源 | 1. 调节器的故障<br>2. 信号管线泄漏<br>3. 节流阀膜片或活塞密封环漏<br>4. 替续器(定位器)波纹管漏 |
| | 替续器无气源 | 1. 过滤器堵塞<br>2. 减压阀故障<br>3. 管道接头处渗漏或堵塞 |
| | 有信号仍无动作 | 1. 阀芯与衬套或阀座卡死<br>2. 阀芯脱落(断销子)<br>3. 阀杆弯曲或折断 |
| 阀的动作不稳定 | 气源压力经常变化 | 1. 压缩机容量太小<br>2. 减压器故障 |
| | 信号压力不稳 | 1. 控制系统的时间常数不适当<br>2. 调节器的故障 |
| | 气源、信号压力一定,<br>但节流阀动作仍不稳定 | 1. 替续器中放大器的喷嘴挡板不平行,挡板盖不住喷嘴<br>2. 输出管线漏气<br>3. 执行机构刚性太小,流体压力变化造成推力不足<br>4. 阀杆摩擦力大 |
| 阀产生振荡 | 节流阀接近全关位置时振动 | 1. 调节阀选大了,常在小开度时使用<br>2. 单座阀介质流动方向与关闭方向相同 |
| | 节流阀任何开度都振动 | 1. 支撑不稳<br>2. 附近有振动源<br>3. 阀芯与衬套有磨损 |
| 阀的动作迟钝 | 阀杆往复行程时动作迟钝 | 1. 阀体内有泥浆或黏性大的介质,使阀堵塞或结焦<br>2. 填料变质硬化或石墨石棉填料的润滑油干燥<br>3. 活塞式执行机构中活塞密封环磨损 |
| | 阀杆单方向动作时动作迟钝 | 1. 气动薄膜执行机构中膜片泄漏和破损<br>2. 执行机构中密封圈泄漏 |
| 阀的泄漏量大 | 阀全闭时泄漏 | 1. 阀芯被腐蚀、磨损<br>2. 阀座外围的螺丝被腐蚀 |
| | 阀达不到全闭位置 | 1. 介质压差很大,执行机构的刚性小<br>2. 阀体内有异物<br>3. 衬套绕结 |
| | 填料部分及阀体密封部分渗漏 | 1. 填料盖没有压紧<br>2. 采用石墨石棉填料的场合用润滑油干燥<br>3. 采用聚四氟乙烯作填料时,聚四氟乙烯老化变质<br>4. 密封垫被腐蚀 |

**思考题**

5-1 电动驱动装置由哪些部件组成？其功能是什么？安全保护装置的作用是什么？

5-2 气动驱动装置由哪些部件组成？其功能是什么？

5-3 电动驱动装置的安全保护装置包括哪些？

5-4 行程结束控制器、扭矩限制器具体作用是什么？

5-5 气动薄膜式驱动装置按其动作方式可分为哪两类？

5-6 气动随动定位器的功能是什么？工作原理是什么？

5-7 气动驱动装置中的闭锁电磁阀装置作用是什么？是怎样工作的？

# 参考文献

[1] 高璞珍. 核动力装置用泵[M]. 哈尔滨:哈尔滨工程大学出版社,2004.

[2] 重庆大学流体力学教研室. 泵与风机[M]. 北京:水利电力出版社,1983.

[3] 周谟仁.流体力学 泵与风机[M]. 北京:中国建筑工业出版社,1979.

[4] 吴达人. 泵与风机[M]. 西安:西安交通大学出版社,1989.

[5] 杨惠宗. 泵与风机[M]. 上海:上海交通大学出版社,1992.

[6] 叶衡. 泵与风机:原理、例题和习题[M]. 北京:水利电力出版社,1989.

[7] 舒尔茨. 泵:原理、计算与结构[M]. 吴达人,周达孝,译. 北京:机械工业出版社,1991.

[8] 毛正孝,赵友君. 泵与风机[M]. 北京:中国电力出版社,2000.

[9] KSB 公司. 离心泵技术辞典[M]. 王同舜,译. 北京:中国石化出版社,1992.

[10] 王兆祥,刘国健,储嘉康. 船舶核动力装置原理与设计[M]. 北京:国防工业出版社,1980.

[11] 庞凤阁,彭敏俊. 船舶核动力装置[M].哈尔滨:哈尔滨工程大学出版社,2000.

[12] 朱齐荣. 核动力机械[M].长沙:国防科技大学出版社,2003.

[13] 全国化工设备设计技术中心站机泵技术委员会.工业泵选用手册[M].北京:化学工业出版社,1998.

[14] 阎克智. 核电厂通用机械设备[M]. 北京:原子能出版社,2010.

［15］古列维奇,等. 核动力装置用的阀门［M］. 肖隆水,译.北京：
　　　原子能出版社,1988.

［16］陆培文. 核动力装置阀门［M］. 北京：机械工业出版
　　　社,2010.

［17］陆培文. 阀门设计入门与精通［M］. 北京：机械工业出版
　　　社,2009.

［18］内斯比特. 阀门和驱动装置技术手册［M］. 张清双,尹玉杰,
　　　李树勋,等,译. 北京：化学工业出版社,2010.

## 郑重声明

高等教育出版社依法对本书享有专有出版权。任何未经许可的复制、销售行为均违反《中华人民共和国著作权法》，其行为人将承担相应的民事责任和行政责任；构成犯罪的，将被依法追究刑事责任。为了维护市场秩序，保护读者的合法权益，避免读者误用盗版书造成不良后果，我社将配合行政执法部门和司法机关对违法犯罪的单位和个人进行严厉打击。社会各界人士如发现上述侵权行为，希望及时举报，我社将奖励举报有功人员。

反盗版举报电话　（010）58581999　58582371

反盗版举报邮箱　dd@hep.com.cn

通信地址　北京市西城区德外大街4号　高等教育出版社法律事务部

邮政编码　100120

读者意见反馈

为收集对教材的意见建议，进一步完善教材编写并做好服务工作，读者可将对本教材的意见建议通过如下渠道反馈至我社。

咨询电话　400-810-0598

反馈邮箱　gjdzfwb@pub.hep.cn

通信地址　北京市朝阳区惠新东街4号富盛大厦1座

　　　　　高等教育出版社总编辑办公室

邮政编码　100029